JN066026

技術士第二次試験「機械部門」完全対策&キーワード100

第6版

Net-P.E.Jp 編著

日刊工業新聞社

は じ め に

　令和3年度の試験から口頭試験の合格率が約70％と低下しました。選択科目によっては、3人に1人が不合格という厳しさです。技術士になるには、口頭試験に合格しなければなりません。しかし、筆記試験に合格するために、論文を書くことに集中して勉強する人がほとんどです。受験申込書を書くときから、筆記試験の勉強をするときも、口頭試験で合格することをイメージしておいてください。

　今回、『技術士第二次試験「機械部門」完全対策＆キーワード100　第6版』を出版することになりました。この本一冊を読むことによって、技術士第二次試験への対策がすべてできるようになっています。まず「技術士」についての解説から、技術士試験の概要、受験申込書の書き方、論文作成方法、「必須科目」と「選択科目」への対応方法、一番重要な「口頭試験」の概要と対策について詳しく解説しています。論文作成の解答例としては、添削指導風の論文や模範解答例を掲載しています。さらに受験に際して必要なキーワードを選択科目ごとに解説しています。その他試験合格者への受験に関するアンケートや、ちょっとした息抜きとしてそれぞれの章の節目にコラム等を入れてあります。

　なお本書編著の『Net-P.E.Jp』に関しては、356ページのコラムとネット上のホームページを参照してください。

　Net-P.E.Jp　https://netpejp.jimdofree.com/

　この本を活用することによって、より多くの機械系技術者の技術士第二次試験への受験意欲が高まるとともに、合格につながれば幸いです。

　大切なことだから、もう一度言います。技術士になるには、口頭試験に合格しなければなりません。この本を読むときは、常に口頭試験に合格することをイメージしておいてください。それと、本書の最後　付録の技術士法は一番に読んでいただきたいです。技術士法を理解すれば、技術士になれると言っても過言ではありません。

令和5年1月

筆 者 一 同

目　次

序　章

技術士とは

学習のポイント

　「技術士」は、「技術士法」にもとづいて行われる国家試験（「技術士第二次試験」）に合格し、登録した人だけに与えられる称号です。国はこの称号を与えることにより、その人が科学技術に関する高度な応用能力を備えていることを認定することになります。

　この章は、この技術士を解説しています。
1. 技術士とは
2. 技術士の役割・位置付け
3. 技術士の義務と責務
4. 技術士（機械部門）の特典と現状
5. 公益社団法人　日本技術士会について

1. 技術士とは

技術士制度は、「科学技術に関する技術的専門知識と高等の応用能力及び豊富な実務経験を有し、公益を確保するため、高い技術者倫理を備えた、優れた技術者」を認定するための国の資格制度（文部科学省）です。

「技術士」は、「技術士法」にもとづいて行われる国家試験（「技術士第二次試験」）に合格し、登録した人だけに与えられる称号です。即ち、科学技術に関する高度な知識と応用能力及び技術者倫理を備えている有能な技術者に技術士の資格を与え、この有資格者のみに技術士の名称の使用を認めることによって技術士業務に対する社会の認識と関心を高め、より一層の科学技術の発展を図ることとを目指しています。

技術士とは、「技術士法（以下『法』という）第三十二条第1項の登録を受け、技術士の名称を用いて、科学技術に関する高等の専門的応用能力を必要とする事項についての計画、研究、設計、分析、試験、評価又はこれらに関する指導の業務を行う者」のことです。（法第二条第1項）

即ち、

①　技術士第二次試験に合格し、法定の登録を受けていること。

②　業務を行う際に技術士の名称を用いること。

③　業務の内容は、自然科学に関する高度の技術上のものであること。（他の法律によって規制されている業務、例えば建築の設計や医療などは除かれます）

④　業務を行うこと、即ち継続反覆して仕事に従事すること。

以上の要件を具備した者です。

これを簡単に言うと、「技術士とは、『豊富な実務経験を有し、技術的専門知識及び高度の応用能力あり』と、国家の認定を受けた高級技術者」ということになります。大部分の技術士は、国・地方自治体・企業等の組織において業務を遂行しています。また、自営のコンサルタントとして、次のような分野において活躍しています。

①公共事業の事前調査・計画・設計監理

②地方公共団体の業務監査のための技術調査・評価

③裁判所、損保機関等の技術調査・鑑定

④地方自治体が推進する中小企業向け技術相談等への協力

⑤中小企業を中心とする企業に対する技術指導、技術調査・研究、技術評価等

⑥大企業の先端技術に関する相談

⑦開発途上国への技術指導

⑧銀行の融資対象等の技術調査・評価

一方、技術士補は技術士となるのに必要な技能を修習するために技術士第一次試験に合格し、または「指定された教育課程（JABEE認定）」を修了し、同一技術部門の補助する技術士（指導技術士）を定めて、法定の登録を受けていることと、技術士補の名称を用いて、技術士の業務を補助する業務を行うことの要件を具備した者です。

2. 技術士の役割・位置付け

では技術士とはどのような資格でしょうか？　技術士・技術士補の現況は、昭和33年度以来、令和4年3月末現在、技術士の合計は約9万7千名です。うち約55％が建設部門、次いで、総合技術監理、上下水道、機械、電気電子の各部門の技術士の数が比較的多いと言えます。業態別では、技術士全体の約79％が一般企業等（コンサルタント会社含む）、約12％が官公庁、法人等、約0.5％が教育機関に勤務し、約8％は自営で業務を行っています。女性技術士は約2千3百人で、約2.3％と少ないです。

なお、日本の技術者は230万人と言われており、技術士の割合は約4％です。

第一次試験合格者及び「指定された教育課程」の修了者は、技術士補となる資格（法第四条第2項）を、また、第二次試験合格者は、技術士となる資格（法第四条第3項）を有することになります。技術士補となる資格を有する者は、一般に「修習技術者」と呼称されています。

なお、技術士および技術士補は、技術者倫理を十分に守って業務を行うよう

法律によって課されています。また、公益社団法人　日本技術士会で技術士倫理綱領を定めています。

　この法律とは、第四章で規定されています。そこでは、信用失墜行為の禁止や技術士等の秘密保持義務、技術士等の公益確保の責務、技術士の名称表示の場合の責務を規定しています。筆記試験後の口頭試験ではこのことが聞かれることがありますので必ず記憶しておきましょう。

　また、技術士倫理綱領は、以下のように説明されています。（全文は364ページ（付録1）に記載）

> 　技術士は、科学技術が社会や環境に重大な影響を与えることを十分に認識し、業務の履行を通して持続可能な社会の実現に貢献する。
> 　技術士は、その使命を全うするため、技術士としての品位の向上に努め、技術の研鑽に励み、国際的な視野に立ってこの倫理綱領を遵守し、公正・誠実に行動する。

　今日、皆さんもご存知のように企業倫理が社会問題化していて、倫理規定違反により企業の存続が危うくなる例もあります。したがって、技術者にとって、正しい技術者倫理を身につけることは非常に重要なことになっています。

　また、高い専門能力だけでなく、高潔な人間性と道徳観、そして職業倫理を持つことが基本要件になります。ここで、科学技術創造立国とは、科学技術で新たな知を創造し、環境の保全と人類の幸福（安全・安心・心の安らぎ・福祉など）を実現するものです。

　また、職域ごとの技術士としては、独立したコンサルタント、企業内技術士、公務員技術者としての技術士、教育・研究者としての技術士、知的財産評価者等としての技術士、その他職域で活躍する技術士などに分けられます。

　現在、技術士には21の技術部門があります。機械、船舶・海洋、航空・宇宙、電気電子、化学、繊維、金属、資源工学、建設、上下水道、衛生工学、農業、森林、水産、衛生工学、情報工学、応用理学、生物工学、環境、原子力・放射

線、総合技術監理部門といった、かなり広範囲な技術部門に分かれています。

3. 技術士の義務と責務

技術士又は技術士補には、技術士法によって3つの**義務**と2つの**責務**が課せられています。3つの義務とは、第四十四条　信用失墜行為の禁止、第四十五条　秘密保持義務、第四十六条　名称表示の場合の義務になります。また、2つの責務としては第四十五条の二　公益確保の責務、第四十七条の二　資質向上の責務があります。

3つの義務とは、以下の条項になります。

- ●信用失墜行為の禁止（法第四十四条）

    技術士又は技術士補は、技術士若しくは技術士補の信用を傷つけ、又は技術士及び技術士補全体の不名誉となるような行為をしてはなりません。

- ●技術士等の秘密保持義務（法第四十五条）

    技術士又は技術士補は、正当な理由がなく、その業務に関して知り得た秘密を漏らし、又は盗用してはなりません。技術士又は技術士補でなくなった後においても同様です。技術士の義務の中核をなし、この違反に対しては1年以下の懲役又は50万円以下の罰金に処されます。親告罪です。（法第五十九条）

- ●技術士の名称表示の場合の義務（法第四十六条）

    技術士は、その業務に関して技術士の名称を表示するときは、その登録を受けた技術部門を明示するものとし、登録を受けていない技術部門を表示してはなりません。

また、2つの責務は以下の条項になります。

- ●技術士等の公益確保の責務（法第四十五条の二）

    技術士及び技術士補は、その業務を行うに当たっては、公共の安全、環境の保全その他公益を害することのないよう努めなければなりません。

- ●技術士の資質向上の責務（法第四十七条の二）

    技術士は、常に、自らの業務に関して有する知識及び技能の水準を向上

させ、資質の向上を図るよう努めなければなりません。

　このような技術士等に課せられた義務により、その使命、社会的地位及び職責を自覚するとともに技術士等に対する信用を高め、技術士等を活用しやすくするための措置です。
　これらの義務違反に対しては、上述の刑罰のほかに、行政処分として、技術士又は技術士補の登録の取消し又は2年以内の技術士、若しくは技術士補の名称の使用停止の処分を受けます。（法第三十六条第2項）
　また、法律上の義務ではありませんが、技術士がその業務を行うに際して遵守すべきこととして、法律上技術士の業務に対する報酬は、公正かつ妥当なものでなければならないと定められています。（法第五十六条）
　この規定には2つの意味があります。1つは、技術やノウハウのような無形の財に対する評価が必ずしも確立しているとは言いがたい我が国の社会において、技術士の知識・能力が正当に評価されることを求めたものです。もう1つは、逆に技術士が業務を行うにあたり、法外な報酬を請求して社会的信用を失うことのないよう求めたものです。

　また、「技術士ビジョン21」では、以下のように解説されています。
　1）公益確保等の社会的役割に対する責務
　　・3つの義務の履行は、技術士として当然なすべきことであり、いずれの職域の技術士もこれを侵すことはできない。
　　・公の生命や財産の安全を損なう危険性があるため、公益確保を最優先して倫理的な判断、技術的な判断を下さなくてはならない。
　　・自然との共生や公の安全などを前提とした職業倫理の遵守は、21世紀技術士にとって最も重要な課題となる。
　2）技術士の資質向上への責務（CPD）
　　・新技術士誕生時の能力をスタートとして、常にそれ以上の能力を目指して自己の責任によって継続的に研鑽を積む責務がある。
　　・「継続研鑽」すなわちCPD（Continuing Professional Development）を実践することによって、常に最新の知識や技術を取得する必要がある。

この研鑽の対象としては、以下のものを挙げています。

（ア）研修会、講習会、研究会、シンポジウム等への参加

（イ）論文等の発表

（ウ）企業内研修及びOJT

（エ）技術指導研修会、講習会の講師

（オ）産業界における業務経験

（カ）その他

3）技術士の国際的責務

・国際的な活動の場が拡がるように、APECエンジニアへの登録などの国際的資格の取得やその活用を行います。

・技術のグローバル化の進展に伴い、国際競争への参画と技術移転も技術士の責務の一つです。

4. 技術士（機械部門）の特典と現状

技術士は名称独占資格で、技術士でない者は「技術士」又はこれに類似する名称を使用してはなりません。（法第五十七条第1項）技術士でない者が技術士又はこれに類似する名称を使用すると、30万円以下の罰金に処せられます。（法第六十二条第三号）これは、高度の技術能力を持ち、かつ社会的に信用して差しつかえのない技術士としての適格者のみに技術士の名称を用いることを認めるものです。さらに、技術士でない者にはその名称の使用を厳に禁止することにより、技術士制度に対する社会の関心と認識を一段と高めようとするところにねらいがあります。

また、国の諸制度で有資格者として認められていたり、資格試験の一部またはすべてが免除されています。以下に公益社団法人　日本技術士会「技術士制度について」（令和4年4月）より、機械部門に関係があるもののみを掲載します。

『技術士資格の公的活用（有資格者として認められているもの)』

　○厚生労働省

　　・労働契約期間の特例（専門的知識等を有する労働者）

　○経済産業省（中小企業庁）

　　・中小企業・ベンチャー総合支援事業派遣専門家として登録される専門家

　○国土交通省

　　・設計管理者（鉄道土木、鉄道電気、車両）

　　・一般建設業の営業所専任技術者又は主任技術者

　　・特定建設業の営業所専任技術者又は監理技術者

　　・建設コンサルタントとして国土交通省に部門登録をする場合の専任技術管理者（選択科目：機械設計、材料力学、機械力学・制御、動力エネルギー、熱工学、流体工学、交通・物流機械及び建設機械、ロボット、情報・精密機器）

　○東京都環境局

　　・指定地球温暖化対策事業所の技術管理者

　　・東京都1種公害防止管理者

　○裁判所

　　・鑑定人、専門委員、調停委員

『他の公的資格取得上の免除等』

　○総務省

　　・消防設備士（甲種・乙種）：筆記試験一部免除、甲種受験資格を認定

　　・消防設備点検資格者（特種・第1種・第2種）：受講資格を認定

　○厚生労働省

　　・建築物環境衛生管理技術者：受講資格を認定

　　・労働安全コンサルタント：筆記試験一部免除、受験資格を認定

　　・労働衛生コンサルタント：受験資格を認定

　　・作業環境測定士（第1種・第2種）：受験資格を認定

　○経済産業省

　　・ボイラー・タービン主任技術者（第1種、第2種）：申請資格を認定

○経済産業省（特許庁）

・弁理士：筆記試験（論文式）一部免除

○国土交通省

・管工事施工管理技士（1級・2級）：学科試験免除（選択科目：熱工学、流体工学）

○経済産業省、環境省

・特定工場における公害防止管理者（ばい煙発生施設、汚水等排水施設、騒音発生施設、振動発生施設、特定粉じん施設、一般粉じん発生施設、ダイオキシン類発生施設）：受講資格を認定（選択科目：機械力学・制御、動力エネルギー、熱工学、加工・ファクトリーオートメーション及び産業機械）

技術士関連のデータとして、「技術士の技術部門別分布」と「技術士登録者の勤務先」を以下に掲載します。「技術士の技術部門別分布」によると、機械部門技術士は技術士の部門としては3番目に人数が多い部門になります。また、「技術士登録者の勤務先」では、技術士全体としてはコンサルティング会社勤務

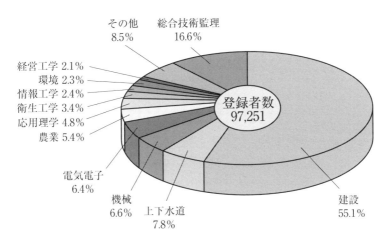

（注）複数部門登録者は、それぞれの部門において計上している。

出典：公益社団法人　日本技術士会　概要（2022.8）

図0.1　技術士の技術部門別分布（2022年3月末現在）

や自営もある程度ありますが、機械部門技術士はほとんど一般企業勤務である
のが実状のようです。これは、機械部門技術士が業務独占の資格ではないこと
が影響していると考えられます。

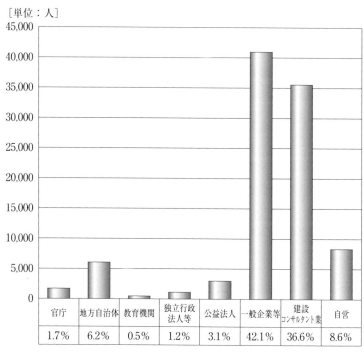

[単位：人]

官庁	地方自治体	教育機関	独立行政法人等	公益法人	一般企業等	建設コンサルタント業	自営
1.7%	6.2%	0.5%	1.2%	3.1%	42.1%	36.6%	8.6%

(2022 年 3 月末現在)

出典：公益社団法人　日本技術士会　概要（2022. 8）

図0.2　技術士登録者の勤務先

5. 公益社団法人　日本技術士会について

公益社団法人　日本技術士会は技術士制度の普及、啓発を図ることを目的とし、技術士法に基づく国内唯一の技術士による公益社団法人です。

2011年に最初の日本技術士会の設立から60周年を迎えており、同年に公益法人制度改革に対応して、公益社団法人に移行しました。

日本技術士会は主に以下のような事業展開をしています。

1) 技術士及び技術者の倫理の啓発に関する事項

2) 技術士の資質向上に関する事項

3) 技術士制度の普及・啓発に関する事項

4) 技術士法に基づく試験及び登録に関する事項

5) 技術士の業務開発及び活用促進に関する事項

6) 技術系人材の育成に関する事項

7) 国際交流及び国際協力活動並びに国際資格に関する事項

8) 科学技術を通した社会貢献活動に関する事項

9) 科学技術についての行政施策への協力及び提言並びに調査研究に関する事項

10) 前各号に掲げるもののほか、本会の目的を達成するための事項

日本技術士会には入会金と会費を支払うことで、会員になることができます。会員になることで、会員証が発行され、「技術士業務報酬の手引き」や会員誌月刊『技術士』（毎月1回）の送付、さまざまなプロジェクトチームや行事に参加することができます。

また2007年1月に技術士の行動原則を示した「技術士プロフェッション宣言」を社会に向けて発信しています。

【技術士プロフェッション宣言の概念】

1. 教育と経験により培われた高度の専門知識及びその能力を持つ。

2. 厳格な職業倫理を備える。

3. 広い視野で公益を確保する。

4. 職業資格を持ち、その職能を発揮できる専門職団体に所属する。

　上記内容の詳細は、 公益社団法人　日本技術士会URLにて確認してください。

　　https://www.engineer.or.jp/

また、機械部門でも部会が毎月開催されています。

〈公益社団法人　日本技術士会及び地域本部所在地〉

公益社団法人 日本技術士会 統括本部 〒105-0011	《総務部・事業部》《技術士 CPD センター》 東京都港区芝公園 3-5-8　機械振興会館 2 階 　TEL (03) 3459-1331／FAX (03) 3459-1338
	《技術士試験センター》 東京都港区芝公園 3-5-8　機械振興会館 4 階 　TEL (03) 6432-4585／FAX (03) 6432-4586
北海道本部 〒060-0002	札幌市中央区北 2 条西 3-1　敷島ビル 9 F 　（株式会社ドーコン事業推進本部内） 　TEL (011) 801-1617／FAX (011) 801-1618
東北本部 〒980-0012	仙台市青葉区錦町 1-6-25　宮酪ビル 2 階 　TEL (022) 723-3755／FAX (022) 723-3812
北陸本部 〒950-0965	新潟市中央区新光町 10-3　技術士センタービル II 7 階 　TEL (025) 281-2009／FAX (025) 281-2029
【石川事務所】 〒921-8042	金沢市泉本町 2-126　（株）日本海コンサルタント内 　TEL (076) 243-8528／FAX (076) 243-0887
中部本部 〒450-0002	名古屋市中村区名駅 5-4-14　花車ビル北館 6 階 　TEL (052) 571-7801／FAX (052) 533-1305
近畿本部 〒550-0004	大阪市西区靱本町 1-9-15　近畿富山会館ビル 2 階 　TEL (06) 6444-3722／FAX (06) 6444-3740
中国本部 〒730-0017	広島市中区鉄砲町 1-20　第 3 ウエノヤビル 6 階 　TEL (082) 511-0305／FAX (082) 511-0309
四国本部 〒760-0067	香川県高松市松福町 2-15-24　香川県土木建設会館 3 階 　TEL (087) 887-5557／FAX (087) 887-5558
九州本部 〒812-0012	福岡市博多区博多駅前 3-19-5　博多石川ビル 6 階 　TEL (092) 432-4441／FAX (092) 432-4443

出典：公益社団法人　日本技術士会　概要（2022. 8）

第1章
試験の概要と受験手引き

学習のポイント

　技術士第二次試験に合格するには3つの関門があります。

　1つめは、本章で述べます受験申込書の作成です。2つめは筆記試験であり、3つめは口頭試験なのですが、1つめの受験申込書は3つめの関門である口頭試験に用いられます。第6章　口頭試験対策でも解説しますが、特に機械部門は口頭試験の合格率が低い（3人に1人が不合格）ため、この受験申込書が口頭試験対策として非常に重要です。

　「業務内容の詳細」の欄には、受験前である受験申込みの段階で技術士レベルの720文字の文章を作成しなくてはなりません。また、そもそもご自身の経験に合わない、誤った「選択科目」で受験してしまうと不適格と判断されるため、申込みの時点で実質的に不合格が決定してしまう可能性があります。

　このように、実は、受験申込書作成の段階から技術士試験は始まっているのです。「受験申込み」とは「第1回目の試験論文提出」と考えてしっかり取り組んでください。

　本章では、その大切な受験申込書の書き方を説明いたします。

1. 技術士試験制度

　技術士試験は、「技術士第一次試験」及び「技術士第二次試験」に分けて実施されます。試験制度が平成13年度、平成19年度、平成25年度、令和元年度に改正され、新しい技術士制度のもとでの試験が実施されました。主な試験制度上の特徴を以下に示します（令和元年度からの試験制度の改正については、第2節で詳しく解説します）。

　　①　第一次試験の合格が、第二次試験を受験するための必須条件（ただし、一部の認定課程修了者を除く）

　　②　第一次試験合格後、所定の実務経験が必要

　　③　第二次試験は筆記試験と口頭試験からなり、筆記試験合格者のみ口頭試験を受験することができる

　　④　第二次試験合格後、登録により「技術士」を名乗ることができる

　　⑤　技術士として登録後は、継続した研鑽（CPD）が責務となる

　これを図式化すると図1.1のようになります。詳細は後述しますが、自分が受験する場合は、どのコースに該当するかを確認しましょう。特に、20歳代から30歳代前半で受験する場合は、コースによっては必要とされる経験年数が不足する場合もありますから注意しましょう。

【技術士試験の仕組み】

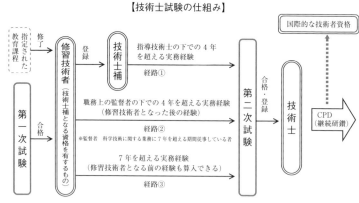

経路①の期間と経路②の期間を合算して、通算4年を超える実務経験でも第二次試験を受験できます。

図1.1　技術士試験制度

2. 試 験 内 容

1) 受験資格（総合技術監理部門は除く）

第二次試験を受験するためには、まず「修習技術者」であることが必要です。

修習技術者とは、第一次試験の合格者、及びそれと同等と認められるもの（指定された教育課程の修了者（注1））のことをいいます。

修習技術者が第二次試験を受験する際の資格は、以下の3とおりがあります。

① 技術士補として、技術士の指導の下で、4年を超える実務経験

② 第一次試験合格後、職場上司等の監督者の指導の下で、4年を超える実務経験

③ 指導者や監督者の有無、要件を問わず、7年を超える期間の実務経験

ここで、「実務経験」とは、「科学技術に関する専門的応用能力を必要とする事項についての計画、研究、設計、分析、試験、評価またはこれらに関する指導の業務」と定義されています。

つまり、図面のトレースや、庶務、経理等の補助的業務や事務的業務は「実務経験」とはみなされず、受験資格として認められません。

また、「職場上司等の監督者」とは、以下の要件に該当する者を指します。

・技術士法に記載されている業務経験にあたる仕事を7年以上、遂行している技術者（上司が技術士資格を持っていなくても、技術士にふさわしい業務を遂行していると判断できれば問題ありません。）

・修習技術者を適切に監督することができる職務上の地位にあること（課長、部長等の役職についている技術者が対象となります。）

・修習技術者の行う業務について適切な指導、助言ができること（直属の上司であれば問題ありません。）

なお、理科系統の修士課程、専門職学位課程修了者あるいは博士課程在学者または修了者は、これらの業務経歴年数からその在学した期間において、2年を限度として減ずることができます。

（注1）日本技術者教育認定機構（JABEE）が認定した学部、学科等の卒業者を指す。

第二次試験部門と第一次試験部門は異なっていてもよく、例えば第二次試験で機械部門を受験する場合に、第一次試験の部門は機械部門である必要はありません。また、将来別の部門を受験するときも、改めて第一次試験を受験し直す必要はありません。例えば、第一次試験と第二次試験を電気電子部門で合格された方が、将来機械部門で受験する場合は、機械部門で第一次試験を受験する必要はありません。ただし、過去に一度以上第一次試験を合格している方または、指定された教育課程を修了された方に限ります。

2）試験方法

第二次試験は筆記試験と口頭試験が実施され、筆記試験は必須科目と選択科目からなります。筆記試験の必須科目では、技術部門全般にわたる専門知識が問われ、選択科目では専門事項についての深い知識、応用能力、一般的な専門知識、さらに選択科目に関する課題解決能力が試されます。口頭試験は筆記試験の合格者のみが受験でき、技術士としてふさわしい専門的応用能力や知識、そして適格性が備わっているかを問われます。

表1.1　第二次試験の試験内容と方法

	試験科目	試験内容	試験方法	試験時間
筆記試験	I 必須科目	「技術部門」全般にわたる専門知識、応用能力、問題解決能力及び課題遂行能力に関するもの	記述式（論文形式）（600字詰用紙3枚以内）	2時間
	II 選択科目	「選択科目」についての専門知識及び応用能力に関するもの	記述式（論文形式）（600字詰用紙3枚以内）	3時間30分
	III 選択科目	「選択科目」についての問題解決能力、課題遂行能力に関するもの	記述式（論文形式）（600字詰用紙3枚以内）	
口頭試験		I 技術士としての実務能力 II 技術士としての適格性	口頭試験　技術士としての適格性を判定することに主眼をおき、筆記試験における記述問題の答案及び業務経歴を踏まえ実施	20分（10分程度、延長の場合もあり）

技術士第二次試験実施大綱（令和4年12月）より

16

　令和元年度の試験制度改正により、平成30年度以前と試験の出題形式が変更されました。従来の試験制度で受験された方、過去の試験形式で対策をしていた方は要注意です。試験内容の一覧を**表1.1**に示します。

【必須科目：Ⅰ】

・600字詰原稿用紙（1行24字×25行、すべて共通）を3枚以内、つまり1,800文字の記述方式です。

・試験内容は「『技術部門』全般にわたる専門知識、応用能力、問題解決能力及び課題遂行能力に関するもの」と定義されています。

・2題出題され、1問を選択し、解答します。

・「現代社会が抱えている様々な問題」について、「技術部門」全般に関わる基礎的なエンジニアリング問題としての観点から問われます。

・どの科目（機械設計や材料強度・信頼性など）で受験しても、この「必須科目」は機械部門のすべての受験者に対して同じ問題が出題されます。

・受験した部門、つまり機械部門全般に関わる問題が出題されます。解答も、広い視野を意識した解答が求められます。論述内容は選択科目に留まらず、機械部門全体に跨るテーマで解答しましょう。倫理、社会環境だけでなく、経済性、安全・安心社会、グローバル社会など広い視野をアピールしましょう。

　あなたが「こんな世の中にしたい！」といった『熱意』を技術提案とともに伝えることも重要です！

　出題例

　（1）技術者としての立場で、多面的な観点から複数の課題を抽出し分析せよ。

　（2）抽出した課題のうち最も重要と考える課題を1つ挙げ、その課題に対する複数の解決策を示せ。

　（3）前問（2）で示したすべての解決策を実行した結果、得られる成果とその波及効果を分析し、新たに生じうる懸念事項への機械技術者としての対応策について述べよ。

または、

(3) 解決策に共通して新たに生じうるリスクとそれへの対策について述べ
　　よ。

(4) 業務遂行において必要な要件を技術者としての倫理、社会の持続可能
　　性の観点から述べよ。

　(1) で専門知識と広い視野及び問題抽出能力を、(2) で深い見識や応用能力
を、(3) で実務経験や課題遂行能力と先見性を、(4) で技術士に必要な倫理や
環境対策への意識の強さを問うています。題意に合わせて的確に解答しましょ
う。

【選択科目：Ⅱ－1】

・600字詰原稿用紙（1行24字×25行、すべて共通）を1枚以内、つまり
　600文字の記述方式です。

・試験内容は、「『選択科目』についての専門知識に関するもの」と定義され
　ています。

・4題出題され、1問を選択し、解答します。

・「選択科目（機械設計や材料強度・信頼性などそれぞれ）」における重要な
　キーワードや新技術等に対する専門知識について出題されます。本書第7章
　「選択科目別キーワード100」を参考に勉強しましょう。

・純粋に専門的な技術力を問われることが多いです。機械部門らしく、「図・
　グラフ・表・式」を活用して技術力をアピールし、的確に問いに応えま
　しょう。

設問の出題例

　「手法を2つ挙げ、特徴と留意点を問う」

【選択科目：Ⅱ－2】

・600字詰原稿用紙（1行24字×25行、すべて共通）を2枚以内、つまり1,200文字の記述方式です。

・試験内容は、「『選択科目』についての応用能力に関するもの」と定義されています。

・2題出題され、1問を選択し、解答します。

・「選択科目（機械設計や材料強度・信頼性などそれぞれ）」に関係する業務に関し、与えられた条件に合わせて、専門知識や実務経験に基づいて業務遂行手順が説明でき、業務上で留意すべき点や工夫を要する点等についての認識があるかどうかが出題されます。

・実務に関わる遂行能力を問われることが多いです。「図・グラフ・表・式」を活用しつつ、実際に業務で経験した内容など盛り込むと運用能力が表現できてポイントが高いです。

・さらに、関係者との調整方策を述べ、コミュニケーション能力をアピールしましょう。

設問の出題例

(1) 調査・検討すべき事項とその内容について説明せよ。

(2) 検討を進める業務手順について、留意すべき点、工夫を要する点を含めて述べよ。

(3) 業務を効率的、効果的に進めるための関係者との調整方策について述べよ。

【選択科目：Ⅲ】

・600字詰原稿用紙（1行24字×25行、すべて共通）を3枚以内、つまり1,800文字の記述方式です。

・試験内容は「『選択科目』についての問題解決能力及び課題遂行能力に関するもの」と定義されています。

・2題出題され、1問を選択し、解答します。

・「社会的なニーズや技術の進歩に伴う様々な状況において生じているエン

ジニアリング問題」について、「選択科目」に関わる観点から「課題の抽出」「多様な視点からの分析」「解決手法の提示」「遂行方策の提示」について問われます。

・出題範囲は「選択科目」に限定されるものの、選択科目に関する広い視野を意識した解答が求められます。専門的学識を用いて問題を解決する提案を行いましょう。

ここでも、あなたが「こんな世の中にしたい！」といった『熱意』を技術提案とともに伝えることは重要です！

設問の出題例

(1) 技術者としての立場で多面的な観点から課題を抽出し分析せよ。

(2) 抽出した課題のうち最も重要と考える課題を1つ挙げ、その課題に対する複数の解決策を示せ。

(3) 前問（2）で示したすべての解決策を実行して生じうる波及効果と専門技術を踏まえた懸念事項への対応策を示せ。

または、

(3) 解決策に共通して新たに生じうるリスクとそれへの対策について述べよ。

(1) で専門知識と広い視野を、(2) で深い見識や応用能力を、(3) で実務経験や評価能力、マネジメント能力を問うています。題意に合わせて的確に解答しましょう。

【口頭試験】

・技術士としての適格性を判定されます。口頭試験の評価項目として、筆記試験で解答する記述式問題の答案及び申し込み時に提出する「業務経歴（特に、業務内容の詳細）」を踏まえて評価されます。業務経歴については、本章をよく読み、万全の対策を行いましょう。

・試験時間は20分です。試験官の裁量により10分程度の延長が行われることもあります。

・令和元年度の試験改正に伴い、試問事項が一部変更されています。

旧：「受験者の技術的体験を中心　→　新：「技術士としての実務能力」
とする経歴の内容及び応用　　　　①コミュニケーション、
能力」　　　　　　　　　　　　　　　　リーダーシップ
①経歴及び応用能力　　　　　　②評価、マネジメント

旧：「技術士としての適格性及び　→　新：「技術士としての適格性」
一般的知識」　　　　　　　　　　　④継続研さん
③技術士制度の認識その他

　「技術士制度の認識その他」の項目がなくなっています。平成30年度まで必ず問われていた「技術士法」に関する知識の確認が行われないこともあります。しかし、技術士を目指すからには、最低限の技術士法として第一条と第二条と「技術士の義務と責務」は覚えて試験に臨むべきでしょう。合格後も、技術士としての活動時に影響します。

　筆記試験では、必須科目と選択科目を合わせて記述量が9枚、口頭試験では実務能力と適格性と問うことが明確化されています。このことから、専門分野における専門知識は筆記試験で確認し、口頭試験では業務経歴と選択科目の答案を踏まえて技術士としての適格性、能力を総合的に判断することがわかります。そして、これまで保ってきた技術士としての質の水準を落とすことなく、より一層社会に貢献することが求められていると推測されます。口頭試験では、このあたりの内容も理解して臨むとよいでしょう。

　特に注意しなくてはならないのは、受験申込時に提出する実務経験証明書の業務内容の詳細欄の記載内容です。詳しくは本章第6節の「受験申込書の書き方」で述べますが、受験申込時に業務内容を整理、推敲して提出する必要があります。十分に内容を推敲しない状態で申込書を提出したために、口頭試験時に頭を抱えてしまう人が後を絶ちません。皆さんはそのようなことの無いよう、しっかり内容を推敲したうえで実務経験証明書を提出するようにしてください。

3）配点と合格基準

　筆記試験は、必須科目の配点が40点、選択科目Ⅱ－1の配点が10点、選択科目Ⅱ－2の配点が20点、選択科目Ⅲの配点が30点です。必須科目の得点が60％以上、選択科目は、ⅡとⅢの合計得点が60％以上であることが合格基準となっています。したがって、万が一、選択科目Ⅱ－1と選択科目Ⅱ－2の合計点でB判定となっても、選択科目Ⅲで挽回すれば合格する可能性があります。もちろん、その逆の場合もあります。ただし、口頭試験について受験申込み案内には「筆記試験における記述式問題の答案及び業務経歴を踏まえ実施する」と記載されています。選択科目ⅡまたはⅢがBまたはCの状態で口頭試験に臨む受験者は、後で内容をしっかりとフォローできるように準備することが大切です。必須科目は、それ単独で60％以上の得点が必要ですので、しっかり対策しましょう。

　また、口頭試験についても必要とされる項目それぞれについての得点が、60％以上であることが合格基準です。

　筆記試験、口頭試験の受験者には、それぞれの科目についての試験の結果が、A、B、Cの3段階で通知されます。

表1.2　配点と合格基準

	試験科目・内容		配　点		合格基準
筆記試験	Ⅰ必須科目		40点満点		60％以上
	Ⅱ選択科目		60点満点	30点	60％以上
	Ⅲ選択科目			30点	
口頭試験	Ⅰ技術士としての実務能力	①コミュニケーション、リーダーシップ	30点満点		60％以上
		②評価、マネジメント	30点満点		60％以上
	Ⅱ技術士としての適格性	③技術者倫理	20点満点		60％以上
		④継続研さん	20点満点		60％以上

技術士第二次試験実施大綱（令和4年12月）より

22

3. 技術士コンピテンシー概要

❖❖❖❖❖❖❖❖❖❖❖❖❖❖❖❖❖❖❖❖❖❖❖❖❖❖❖❖❖❖❖❖❖

技術士に求められる資質能力（コンピテンシー）

　近年、技術に起因する事故が増えたことを鑑み、技術士にとって社会に貢献するために必要な「もの」「こと」は何かについての議論が国を中心に討議され、そのガイドラインが策定されています。これは新たに要求されたものではなく、以前から必要であると認識されていたものを明文化されたにすぎません。受験時には、意識して対応する必要があります。詳細は第2章第2節を参照ください。

技術士に求められる資質能力（コンピテンシー）

専門的学識

・技術士が専門とする技術分野（技術部門）の業務に必要な、技術部門全般にわたる専門知識及び選択科目に関する専門知識を理解し応用すること。

・技術士の業務に必要な、我が国固有の法令等の制度及び社会・自然条件等に関する専門知識を理解し応用すること。

問題解決

・業務遂行上直面する複合的な問題に対して、これらの内容を明確にし、調査し、これらの背景に潜在する問題発生要因や制約要因を抽出し分析すること。

・複合的な問題に関して、相反する要求事項（必要性、機能性、技術的実現性、安全性、経済性等）、それらによって及ぼされる影響の重要度を考慮した上で、複数の選択肢を提起し、これらを踏まえた解決策を合理的に提案し、又は改善すること。

マネジメント

・業務の計画・実行・検証・是正（変更）等の過程において、品質、コスト、納期及び生産性とリスク対応に関する要求事項、又は成果物（製品、システム、施設、プロジェクト、サービス等）に係る要求事項の特性（必要性、機能性、技術的実現性、安全性、経済性等）を満たすことを

目的として、人員・設備・金銭・情報等の資源を配分すること。

評価

・業務遂行上の各段階における結果、最終的に得られる成果やその波及効果を評価し、次段階や別の業務の改善に資すること。

コミュニケーション

・業務履行上、口頭や文書等の方法を通じて、雇用者、上司や同僚、クライアントやユーザー等多様な関係者との間で、明確かつ効果的な意思疎通を行うこと。

・海外における業務に携わる際は、一定の語学力による業務上必要な意思疎通に加え、現地の社会的文化的多様性を理解し関係者との間で可能な限り協調すること。

リーダーシップ

・業務遂行にあたり、明確なデザインと現場感覚を持ち、多様な関係者の利害等を調整し取りまとめることに努めること。

・海外における業務に携わる際は、多様な価値観や能力を有する現地関係者とともに、プロジェクト等の事業や業務の遂行に努めること。

技術者倫理

・業務遂行にあたり、公衆の安全、健康及び福利を最優先に考慮した上で、社会、文化及び環境に対する影響を予見し、地球環境の保全等、次世代にわたる社会の持続性の確保に努め、技術士としての使命、社会的地位及び職責を自覚し、倫理的に行動すること。

・業務履行上、関係法令等の制度が求めている事項を遵守すること。

・業務履行上行う決定に際して、自らの業務及び責任の範囲を明確にし、これらの責任を負うこと。

継続研さん

・業務履行上必要な知見を深め、技術を修得し資質向上を図るように、十分な継続研さん（CPD）を行うこと。

（日本技術士会　令和4年度技術士第二次試験　受験申込み案内より）

4. 受験スケジュール

1) 試験実施要綱の公開

　第二次試験の実施内容の詳細については、当該年度の2月上旬に（公社）日本技術士会のホームページに掲載されます。受験者は、試験情報を十分にチェックするように心がけてください。

　　　URL：https://www.engineer.or.jp/

　また、試験実施日程の詳細や、試験制度の変更点なども掲載されるため、各自で最新の情報を必ず確認してください。さらに、下記の「受験申込み案内」にも当該年度の試験情報が記載されていますので、十分に確認してください。

2) 受験申込書の配布

　「受験申込書」及び「受験申込み案内」は、4月上旬から配布されます。インターネットからダウンロード、または（公社）日本技術士会及び（公社）日本技術士会の各本部等で配布、または郵送により請求できます。

3) 受験申込期間

　受験者は、4月中旬に、書類を（公社）日本技術士会宛て簡易書留郵便で送付することになります。なお、郵送の場合は締め切り期限最終日の消印があれば有効ですが、書類に不備があると電話連絡がある場合もありますから、締め切りまで、十分に余裕を持った期間に提出するように心がけましょう。そのためにもなるべく早い時期から実務経験証明書を準備して、万全を期すようにしましょう。

4）試験日

● 筆記試験

　おおむね総合技術監理部門を除く技術部門は、7月中旬の日曜日もしくは祝日、総合技術監理部門の必須科目は、その前日に行われます。

● 口頭試験

　筆記試験合格者に対して、10月下旬から11月初旬に合格通知と同時に案内が届きます。試験日は、11月下旬から翌年1月下旬のうちの1日があらかじめ通知され、変更することはできません。

　合格までの学習時間は、一般的に700時間から1,000時間必要と言われています。受験までの期間から逆算して、1週間に何時間勉強が必要か算出して、日々の学習スケジュールに反映しましょう。

　例えば、受験まで7か月あり、最低でも700時間勉強する場合、月に100時間、つまり週に25時間の時間を確保する必要があります。平日に2時間×5日、週末に15時間以上勉強するスケジュールを立てればよいことがわかります。あらかじめご家族など周囲の方の了解をとり、応援してもらえるよう努めましょう。

　技術士とは何か、技術士らしい論文の書き方とは何か、を理解するのに大半の時間が必要です。言い換えると、技術士とは何か、がわかれば準備時間を半減できます。受験の際には、身近な技術士に相談されることを強くお勧めいたします。周囲に技術士のお知り合いがいらっしゃらない場合は、Net-P.E.Jpなど技術士集団にお声掛けください。幅広く深い見識を持った技術者が在籍しております。

　7月中旬の筆記試験後はしばらく休息がとれます。仕事や家族の予定を7月下旬から9月あたりになるように、できるだけ事前に調整できれば理想的です。

　少なくとも、受験当日は予定を開けておくように調整しなければ受験そのものができません。（著者の経験上、急な出張要請が入るなど、このスケジュール調整が意外と難しいのですが……　これも技術士試験対策の一つです）

5) 試験地

●筆記試験

　北海道、宮城県、東京都、神奈川県、新潟県、石川県、愛知県、大阪府、広島県、香川県、福岡県、沖縄県の12都道府県の県庁所在地近郊で例年行われます。受験申し込み時に希望の試験地域を選択できますので、7月上旬から中旬の予定を確認して場所を選びましょう。ただし、同一地域で複数の試験会場がある場合は、会場を選ぶことができません。遠方の方は早めに試験場近くの宿泊を確保しましょう。なお、申し込み後に住居の移転を伴う転勤があった場合、試験日の1か月半程度前までに変更願を提出すれば、受験地を変更することができます。詳しい日程は、4月上旬に日本技術士会から発行される「受験申込み案内」に記載されています。受験地を変更する可能性がある受験者は、内容を必ずチェックするようにしてください。

●口頭試験

　すべての受験者に対し、東京都で行われます。遠方の方は、口頭試験場所・日時の通知が届いた時点で、交通手段と宿泊の確保を急ぎましょう。

6) 合格発表

3月上旬に発表があり、以下の方法で通知されます。

① 発表日の官報に合格者名簿が掲載される
② 文部科学省および（公社）日本技術士会に合格者の受験番号が掲示される
③ 合格者に文部科学大臣から合格証が郵送される
④ 文部科学省および（公社）日本技術士会のホームページに合格者の受験番号が公開される

　最も早く合否を知ることができるのは、おそらくインターネットでの公開でしょう。当日は混雑して繋がりにくいかもしれませんが、自分の受験番号を確認できる日を思い描いて、勉強に励みましょう。

7）問合せ先

試験日程を含め、試験の詳細に関する問合せ先は以下のとおりです。

● 文部科学大臣指定試験機関

　公益社団法人　日本技術士会　技術士試験センター

　〒105-0011　東京都港区芝公園3丁目5番8号　機械振興会館4階

　電話　03-6432-4585　　FAX：03-6432-4586

または日本技術士会ホームページの問い合わせフォーム

　URL：https://www.engineer.or.jp

5．選択科目・専門とする事項の選定方法

1）技術部門の選択

　技術部門には以下の21の部門があります。本書の読者の方ならば、「機械部門」を選ぶ人が大多数でしょう。技術士法第四十六条に示される「名称表示の場合の義務」に基づき、合格して技術士として登録すると、受験した部門の技術士として名乗ることができます。つまり、機械部門で受験した方は、名刺には「技術士（機械部門）」と明記することになります。「技術士（機械部門）材料強度・信頼性」のように科目まで記載してもよいです。

表1.3　技術部門

1. 機械部門	11. 衛生工学部門
2. 船舶・海洋部門	12. 農業部門
3. 航空・宇宙部門	13. 森林部門
4. 電気電子部門	14. 水産部門
5. 化学部門	15. 経営工学部門
6. 繊維部門	16. 情報工学部門
7. 金属部門	17. 応用理学部門
8. 資源工学部門	18. 生物工学部門
9. 建設部門	19. 環境部門
10. 上下水道部門	20. 原子力・放射線部門
	21. 総合技術監理部門

　まず、自分が技術士として活躍するのにふさわしい技術部門を優先して選びましょう。ただし、業務内容によっては他部門が適当な場合もありますから、

関連のある部門の選択科目、専門とする事項、また過去問題を確認したうえで選択しましょう。

2) 機械部門の選択科目

この「選択科目」の決定が最も重要な受験対策の一つです!!

決して勤務先の部門名や、学生時代の科目の好き嫌いで選んではいけません。

令和元年度の改正により機械部門の選択科目は、10分類から6分類に変更となりました。それぞれの科目に対応した内容を下記に示します。

表1.4 機械部門 選択科目一覧表

選択科目	選択科目の内容
1−1 機械設計	設計工学、機械総合、機械要素、設計情報管理、CAD（コンピュータ支援設計）・CAE（コンピュータ援用工学）、PLM（製品ライフサイクル管理）、その他の機械設計に関する事項
1−2 材料強度・信頼性	材料力学、破壊力学、構造解析・設計、機械材料、表面工学・トライボロジー、安全性・信頼性工学その他の材料強度・信頼性に関する事項
1−3 機構ダイナミクス・制御	機械力学、制御工学、メカトロニクス、ロボット工学、交通・物流機械、建設機械、情報・精密機器、計測機器その他の機構ダイナミクス・制御に関する事項
1−4 熱・動力エネルギー機器	熱工学（熱力学、伝熱工学、燃焼工学）、熱交換器、空調機器、冷凍機器、内燃機関、外燃機関、ボイラ、太陽光発電、燃料電池その他の熱・動力エネルギー機器に関する事項
1−5 流体機器	流体工学、流体機械（ポンプ、ブロワー、圧縮機等）、風力発電、水車、油空圧機器その他の流体機器に関する事項
1−6 加工・生産システム・産業機械	加工技術、生産システム、生産設備・産業用ロボット、産業機械、工場計画その他の加工・生産システム・産業機械に関する事項

(令和4年度日本技術士会 技術士第二次試験の技術部門・科目表より)

よくない例

　　✕　　職場の所属部門名が「○○設計部」で設計を10年行っているから「機械設計」を選ぶ。

　　✕　　学生時代は流体力学が得意で、「流体機器」が過去の出題文に知っている単語が多そうなのでこれを選ぶ。

出願した時点で不合格が決定してしまう可能性があります。

心当たりがある方は要注意です。本章を参考に再検討してください。

ご自身が業務で活用しているスキルを基準に科目を選んでください。

下記に手順を示します。

① 業務を棚卸しする

　　日々、どのようなスキルを用いているかが重要です。

　　例えば、同じモータ設計部に所属して品質向上を図っていらっしゃる技術者であったとしても、

　　○　コンカレントエンジニアリング設計手法に取り組んで設計している

　　　　→　機械設計かもしれません

　　○　荷重からモーメントを算出し許容応力を満たす筐体を設計している

　　　　→　材料強度・信頼性かもしれません

　　○　フィードバック制御を用いて振動を抑えるよう設計している

　　　　→　機構ダイナミクス・制御かもしれません

　　○　周波数制御で速度変更の効率を改善するよう設計している

　　　　→　電気電子部門、電気応用かもしれません

　　試験制度変更に伴い、「どんなスキル（技術）」を身に付けているか、をより強く問われるようになっています。

　　まず、自分がこれまでどのような業務をこなしてきたか、そして、どのようなスキルを培い活用してきたか、棚卸しを行ってください。

　棚卸しの際はくれぐれも、何を設計しているか、などの対象物ではなく、どんなスキル（技術）を用いているか、スキルに注目してください。

② 過去問の内容を確認する

　次に、過去問に出てくるキーワードをチェックしましょう。特にⅡ－2は具体的な業務経験を問われていますので、ご自身の業務と一致するか確認するには理想的です。これがぴったり一致していると、科目選択は間違いないと言えるでしょう。

　本書第7章の選択科目別キーワード100も参考にしてください。

　そのテーマで「業務内容の詳細」を記載すれば、おそらく上記の過去問の模範解答となる文章を作成できるでしょう。

③ 科目のキーワードで「業務内容の詳細」を埋め尽くす

　「業務内容の詳細」を記載する際、②で調べた科目のキーワードをできるだけ使用しましょう。科目のキーワードで「業務内容の詳細」を埋め尽くすことも、どこから見てもその道のプロフェッショナルと思われる業務内容に仕上げるには効果的です。

　詳しくは、本章「6. 受験申込書の書き方」を参照ください。

6. 受験申込書の書き方

1）受験申込書とは

　他の資格試験とは異なり、技術士第二次試験は受験申込書の記入の時点から始まっていると言って過言ではありません。それは以下の理由によります。

①受験資格を満たしていなければ受験することができない。

②口頭試験において、受験申込書の経歴・業績が、間違いなく本人が経験したことであるかを確認される。

　よって、受験申込書は、出願から筆記試験、口頭試験に至るまで、一貫した内容でなければなりません。約1年間にわたる受験スケジュールのスタート地

点で、ゴールを見定めた準備が必要となるのです。受験申込書は、技術士とし
て、ふさわしい業務を経験したことをアピールするあなた自身のレジュメであ
り、口頭試験でのプレゼンテーション資料そのものなのです。

　口頭試験の際は、業務内容の詳細欄に書かれた内容と筆記試験における記述
式問題の答案を踏まえ実施されます。提出の前に十分に推敲して準備するよう
にしてください。もし、近くに技術士の方がいれば、絶対に見てもらうべきで
す。受験者が受験申込書のチェックを頼んで嫌がる技術士は、滅多にいません。
遠慮せずに、申込書のチェックを頼んでみてください。

口頭試験

① 　口頭試験は、筆記試験の合格者に対してのみ行う。

② 　口頭試験は、技術士としての適格性を判定することに主眼をおき、
　筆記試験における記述式問題の答案及び業務経歴を踏まえ実施するもの
　とし、筆記試験の繰り返しにならないよう留意する。

③ 　試問事項及び試問時間は、次のとおりとする。なお、試問時間を10分
　程度延長することを可能とするなど受験者の能力を十分確認できるよう
　留意する。

技術士第二次試験実施大綱（令和4年12月）より一部抜粋

口頭試験

　口頭試験は、技術士としての適格性を判定することに主眼をおき、筆
記試験における記述式問題の答案及び業務経歴を踏まえ実施するものと
し、次の内容について試問します。

　試問内容については、「技術士に求められる資質能力（コンピテン
シー）」に基づく以下を試問します。

　なお、業務経歴等の内容を確認することがありますが、試問の意図を
考え簡潔明瞭にご回答ください。

Ⅰ　技術士としての実務能力

　　①　コミュニケーション、リーダーシップ

　　②　評価、マネジメント

Ⅱ　技術士としての適格性

　　③　技術者倫理

　　④　継続研さん

令和4年度技術士第二次試験受験申込み案内より一部抜粋

受験申込書には、以下の内容を申込書のフォーマットにしたがい記入します。

　　◇　受験資格は満足するか？

　　◇　技術部門は何か？

　　◇　自分の選択科目はどれに相当するのか？

　　◇　自分の専門とする事項は何か？

　　◇　自分が今まで何を経験したのか？

　　◇　誰が証明してくれるか？

それでは、受験申込の方法について、具体的にポイントを説明しましょう。

2) 受験申込の方法

　受験申込書は、（公社）日本技術士会のホームページから電子データをダウンロードする方法と（公社）日本技術士会から書類で受け取る方法があります。どちらを選んでも、申し込みはできますので、便利な方法を選択して申し込んでください。受験申込書をダウンロードしたデータを印刷する際には、必ず、A4用紙に片面印刷したものを使ってください。たまに、両面印刷してしまう受験者がいますが、（公社）日本技術士会のホームページの「第二次試験のよくあるご質問」に「それぞれ片面印刷をして提出してください。普通のコピー用紙で構いません。」と明記されています。単純な不注意により、書類が受理されないなどということが無いよう、くれぐれも注意してください。必要事項を記載した受験申込書類は、（公社）日本技術士会宛てに書留郵便で送付します。

　受験申込書は、口頭試験のときには試験官の手元に置かれて質問される材料

になります。そのため、あなたが口頭試験前に見直しできるように申込書を提出する前には必ずコピーを取りましょう。また、申込書類に不備があった場合に、電話連絡がある場合があります。補完して再提出する場合でも締め切りは当初の申込期間内で延長はありませんので、受付期間は、十分に余裕を持って提出してください。

3）受験申込書の書き方（その1）

紙の受験申込書を参考に、受験申込の際の注意事項を説明します。

まずは、受験申込書の前半部分について説明します。

① 受験地記入欄

　前述のように、技術士第二次試験の筆記試験は下記の12都道府県で例年実施されています。

　　　北海道、宮城県、東京都、神奈川県、新潟県、石川県、愛知県、

　　　大阪府、広島県、香川県、福岡県、沖縄県

　筆記試験当日の予定（転勤、出向、長期出張、転職等）を考慮し、受験しやすい場所を選定してください。

② 技術部門記入欄

　技術部門は、21の技術部門の中から選びます。本章第5節などを参照に選択し、「機械部門」等を選択します。

③ 選択科目記入欄

　各技術部門に設けられている選択科目の中から選びます。機械部門には6つの選択科目があります。本書を参考に自分にあったものをよく検討して選択しましょう。

技術士第二次試験受験申込書

文部科学大臣指定試験機関 公益社団法人 日本技術士会会長 殿
下記により、技術士第二次試験を受験したいので、申し込みます。

年　　月　　日

（フリガナ）			受　験　地	①受験地記入欄
氏　　　名		（男口・女口）	技術部門	②技術部門記入欄
生年月日	年　　月　　日生		選択科目	③選択科目記入欄
本　籍　地		都道府県コード口口	専門とする事項	④専門事項記入欄

（以下フォーム内）

現住所欄：〒、マンション名等、電話番号、都道府県コード口口
勤務先欄：勤務先名、支店・部課名等、勤務先コード口口、電話番号

総合技術監理部門の受験を申し込む場合で、右のいずれかに該当する者は口に✓を付すこと
　他の技術部門と併願　口
　選択科目が免除　口

最終学歴：学校名、学部学科名、最終学歴コード口口　　⑤学歴記入欄

卒業（修了）年　　年　　月

下記の該当する口に✓を付し、必要事項を記入すること。

⑥受験資格記入欄

口	技術士第一次試験合格証番号及び合格年月	号	年　　月
口	技術士補登録番号及び登録年月日	号	年　　月　　日
口	技術士法第三十一条の二第二項の規定により文部科学大臣が指定した大学その他の教育機関における課程及び当該課程の修了年月　学校名　学校コード口口口　課程　課程コード口口		年　　月

総合技術監理部門の選択科目の免除を受ける場合には、下記の該当する口のいずれかに✓を付し、必要事項を記入すること。

技術士第二次試験合格証番号又は技術士登録番号	合格年月日又は登録年月日	合格した技術部門
口　合格証番号　第　　号	年　　月　　日	
口　登録番号　第　　号	年　　月　　日	

整理番号	
※	技術士法第六条第二項第一号　口
	技術士法第六条第二項第二号　口
	技術士法第六条第二項第三号　口

備考1　※印欄には、記入しないこと。
　2　氏名の欄中（　）内は、該当する口に✓を付すこと。
　3　指定試験機関に申し込む場合には、所定の手数料により受験手数料を納付し、払込受付証明書をはること。
　4　用紙の大きさは、日本産業規格 A4 とする。

受験手数料払込受付証明書貼付欄

年　　月　　日撮影

写真貼付欄

第二次試験の申込前6箇月以内に半身脱帽で撮った縦4.5センチメートル、横3.5センチメートルの写真で本人と確認できるものをはること。

二次申込書（Ver 2022-P）

図1.2　受験申込書（1）

④　専門とする事項記入欄

　技術部門、選択科目はすでに指定された中から選択しますが、「専門とする事項」には特に指定はありません。ここで「専門とする事項」とは、皆さんが経験してきた専門技術のことであり、業務内容の詳細に書く内容に合わせる必要があります。

　表1.4　選択科目一覧表（29ページ）の「選択科目の内容」欄を参考にして、当てはまるものを選び、できるだけ一覧表の文言に合わせても良いですし、例えば「搬送機械」のように携わっている業務を直接的に記入しても問題ありません。

⑤　学歴記入欄

　最終学歴を記入します。文部科学大臣が指定した教育機関を修了し、受験する場合や、大学院での経歴を業務経歴に算入する場合は特に重要です。

⑥　受験資格記入欄

　まず、技術士補となる資格を有していることが必要です。

　ⅰ）技術士第一次試験に合格している場合

　　　技術士第一次試験の合格証番号と、合格年月を記入します。併せて合格証のコピーも提出する必要があります。合格証を紛失してしまった場合は、「受験申込み案内」に綴られている「確認願い書」にて（公社）日本技術士会　技術士試験センターに問い合わせ、確認書を取り寄せてください。

　ⅱ）文部科学大臣が指定した大学その他の教育機関を修了している場合

　　　学校名、課程名を記入します。また、その教育機関を修了したことを証明する書類（修了証のコピー）を提出します。ここで文部科学大臣が指定した大学その他の教育機関を修了した方とは、受験申込書、または（公社）日本技術士会のホームページで認定対象として掲載されているものが対象となります。

　さらに、次に示す3つの事項のいずれかを満たす必要があります。

a) 技術士補としての経験で受験する方

　技術士補として技術士の指導の下で、4年を超える実務経験を有した方が選ぶことができます。技術士補登録番号、登録年月日を記入します。

b) 文部科学省令で定める監督者の下での経験で受験する方

　職場上司等の監督者の指導の下で、4年を超える実務経験を有した方が選ぶことができます。業務に従事した期間を記入します。また、指導者が所定の要件を満たしていることを証明する「監督者要件証明書」、及び期間内に監督を受けた業務を証明する「監督内容証明書」の提出が必要です。

c) 上記以外の経験で受験する方

　指導者や監督者の有無、要件を問わず、科学技術に関する専門的応用能力を必要とする業務の期間が通算7年を超える方が選ぶことができます。業務に従事した期間を記入します。

　a）〜c）の期間には、理科系の大学院の修士課程以上を修了した人は、2年を限度として、その在学期間を算入することができます。

4）受験申込書の書き方（その2）

次に、後半部分について説明します。

【経路③】

氏　名		技術部門		受験番号	

実務経験証明書

大学院における研究経歴／勤務先における業務経歴

	大学院名	課程（専攻まで）	研究内容	①在学期間	
				年・月～年・月	年月数
	⑦大学院の経歴記入欄				
詳細	勤務先 (部署まで)	所在地 (市区町村まで)	地位・職名	業務内容	②従事期間
					年・月～年・月　年月数
	⑧業務経歴記入欄				
	※業務経歴の中から、下記「業務内容の詳細」に記入するもの1つを選び、「詳細」欄に○を付して下さい。			合計 (①+②)	

上記のとおり相違ないことを証明する。　⑨業務経歴の証明　　　　　年　　　月　　　日
事務所名　　　　　　　　　　　　　　　　　　　　　　　　　合計 (①+②)
証明者役職
証明者氏名　　　　　電話番号　　　　　メールアドレス

業務内容の詳細

当該業務での立場、役割、成果等
⑩業務内容の詳細

二次申込書 (Ver 2022-P)

図1.3　受験申込書 (2)

⑦　大学院の経歴記入欄

　業務経歴だけでは受験資格を満足できない場合に、記入する欄です。しかし、業務経験が受験資格を満足する場合でも、大学院を修了していればできるだけ記載したほうがよいでしょう。

・大学院名　⇨　「○○研究科△△専攻」まで書きましょう。

・研究内容　⇨　「○○の研究」としましょう。

⑧　業務経歴記入欄

　受験申込書の最も重要な部分が、この業務経歴欄です。いかに優れた技術者でも業務経験が少なすぎると技術士としてふさわしいと判断されません。口頭試験の際は、入社してから受験者が技術者としてどのように成長したかをチェックされます。

　5～7年程度前から最新までの業務に重点をおき、古いものはまとめて5行ある記入欄をすべて埋めてください。

●部課名

　部課名は、組織変更に伴う名称変更で、業務内容が同じであれば、新しい部課名で統一しましょう。

●地位、職名

　会社で使っている役職名でも特に問題ありません。一般的でない名称は、その後にかっこ付きで（課長）（部長）などと書いても良いでしょう。役職がない場合は研究員、設計員などと記入します。

●職務内容

　技術士会からダウンロードした電子ファイルを利用して経歴欄に記入する場合、フォーマットの関係から字数に制限がかかります。業務経歴が長い人ほど、若い頃の業務内容を省いてしまいがちですが、業務内容は最初からしっかりと記入してください。さらに、職務内容は技術士にふさわしい業務を選び、同じ期間内に複数の業務に携わっていた場合は、主たる業務を記入するようにしましょう。業務内容を先輩技術士によくチェックしてもらい、技術士として十分な経験があることをアピールできる経歴を作成しましょう。また、経歴欄と業務内容の詳細、口頭試験

の内容が合致することが必要不可欠です。口頭試験の際に困らないように、事前によく検討しましょう。技術士の定義（技術士法第2条に記載されている計画、研究、設計、分析、試験、評価又はこれらに関する指導）にしたがって記入することも重要なポイントです。「○○の開発」と記載するのではなく、上記の表現にしたがい、例えば「○○の設計」「○○の研究の指導」と記入するとよいでしょう。

【記載すべき業務内容】

　まず、技術士の業務についてですが、技術士の定義として技術士法第2条に「計画、研究、設計、分析、試験、評価又はこれらに関する指導」と定められています。これらに関わる業務を記載しなければ技術士らしい業務とは認識されません。できるだけこれ以外の業務の記載は避けましょう。

　よく「開発」と記載される受験者が多いですが、これでは技術士としてふさわしい業務かどうかわかりませんので、上記の業務のどれかに当てはまるよう具体的に書き直しましょう。

　書き方は、後で述べる「業務内容の詳細」の概要部分をまとめる形で書き、そこから「創意工夫」や「活用スキル」が伝わる部分を抽出するように書きましょう。

【詳細】欄（○を付ける箇所）の書き方

　「業務内容の詳細」に書く業務の箇所に○を記載します。「業務内容の詳細」で選ぶ業務は、基本的には最も新しい業務を選ぶことをお勧めいたします（一番下の欄に○をする）。古い業務を選んでしまうと、最近は技術士にふさわしい業務を行っていない、と受け取られる可能性があります。

　とは言っても、一番最近の業務（一番下の欄の業務）が継続中で結果が出ていない、もしくは業務期間が1年未満であるなどの場合もあるでしょう。そのときは、1つ前以前の業務を選択しましょう。

⑨　業務経歴の証明

　業務経歴に記入した事項を証明するための項目です。

転職経験のある方でも、現在の職場の証明を持って、以前勤務していたときの業務も併せて証明します。

証明者の電話番号及びメールアドレスを記載します。令和3年度から押印ではなくなっていますので、注意してください。

証明者は以下のような立場の方がよいでしょう。

・社長、取締役

・人事部長、事業部長、工場長

⑩　業務内容の詳細

「業務内容の詳細」ではストーリー性が重要です。字数制限の中、キーワードを用いて、すでに技術士としての能力を備えていることを示さなければなりません。繊細かつ論理的な組み立てが必要です。

記述内容のレベルは、「大学の教科書の一歩先」を目標にしましょう。つまり、単に書籍に書いていることをそのまま実践しただけでは解決できない、そこからさらにひと工夫が必要な内容です。この内容について「高等な専門的応用能力」をどのように駆使したのか、あなたの経験を述べてください。

このときに注意したいのが「高等な専門的応用能力」の意味です。これは単に学術的に高いことを必ずしも意味していません。たとえ学術的に高等ではなくても、誰でも簡単には考えが至るわけではない、しかし工学理論に基づいた合理性の高い工夫や知見のことです。これを提示することで、すでに技術士としての能力が備わっていることを証明してください。試験官は、あなたの独自性、オリジナリティが見たいのです。

課題、問題点、解決策の内容は、あなただからこそ見い出せた「もの」「こと」について記載しましょう。「あれもこれもやりました」ではなく、最も効果があり、かつ論理的に納得できるストーリーになる「課題、問題点、解決策」をひとつずつに絞りましょう。

挙げた課題に対して、受験する科目の「どんなスキル」が必要だったのか？　その結果、どう判断し、どう解決へと導いたのか？　これらを述べてください。

「たまたま上手く解決した」ではなく、根拠に基づいて課題達成したことを順序だてて論じましょう。

【具体的な書き方】

「業務内容の詳細」は経験した業務について720文字以内という制約の中で記載しなければなりません。そのうえで留意すべきことは、受験申込み案内で要求された記載必要事項を満たした散文でも、単に箇条文を接続詞で繋いで文章にすることでもないということです。ましてや業務報告書でもありません。受験案内には記載されていませんが、筆記試験において求められる記述の方法と全く同じで

　　　　技術士論文

を書くことが求められているのです。

　筆記試験での論述を含む一般的な技術士論文で書かなければならない内容は、論述の概要、技術的内容及び課題、目標、問題点、解決策、結果、成果が挙げられますが、「業務内容の詳細」では、論述の概要の代わりに業務の概要（市場要求や目的）を述べ、技術的内容及び課題、目標、問題点、解決策、結果、成果という上記の項目に加えて、受験案内で求められている立場、役割を書く必要があります。さらに、問題解決において分析して見出した着目点を解決策の前、または後ろに明確に提示して解決の方向性を明示してもよいでしょう。

　すなわち「業務内容の詳細」で書くべき項目は、以下の8項目です。
　1. 業務の概要（市場要求や目的）
　2. 立場、役割
　3. 技術的内容及び課題
　4. 目標
　5. 問題点
　6. 着目点
　7. 解決策

8. 結果、成果

ここまでが業務内容の詳細における『書くべき項目』です。

さらに、成果の後に

将来展望

にまで言及できると、さらに良いでしょう。「将来展望」とは、現時点では市場からの要求は疎か認識すらされていない、しかし少なくともあなたは気づいている潜在的に存在する事象に、提示した解決策を組み合わせて応用、発展させることで解決等を含む「何かしら」の可能性、または方向性を提起することです。

これらの内容を、受験部門とは無関係な方でも理解できる平易な文章で作ることが重要です。

・起承転結をつなげること

・テーマに関係ない単語はすべて削除すること

に意識して『ストーリー』を組み立てましょう。

なお、「業務内容の詳細」作成における記載必要項目、注意事項は、必ず受験する年度の受験申込み案内で確認し、漏れなく記入してください。

では、上記の『書くべき項目』に注目しながら、事例をみてみましょう。下記に3つの事例を示し、書くべき項目を示します。ご自身が作成される際の参考にしてください。

■ 〈事例1〉

「機械設計」での業務概要の事例を解説いたします。

【業務の内容】
DXによる電子デバイス需要増に伴い、セラミック製小型（1mm辺）電子デバイスの角バリ取り用の遠心式バレル研磨装置（容器に部品（1万個）と研磨材を投入し、遠心力を作用させて研磨する装置）の容器（1L）を設計する。私の役割：製品開発責任者（機械設計と製品評価担当も兼務）

→ 1. 業務の概要
→ 2. 立場・役割
業務内容と受験者の立場を簡潔に記述する。

【問題・課題】
ユーザー要求は次の2点である。①難削材であるセラミックスを研磨するため、遠心力を30%向上させること。②女性作業者でも容易に取り扱いできるよう容器を40%軽減すること。遠心力増加に対して機械的強度アップを要するが、同時に重量軽減を要するため、これらはトレードオフの関係にある。

→ 3. 課題
→ 4. 目標
定量的に記述し、難しさをアピールする。

【提案・成果】
従来、容器は研磨材による摩耗防止のため鉄製容器の内部に耐摩耗樹脂ライニングを施していた。対して容器の大半を軽量な耐摩耗樹脂で構成し、負荷応力が高い容器の保持部付近のみを金属製とするアイデアで軽量化を実現する。
本構造の課題は強度的ボトルネックとなる異素材接合部の評価方法である。そこで、以下の3ステップによる検討を行った。①試験片と引張試験機を用いて接合部強度を計測する。②構造解析により、接合部の応力分布を指標として、接合部の形状最適化を行う。③試作品に設計最大負荷を与え、ひずみゲージを用いて接合部応力の妥当性確認を行う。
技術的な工夫点は、接合部の形状が軽量化のポイントと予測し、強度指標の定量的な比較を実験とCAEの組合せで実現した点である。その結果、目標である遠心力30%増と容器重量40%減の両立を実現した。

→ 5. 問題点
→ 7. 解決策
→ 6. 着目点
→ 8. 結果・成果
結果は具体的な内容を示す。

【評価・展望】
成果である接合部の評価方法を用いて、容器の軽量化を更に推進し、より遠心力を高めた装置設計に挑戦して今後の需要増に対応する。　　　　　　以上

　先述の「書くべき項目」は、上記の1.〜8.のように漏れなく記載するようにしてください。

■〈事例2〉

「機構ダイナミクス・制御」での業務概要の事例を解説いたします。

本文	項目
【立場と役割】私はエレベータの設計責任者として、コストをかけずにエレベータを高速化することで運行効率を向上する技術提案と設計をおこなった。	1. 業務の概要 / 2. 立場・役割
【課題】エレベータの駆動には小型のPMモータが採用されており、運行効率を向上するにはPMモータを高速回転させる必要がある。しかし、PMモータは速度と共に逆起電力が高くなるので単に駆動電圧を上げても速度が上がらない事に加え、高速回転させると発熱して永久磁石が減磁する。新たに大容量のモータ・インバータを導入する事で高速化は可能であるが、大容量機器は設置スペースをとりビル空間を圧迫することに加え、材料費・開発費・設備投資・管理費の増加が問題となる。そこで、新たに大容量のモータ・インバータを導入する事なくエレベータを高速化する技術検討をおこなった。	3. 課題 / 5. 問題 / 4. 目標
【技術的提案】初めに、駆動負荷が乗車人数で変化する事に着目し、駆動負荷が小さい走行条件で余剰能力を速度向上に利用する技術を提案した。具体的にはd軸電流を逆に流して逆起電力を○○％抑制してPMモータの電圧飽和を回避する事で、最高速度を□□％向上する制御設計をおこなった。また、高速回転によるモータ発熱をモデル予測し、減磁しない△△℃以下の温度に維持する運行設計をおこなった。	6. 着目点 / 7. 解決策（その1） / 7. 解決策（その2）
【成果】制御設計により大容量のモータ・インバータによるコストUPなくエレベータの平均運行効率を◇◇％向上した。また、高速化によるモータ発熱に対応する事で減磁による故障がない安全運行を実現した。今後、PMモータに広く応用できる本技術を幅広い機械システムに適用する事で、機械の高速化により社会の利便性向上に貢献する。　　　　　以上	8. 結果・成果

先述の「書くべき項目」は、上記の1.〜8.のように漏れなく記載するようにしてください。

■ 〈事例3〉

「材料強度・信頼性」での業務概要の事例を解説いたします。

【業務概要】この業務は、自然災害時に伸縮可能な移動式屋外電動ウインチの4脚架台（最大運搬質量10 t）の設計業務である。 ← 1. 業務の概要

【役割】私の立場は、この開発の機構系設計業務のリーダであった。 ← 2. 立場・役割

【課題】手動で伸縮できるよう必要な軽量化の実施と自然災害に耐えうる強度を確保すること、及び機構部分の部材費と輸送作業費（軽量化による作業費削減対策を含む）の低減が課題であった。 ← 3. 課題

【目標値】使用環境の要請から、必要な耐荷重性能は170 kNであった。目標本体重量は150 kg、目標価格を○○万円/基とした。 ← 4. 目標

【問題点と対策】当初、標準的なプレス加工のプレメッキ鋼板が軽量かつ市中性があると判断し設計を進めていたが、目標重量を達成できなかった。また、伸縮する摺動箇所はメッキが削れて耐食性が確保できない問題があった。 ← 5. 問題点（その1）

そこで私は、可動部は耐食性が良いアルミニウム材○○の採用を提案した。 ← 7. 解決策（その1）
これは基準強度200 N/mm²をもち押出し性がよく、比較的自由に薄肉中空断面を設計できる材料である。 ← 6. 着目点（その1）
最低限必要な断面係数を得つつ体積を抑えることができた。軽量化（鋼材密度の1/3）により折りたたみ時の可動性もよく、運搬費も低減できた。 ← 8. 結果・成果（結果その1）

次に、開断面部材はそりねじりで大きく傾く問題があった。 ← 5. 問題点（その2）
主桁の変位を抑えるため、形状を角柱とし、横弾性係数が大きい鋼材SS○○を採用した。 ← 6. 着目点（その2）
ねじり剛性を20倍確保した。 ← 7. 解決策（その2）

【成果】耐荷重をクリアし、重量150 kg、材料費○○万円の目標額を達成した。また第三者認証○○を取得した。今後、塩害地にも活用できる仕様を確立できた。 ← 8. 結果・成果（結果その2）／8. 結果・成果

【将来展望】
この技術を屋内設置型装置の汎用架台に展開すれば、設置場所の自由度が増すだけでなく、移動、設置が頻発しても短時間で作業可能で生産性向上に繋がるため、推進させたい。　　　　　　　　以上 ← 将来展望

■《事例3解説》

【業務概要】どんな業務か、先に述べておくことで読みやすくなります。

　『この業務は、□□な背景の基で△△する構造物等の○○である。』のスタイルがお勧めです。そして、例では「設計業務」としていますが『○○』の部分には必ず「計画、研究、設計、分析、試験、評価」の単語を必ず使用して定義どおりの技術士の業務であることを宣言しましょう。

　試験官に規模感をイメージしてもらえるよう概算数値を記載するほうが望ましいです。なぜなら、試験官はあなたが携わる業界の方ではない可能性が高いからです。業界が異なると同じ「高強度」「大型」でもイメージに差異が生じ、不要な誤解を生じる原因となります。最初におよその数値を伝えることで、試験官とイメージを合わせることはとても重要です。

【役割】「設計責任者」や「主任研究員」などのように主体的に行動できる立場であったことが伝わる表現が望ましいです。指示待ち技術者ではなく、自ら考え行動したことをアピールしましょう。例では、「リーダ」としています。「監理者」や「監督者」は総合技術監理部門の業務に近いイメージがあり、機械部門の技術士らしさが薄れるため、控えたほうがよいでしょう。

【課題】「課題」を提示するためには、なぜそれが「課題」になるのかその根拠が必要です。すなわち、成し遂げなければならなかった事項や制約条件を記載しましょう。どんな制約条件のもと、何を達成することになっていたのか、「制約条件」＋「課題」を示しましょう。例では、強度とコストが求められていることを記載しています。以後のストーリーは、この課題が達成できるように話を展開させることになります。後に提案する対策の結果、この課題が達成できるのか確認しましょう。課題と対策は対応します。

　　　【課題】⇔【対策】

【目標値】課題が達成できたのかどうか明確に評価できるように、具体的な数値を記載してください。例では、荷重、重量、価格を記載しています。皆様が日々取組んでおられる業務でも、何の閾値もなく何かを評価することはないはずです。この数値と、最後に記載する【成果】での数値とが一致しなければ、課題が達成できたことにはなりません。目標値と成果が対応します。

　　　　【目標値】⇔【成果】

【問題点】課題を達成しようとしたとき、妨げる事項を書きましょう。後に記載するあなたの対策を引き立てる箇所です。一般的な手法や過去の方法ではいかに問題が発生するのかを説明しましょう。例では、標準的鋼材では目標達成できなかったことを記載しています。

【対策】前述した問題点を解決できる対策を提案しましょう。「そこで私は、○○を提案した。」のスタイルがお勧めです。もちろん主語は「私」です。「あなたの上司」や「会社」ではありません。あなただからこそのアイデアをアピールしましょう。

　　よく誤解されているのですが、「学者もうなるような」立派な提案である必要はありません。ただし、その対策を選んだ根拠が的確であることが重要です。そして、あなたが受験する科目のスキルがあることをアピールする必要があります。例では、提案自体は一見単にアルミニウム材の採用のように見えます。しかし、鋼材とアルミニウム材の機械的性質の違いにフォーカスして、採用理由を説明しています（強度、加工性、密度等）。材料強度・信頼性に関する知識があり使いこなせる応用能力があることをアピールしています。このアピールするスキルが他の科目へずれていると、試験官と意識がかみ合わなくなりますので注意してください。

　後半部分は、やや言葉足らずな印象はあるものの、大学の教科書の一歩先のイメージで鋼材の剛性に着目したことをアピールしています。本来はもう少し説明が必要なのですが720文字の字数制限により断念しています。そのためこ

れ以上の説明は、必要に応じて口頭試験でフォローすることを想定しています。

【成果】

目標値に掲げた値がクリアできていることを手短に記載しましょう。

科学技術の向上や国民経済の発展に貢献した項目があれば、記載すべきです。また、論文、書籍、特許等、技術面での第三者の認定などあればここで示しましょう。

【将来展望】

提示した技術の将来性を提示してください。受験者は気づいていても、世間一般には潜在化して気づいていない、または本来は要求されるべきであるが解決の方向性すら見い出せていない事象等について、提示した技術を組み合わせるとどのようなことが起こるでしょうか。受験者の経験、社内に蓄積されている知見、業界や社会の動向など、すべてを駆使して、提示した技術をさらに生かすための方向性を示してください。

「一生懸命頑張りました」や「たまたまですが超大成果でした」は技術士としては評価されません。技術士ならではの確かな手順を踏んで着実に成果を繰り返し上げていくことが望まれます。

7. 合格発表と技術士登録手続き

1) 合格発表

技術士第二次試験の合格発表は、筆記試験と口頭試験の2回に分かれます。筆記試験の合格発表は、受験年度の10月下旬ごろから11月初旬の決められた日に、(公社)日本技術士会（各本部等を含む）の掲示板、文部科学省ホームページ、(公社)日本技術士会ホームページなどに受験番号のみ発表されます。また、全受験者（欠席者を除く）に筆記試験の合格、不合格が郵便で通知され、筆記試験合格者のみが、口頭試験を受験できます。

口頭試験の合格発表は受験年度の3月頃の決められた日に、官報、(公社)日

本技術士会（各本部等を含む）の掲示板、文部科学省のホームページ、（公社）日本技術士会ホームページなどに受験番号もしくは氏名が掲載されます。また、口頭試験受験者に技術士第二次試験の合格、不合格が郵便で通知されます。

　成績は、科目別にA、B、Cの3段階で示され、A判定が60％以上、B判定が60％未満40％以上、C判定が40％未満の点数を確保した結果となります。筆記試験において、必須科目は、必ずAランク以上でないと合格ではありませんが、選択科目については、各科目の合計得点が60％以上であれば科目の一部にB判定以下の評価があっても合格となります。しかし、筆記試験でB判定以下では、口頭試験のときにこれを覆す対策を十分に行う必要があるため、皆さんは、すべての科目でA判定の評価をもらえるように万全の準備をして臨みましょう。

　近年の機械部門の受験申込者数・受験者数・合格者数、ならびに対申込者合格率（％）・対受験者合格率（％）を図1.4に示します。

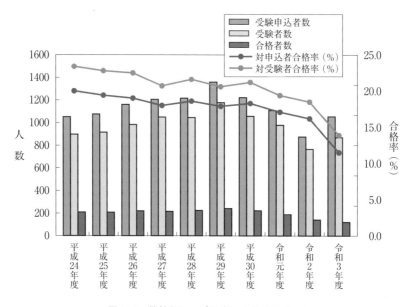

図1.4　機械部門　受験者・合格率の変遷

　技術士試験の特徴として、機械部門だけを見ても毎年約15％が受験申し込みをしたにも関わらず実際には受験していないことが挙げられます。さらに機械部門を含む全部門で見てみても毎年20％前後の申込者が受験していません。

このように、受験勉強の途中で受験をあきらめる受験者が多い、とても難しい試験であることがわかります。

しかし、受験者に対する合格率が示すように、本書を通じて十分な準備を行い、たゆまず勉強、練習を重ねて受験をすれば、きっと合格の栄冠をつかむことができることでしょう。

2) 技術士登録手続き

試験に合格しても、『技術士』を名乗ることはできません。

　　「技術士第二次試験合格」≠「技術士」

　　「技術士第二次試験合格」＋「登録」＝「技術士」

登録事務は、文部科学大臣から指定された「指定登録機関」である（公社）日本技術士会が国に代わって行います。

技術士の登録を行う場合は、次の書類を準備する必要があります。

　①「技術士登録申請書」

　②申請者の本籍地の市区町村長発行の身分（身元）証明書

　③登記所（東京法務局登記官）発行の登記されていないことの証明書

登録手続きは、最新の技術士会発行の「技術士の新規登録手続き案内」にしたがって手続きをしてください。

● 第1章のレシピ（処方）●

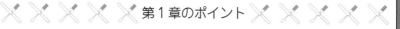 素材チェック！

起	受験申込書も提出論文の一つ。
承	自分に合った「選択科目」を選ぶ。
転	技術士にふさわしい業務の確認。
結	「業務内容の詳細」の書き方の習得。

第1章のポイント

1. 3つある技術士試験の関門の最初の一つが「受験申込書」の作成である。

2.「選択科目」は、過去問を分析したうえで選ぶこと。決して会社の部署名への類似や得意な科目というだけで選ばないこと。

3. 科学技術の向上や国民経済の発展に貢献するものが、技術士業務にふさわしい。

4.「業務内容の詳細」は、必須記載項目を漏れなく明記しつつ、ストーリーがわかるようにシンプルに書くこと。

5. 登録して『技術士』と名乗ろう！

かくし味（技術士の声）

『受験申込書』を制する者が口頭試験を制する！

第2章

論文の書き方

学習のポイント

　技術士第二次試験では、わかりやすい論文を書くことが求められます。簡単に思えますが、大半の受験者はこの理由で不合格となっています。わかりやすい論文とはどのようなものなのか、それを理解していないことが原因だと考えています。技術力はあるのに……もったいない話です。

　本章では、わかりやすい論文を書くための3つのポイント（「作問者の意図を汲み取ること」「話の筋を通すこと」「読みやすい文章で書くこと」）を中心に、技術士第二次試験での論文の書き方を説明します。これらのポイントは、近年難しくなっている口頭試験の合否を決める業務内容詳細の書き方にも通ずるものです。

　本章を読んで、わかりやすい論文を書く訓練を繰り返して行ってください。そして、必ず自分のものにしてください。

1.　技術士試験における論文とは

1）はじめに

　技術士第二次試験では、技術的な専門知識やその応用能力が求められます。しかし、不合格となる最大の理由は、専門知識や応用能力が足りないのではなく、そのことをわかりやすく伝えられないことにあります。そこで本章では、わかりやすい論文を書くための3つのポイント（作問者の意図を汲み取る、話の筋を通す、読みやすい文章で書く）を中心に、論文の書き方を解説することにしました。

　まず、本節では、技術士第二次試験において問われる技術士としての視点を説明し、続く第2節「技術士論文の出題傾向と対応方針」で、技術士試験の制度と試験問題の関係を詳説します。試験問題がどのような視点や考えに基づいて作られているのか理解し、作問者の意図を汲み取るために必要な背景を押さえましょう。

　第3節「論文作成の基本準備」では、読みやすい文章を書くための具体的な方法を説明します。必要知識の整理方法も説明しますので、知識を整理しながらその過程でも読みやすい文章を書く力をつけましょう。

　第4節「本番での論文作成」では、具体的に論文を構成していく手順を説明します。作問者の意図を汲み取り、話の筋が通った論文の書き方を理解し、繰り返し練習して本番に備えましょう。

　最後の第5節「技術士論文の書き方マナー」では、論文の基本知識として役立つ技術士論文のマナーを解説します。ここで技術士論文の細かい書き方をカバーして、対策を万全にしましょう。

2) 技術士としての視点

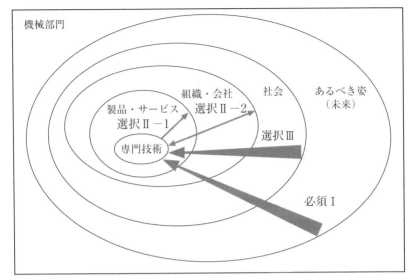

図2.1　各科目で問われる技術士としての視点

　図2.1は、技術士第二次試験で問われる技術士としての視点を、将来にわた
る社会との関係から位置づけたものです。図で示すように、選択科目Ⅱでは
専門知識を軸とした視点からの応用能力が問われ、一方、選択科目Ⅲでは社会
から見た逆方向の広い視点で専門の深さ（応用能力）が問われます。さらに
必須科目Ⅰでは、持続性や倫理的側面を勘案して、あるべき社会の姿を捉えた
広い視点から応用能力が問われます。

　このように、試験科目によって求められている視点や背景の考え方が違いま
す。論文試験ではこの違いを認識し、試験科目にあった視点から論述すること
が重要になります。

2. 技術士論文の出題傾向と対応方針

　本節では、技術士会が開示している情報に基づき、技術士試験の制度と試験
問題の関係を解説します。試験問題がどのような考えで作られているのか理解
し、作問者の意図を汲み取るための背景を押さえましょう。

1) 技術士論文で求められる資質能力

表2.1は、技術士会の開示資料（試験部会第28回参考7）を参照し筆記試験の科目別確認項目を整理したものです。この表から、技術士に求められる資質能力が科目ごとに明確に定められていることが確認できます。

注目すべき点は、コミュニケーション能力がすべての科目において評価対象となっていることです。いくら高度な内容を書いても、試験官と「明確かつ効果的な意思疎通を行うこと」ができなければ不合格となるのです。

以下、表の情報から試験科目ごとに求められる資質能力を簡単に整理しました。図2.1の各科目で問われる視点と対比すると理解しやすいと思います。

- 選択科目Ⅱ－1：基本となる専門知識を、製品・サービス等に応用できる形で理解していること。
- 選択科目Ⅱ－2：業務知識を応用して製品・サービス等の要求事項を満たすための業務遂行手順、及び、業務遂行に必要な関係者との調整方策を示すこと。
- 選択科目Ⅲ：社会の複合的問題に対する課題抽出と方策提起を行い、その方策により生じる新たな問題に対する考え方を示すこと。
- 必須科目Ⅰ：社会の複合的問題に対する課題抽出と方策提起を行い、その方策の社会的影響と残る問題に対する考え方を示すこと。さらに、技術者倫理について社会的認識を理解した対応を示すこと。

2) 試験問題の詳細分析

新たな試験制度の下で実施された令和4年度の出題を分析し、その傾向を把握していきましょう。

表2.2に技術士第二次試験の形式に関する情報をまとめています。部門・選択科目関係なく、問題数・解答数及び解答枚数は同じです。必須科目は2問の出題から1問を2時間以内に解答、選択科目は合計3問を3時間30分以内に解答、となっており長時間にわたる試験になります。

表2.1　筆記試験の科目別確認項目[※1]

技術士に求められる資質能力	選択科目			必須科目
	Ⅱ-1	Ⅱ-2	Ⅲ	Ⅰ
コミュニケーション ・業務履行上、口頭や文書等の方法を通じて、雇用者、上司や同僚、クライアントやユーザー等多様な関係者との間で、明確かつ効果的な意思疎通を行うこと。 ・海外における業務に携わる際は、一定の語学力による業務上必要な意思疎通に加え、現地の社会的文化的多様性を理解し関係者との間で可能な限り協調すること。	○　的確表現			
専門的学識 技術士が専門とする技術分野（技術部門）の業務に必要な、技術部門全般にわたる専門知識及び選択科目に関する専門知識を理解し応用すること。	○ 基本知識理解	○ 業務知識理解		○ 基本知識理解
技術士の業務に必要な、我が国固有の法令等の制度及び社会・自然条件等に関する専門知識を理解し応用すること。	○ 基本理解レベル	○ 業務理解レベル	—	—
マネジメント 業務の計画・実行・検証・是正（変更）等の過程において、品質、コスト、納期及び生産性とリスク対応に関する要求事項、又は成果物（製品、システム、施設、プロジェクト、サービス等）に係る要求事項の特性（必要性、機能性、技術的実現性、安全性、経済性等）を満たすことを目的として、人員・設備・金銭・情報等の資源を配分すること。	—	○ 業務遂行手順		—
リーダーシップ ・業務遂行にあたり、明確なデザインと現場感覚を持ち、多様な関係者の利害等を調整し取りまとめることに努めること。 ・海外における業務に携わる際は、多様な価値観や能力を有する現地関係者とともに、プロジェクト等の事業や業務の遂行に努めること。	—	○ 関係者調整		—
問題解決 業務遂行上直面する複合的な問題に対して、これらの内容を明確にし、調査し、これらの背景に潜在する問題発生要因や制約要因を抽出し分析すること。	—	—		○ 課題抽出
複合的な問題に関して、相反する要求事項（必要性、機能性、技術的実現性、安全性、経済性等）、それらによって及ぼされる影響の重要度を考慮した上、複数の選択肢を提起し、これらを踏まえた解決策を合理的に提案し、又は改善すること。	—	—		○ 方策提起
評価 業務遂行上の各段階における結果、最終的に得られる成果やその波及効果を評価し、次段階や別の業務の改善に資すること。	—	—		○ 対策の評価
技術者倫理 業務遂行にあたり、公衆の安全、健康及び福利を最優先に考慮した上で、社会、文化及び環境に対する影響を予見し、地球環境の保全等、次世代に渡る社会の持続性の確保に努め、技術士としての使命、社会的地位及び職責を自覚し、倫理的に行動すること。	—	—		○ 社会的認識

「試験部会第28回参考7」参照

表2.2 技術士第二次試験の形式

科目	試験時間	問題番号	解答数	出題数	解答枚数
必須科目	2時間	I	1問	2問	600字詰3枚
選択科目	3時間30分	II－1	1問	4問	600字詰1枚
		II－2	1問	2問	600字詰2枚
		III	1問	2問	600字詰3枚

出典：令和4年度 技術士第二次試験受験申込み案内

次に、出題内容を分析して、対応方針を説明します。

【選択科目II－1】
◆出題内容

　選択科目II－1では、特定の重要な技術項目（キーワード）に的を絞り問うことで、基本の専門知識と応用能力を確認する形式をとっています。試験問題では、キーワードを直接問う問題形式ですが、近年はその応用まで問われる問題が増えています。

・キーワードを直接問う問題形式

　「○○と△△について、その違いを説明せよ。」

　「○○の原理・特徴・使用上の留意点を述べよ。」

・キーワードの応用まで問う問題形式

　「○○について具体的な適用例を示して、その考え方と留意点を述べよ。」

　「○○の特徴を説明せよ。また、○○の防止方法に関する運用上や設計上の基本的な考え方を複数挙げて説明せよ。」

◆対応方針

　キーワードについて定義・考え方・比較・違いといった基本の専門知識と合わせて、それを使いこなすにあたっての課題や考え方等の応用知識を合わせて整理することでキーワードの応用についての問いに対しても対策

できます。具体的なキーワードの整理方法については、次の第3節で説明します。

【選択科目Ⅱ－2】

◆出題内容

　選択科目Ⅱ－2の出題内容は各科目で異なるものの、小問の設問形式は共通しています。また、いずれの小問も具体的な業務遂行能力を確認するもので、その内容は試験部会で確認項目とされている内容と対応しています。

・小問（1）：業務知識の確認

「○○に関して、調査、検討すべき事項とその内容について説明せよ。」

「○○について述べたうえで、検討すべき重要なポイント3つと、その内容について説明せよ。」

・小問（2）：業務遂行手順の確認

「業務を進める手順を列挙して、それぞれの項目ごとに留意すべき点、工夫を要する点を述べよ。」

・小問（3）：関係者調整能力の確認

「業務を効率的、効果的に進めるための関係者との調整方策について述べよ。」

◆対応方針

　選択科目Ⅱ－2は、苦手な受験者が多い印象です。一方、設問では試験部会で確認項目と決められた資質能力がそのまま問われており、問われる事項を予測して準備することが容易です。キーワードを整理する際、具体業務への応用を含めるようにすることで対策しましょう。

【選択科目Ⅲ】

◆出題内容

　　選択科目Ⅲの出題内容も各科目でテーマは異なるものの、小問で問われる事項は以下のように共通しています。また、問われている内容も試験部会で確認項目とされている内容と対応しています。

　・小問（1）：課題抽出能力

　　　「○○について技術者としての立場で多面的な観点から課題を3つ挙げよ。」

　・小問（2）：方策提起能力

　　　「抽出した課題のうち最も重要と考える課題を1つ挙げ、その課題に対する複数の解決策を示せ。」

　・小問（3）：対策の評価と更なる対応

　　　「前門（2）で示したすべての解決策を実行しても新たに生じうる問題とそれへの対策について述べよ。」

◆対応方針

　　選択科目Ⅲでは社会から見た視点で専門知識の応用能力が問われています。そのため、問題の前文にあるテーマと社会的背景を捉えて、論文全体として話の筋を通すことが重要です。

　・小問（1）：設問前文にあるテーマと社会的背景を捉え、「今の姿」と「あるべき姿」とのギャップに基づいて課題を設定します。設定した課題に対して、小問（2）で解決策の提案、小問（3）で解決策を実行した後に残る問題への対策をそれぞれ述べる必要がありますので、すべての小問で解答できる課題を設定しましょう。これが、話の筋を通す論文構成の骨格となります。なお、課題設定の方法については次節の説明を参照ください。

　・小問（2）：まず、小問（1）で抽出した課題の中から最重要となる課題を選定します。選定するからには理由があるはずですので、どうしてそれが最重要課題なのか？　を示すことが必要です。次に、解決策を複数挙げていきます。課題を別の側面から解決することも考えて、複数の技

術的アプローチを示すようにしましょう。

・小問（3）：提案した複数の解決策をすべて実行しても新たに生じうる問題とその解決策について述べる必要があります。新たに生じる問題は、解決策を実施した後の状態における「今の姿」と「あるべき姿」のギャップがこれにあたります。例えば、法律・環境・コスト・人的リソース・国際慣習等々多く考えられますので幅広い視点で検討しましょう。可能であれば、設問前文で捉えたテーマと社会的背景に沿った内容について論述するのが良いでしょう。

【必須科目Ⅰ】

◆出題内容

　必須科目Ⅰは、あるべき社会の姿を背景として広い視点を問う科目ですが、小問ごとに設問を見ると課題・解決策・対策の評価と更なる対応・社会的認識といったオーソドックスな内容が問われています。

・小問（1）：課題抽出能力

　「○○の場合に考えられる課題を多面的な観点から3つ抽出し、それぞれの観点を明記したうえで、課題の内容を示せ。」

・小問（2）：方策提起能力

　「抽出した課題のうち最も重要と考える課題を1つ挙げ、その課題に対する機械技術者としての解決策を複数示せ。」

・小問（3）：対策の評価と更なる対応

　「すべての解決策を実行した結果、得られる成果と波及効果を分析し、新たに生じる懸念事項への機械技術者としての対応策を示せ。」

・小問（4）：社会的認識

　「前問（1）～（3）の業務遂行にあたり、機械技術者としての倫理・社会の持続可能性の観点から必要となる要件・留意点について述べよ。」

◆対応方針

　必須科目Ⅰでは、小問（4）を除く小問（1）～（3）で選択科目Ⅲと同様の設問形式になっていますが、前文で広いテーマと社会的背景が説明さ

れており、あるべき社会の姿を見据えた広い考え方を解答する必要があり
ます。

・小問（1）：設問前文にあるテーマと社会的背景を捉えて課題を設定しま
す。また、設定した課題に関連して、小問（2）〜（4）を解答する必要
がありますので、この段階で全体の論文構成を考えておくようにしま
しょう。

・小問（2）：選択科目Ⅲと同様、小問（1）で抽出した課題の中から最重
要となる課題を選定し、解決策を挙げましょう。ただし、背景が異なる
ため、課題や解決策をどこまで具体的に記載するかという点について、
記載量を考慮して調整しましょう。

・小問（3）：ここでも選択科目Ⅲと同じく、提案した複数の解決策をすべ
て実行しても新たに生じる問題とその解決策について述べる必要があ
ります。ただし、得られる成果と波及効果を分析したうえでの解答が求
められていますので、解決策を実施することが「今の姿」と「あるべき
姿」のギャップに与えるプラス／マイナス両面の影響についても述べた
うえで、対策実施後の「今の姿」と「あるべき姿」のギャップを問題点
として示しましょう。ここでもまた、法律・環境・コスト・人的リソー
ス・国際慣習等々多く考えられますので幅広い視点で検討しましょう。

・小問（4）：資質能力にある倫理に関する考えを問われています。前文に
ある広いテーマと社会的背景の内容に沿って、技術者倫理についての
社会的認識を示しながら業務遂行に必要な要件を論述しましょう。

受験の動機 Ⅰ

　学生時代、仲間と集まっては日々何か面白いことがないかと探す日々を過ごしていました。そんなとき、技術士という聞いたことがない資格の紹介がされることを耳に挟み、何となく参加しました。これが技術士という資格を知り、その後に技術士試験を受けるきっかけとなりました。

　紹介の場で技術コンサルタントとして独立して働かれている先輩技術士が色々話をされているのを聞いて、組織の外から技術課題に切り込むとてもカッコイイ仕事をされているなという印象を持つとともに、技術士への憧れを抱きました。また、「技術士になるなら頭がさびてない学生のうちに1次試験を受けとくと良いよ」と教えてもらい、その年に1次試験を受けて技術士受験をスタートさせました。

　その後、就職活動を経て社会に出ましたが、この就職活動で色々な会社を訪問したことも技術士受験を継続することに繋がりました。色々な業界に興味があった私は就職活動で100社を下らない会社を訪れ、社会は色々な人間が歯車となって回しているということを実感しました。このことで、どうせ社会の一員になるなら技術系最高峰である技術士資格を持つ特別な歯車として社会を回したいという考えを持つようになりました。

　以上のような動機をもって受験に必要な実務経験を積んだ後、筆記試験と口頭試験を通過して技術士となることができましたが、憧れた技術コンサルタントとして独立することはせずに現在も企業勤務を続けています。技術士試験を通じて成長することで高い視点を持つことができた今、企業内外に関わらずその視点で課題の本質に切り込むことがやるべきことだと確信しています。当初の憧れは技術士試験を通じてやるべきことへと変わりましたが、技術士受験の経験が私の仕事人生をとても豊かにしてくれています。

3. 論文作成の基本準備

1) 読みやすい文章の書き方

　筆記試験では、文書等で明確かつ効果的な意思疎通ができることが評価項目とされており、読みやすい文章で論文をまとめることが合否を決めるポイントになります。ここでは、論文作成の基本となる読みやすい文章を書くための留意点を説明します。

① 主部と述部を対応させる

　　読み手の誤解を避けて正確に主張を伝えるためには、主部（主語）と述部（述語）を明確に対応させることが必要です。主部と述部以外の目的や理由等の情報を付帯する修飾部を文頭寄りに配置することで、主部と述部を近づけて配置するようにしましょう。また、受動態は主部が省略されて曖昧になるので、主部が明らかなときは能動態で書きましょう。

× 利益率はグローバル市場が成長しておりシェアも大きく獲得されている状態なので、今生産規模が拡大されれば改善される。

○ グローバル市場が成長しておりシェアも大きく獲得している状況なので、今生産規模を拡大すれば利益率を改善できる。

② そのまま簡潔に書く

　　筆記試験では的確表現で明確かつ効果的に主張を伝えることが確認項目となっています。主張をそのまま簡潔に書くことで、意図を明確かつ効果的に伝えましょう。そのためにも、重ねことばや二重否定（○○でないとはいえない）は避けましょう。

× 生産規模の拡大により利益率を改善するには、グローバル市場の成長や獲得しているシェアの大きさを考慮して、それらが生産規模の拡大による利益率の改善に貢献することを考慮する必要がある。

○　グローバル市場が成長しておりシェアを大きく獲得しているのであれ
　ば、生産規模を拡大して利益率を改善することができる。

③　「〜である」調で文末を統一する

　　「〜である」調で文末を統一し、主張を断言する形で伝えましょう。ま
た逆に、「思われる」等の曖昧に考えを伝える文末表現は、論文の主張自
体が信ぴょう性に欠ける印象を与えますので避けてください。

④　1文は2〜3行でまとめる

　　1文は長くても3行以内（50字前後）に収めましょう。1つの文が長いと
読んでいる途中で文頭の内容を忘れてしまい、一度読んだ文を読みなおす
必要が出てきます。採点では、「一度読んでわからない」＝「コミュニケー
ション能力が足りない」として、不合格の判断がされかねません。

⑤　箇条書き・見出し記号を活用する

　　情報や主張を列挙または並列記載する場合、箇条書きや見出し番号を利
用することで、情報を整理して書きましょう。3つ以上の情報が整理され
ずに出されると一度読むだけで理解するのは困難です。

⑥　論点は段落ごとにまとめる

　　論点を理解しやすいように、論点が変わるポイントで改行を入れて段落
を分けましょう。また、1つの段落内に接続詞と副詞を多用することは避
けましょう。それぞれの文が独立して段落のまとまりが弱くなり、論点を
理解しづらくなることがあります。

⑦　最後は、「以上」で締める

　　論文の最後は「以上」で気持ちよく締めましょう。解答範囲を明確にす
るためのルールです。

　他、筆記試験の解答をまとめるために知っておくべきルールを「5. 技術士
論文の書き方マナー」にまとめています。内容を理解し、ルールに沿った論文
を作成しましょう。

2) 課題設定の方法

　技術士論文では、課題の記述が必要となる設問が多くありますが、そのためには設問の全体像を整理することが必要です。その全体像の整理においては問題を解釈して、目的や目標といった「あるべき姿」と「現在の姿」が何かを捉えることが重要です。この「現在の姿」と「あるべき姿」のギャップこそが考えるべき問題点であり、その問題点の解決を考えることで課題を明確にすることができます。

　例えば、令和3年度の必須問題で問われたような変革期の中でDXを推進していくというお題に対して、サプライチェーン全体での情報一元管理することを「あるべき姿」、部署間情報やサプライヤーへの情報をアナログ情報で管理しているという現状を「今の姿」と考えます。そこで、必要な情報が属人化しているという観点から、課題は「必要な情報のデジタル化」として設定することができます。

　このように、お題に沿って情報を整理することで問題点を発見し、また、お題に沿って問題点の解決を考えることで課題を設定することができます。

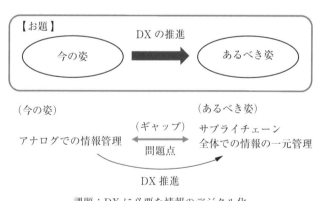

図2.2　課題設定の例

3) キーワードの整理

ここでは、必要な知識をキーワードでまとめて整理する方法を説明します。キーワードの整理を通して、筆記試験の確認項目とされている専門知識の理解を深め、その過程で論述する力をつけていきましょう。

① 過去問題の分析と情報収集

まずは、直近3年間の過去問題を確認して、頻出するキーワードについて情報収集をしてください。初めて勉強される方にとっては、難しい問題ばかりだと思いますが、調べながら設問で何が問われているのか理解することからはじめましょう。必須科目は令和元年度から出題形式が変更されて情報が少ないため、ものづくり白書（経済産業省）からもキーワードを拾って情報収集しましょう。

ここでの情報収集はインターネットなどを用いて徹底的に行います。一通り情報収集できたら、さらに関連するキーワードも調査しましょう。また、インターネット検索をつかうと便利ですが誤った情報が含まれていることもあるため、信頼のある専門書や学会誌などによる確認が必要です。

② キーワードの整理

次に、収集した情報のまとめ方を説明します。筆記試験では専門知識の理解だけでなくその応用ができることも確認されるので、専門知識を応用した論述ができるようにキーワードについて知識整理することが必要です。そこで、1つのキーワードについて、ある程度論文の形にまとめて記憶することが効果的です。これは合格者のほとんどが行っている学習法で、キーワードをノートにまとめたりカードにしたり、それぞれ工夫されています。キーワードをまとめたものを、ここでは「キーワード解説」と呼ぶことにします。

キーワード解説は、過去に出題されたテーマや、最近の重要論点について、論文や箇条書き形式にして、あらかじめ記憶しやすい一定の形式にまとめたものです。次ページから図2.3、図2.4、図2.5にキーワード解説の例を示します。

動倍率と共振

$$m \cdot d^2x / dt^2 + kx = P \sin \omega \quad \cdots \cdots (1)$$

$P \sin \omega$ の項は調和励振関数、ω は励起振動数

$p^2 = k / m$　および　$q = P / m$ を代入

$$d^2x / dt^2 + p^2 \cdot x = P \sin \omega \quad \cdots \cdots (2)$$

$$x = C_1 \cos pt + C_2 \sin pt + q \sin \omega t / (p^2 - \omega^2) \quad \cdots \cdots (3)$$

最初の2項→自由振動：$p = \sqrt{(k / m)}$ は自由振動の固有振動数

第3項→強制振動：これに p、q を代入して変形すると

$$x = \left(\frac{P}{k} \sin \omega t \right) \left(\frac{1}{1 - {\omega^2}/{p^2}} \right) \quad \cdots \cdots (4)$$

$$\beta = \left| \frac{1}{1 - {\omega^2}/{p^2}} \right| \quad \cdots \cdots (5)$$

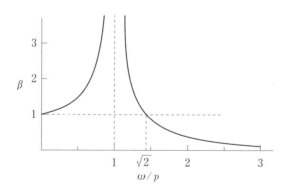

β が動倍率：

$\omega / p = 1$ のとき：動倍率が無限大→共振現象

ω / p が小さいとき：動倍率が1に近づく

　　　　　　　　　　→変位は $P \sin \omega t$ が静的に作用

$\omega / p = \sqrt{2}$ のとき：励起振動 $P \sin \omega$ と同じ振幅でかつ逆位相

図2.3　キーワード解説例1

ラピッドプロトタイピング

概説：開発プロセスの初期に試作品を短期間で製造評価する手法

　　　液状光硬化性樹脂を用いた3次元光造形法が広く普及

詳細：①3次元CADにより作成したい立体モデル形状を設計

　　　②立体モデルデータを立体造形用データフォーマットに変換

　　　③形状データを所定間隔にスライスし断面のデータを作成

　　　④液状の光硬化性樹脂の表面をレーザ光で走査し、被照射部分の樹
　　　　脂を硬化させて断面データに対応する樹脂硬化層を形成

　　　⑤樹脂硬化層を次々と積層して3次元立体物の形状を得る

　　　⑥Arレーザ、半導体励起固体レーザを紫外光発生源として使用

　　　⑦XY方向のスキャナー→機械シャッターや光変調器（AOM）使用

利点：①形状確認用のモデル→設計した製品のデザイン光造形ですぐに確
　　　　認、検討結果を設計にフィードバックが可能

　　　②ウレタン樹脂やエポキシ樹脂などの熱硬化性樹脂を用いたレプリ
　　　　カのためのマスターモデルとして使用可能

応用：①新しい造形樹脂材料（耐熱性・剛性等の向上）により、造形樹脂
　　　　での幅広い条件で検証を実現

　　　②光源や光走査技術の進展により開発期間をさらに短縮

　　　③光造形しかできない複雑な構造部品による製品機能を向上

図2.4　キーワード解説例2

〈交通機関の安全性〉

1.　背景

・近年、地球温暖化や採算性向上を背景に、自動車や鉄道車両などの陸上輸送機器の軽量化が求められている。鉄道車両には高強度鋼や高強度アルミニウムを採用し、低比重化と薄肉化による軽量化が進んでいる。

・平成17年に発生したJR福知山線脱線事故では、衝突時の変形や破壊の大きさから車体の強度不足が指摘されている。

2.　課題

・軽量化を目的に高強度鋼等を採用すると延性が低下することで、衝突時のエネルギー吸収能が低下して変形に対する解析も困難となる。そのため、軽量化と衝突時の安全確保を両立することが課題となる。

3.　解決策

・ハニカム構造や複合発泡体など軽量でエネルギー吸収能の優れた素材を採用することにより、衝突時の衝撃を緩和する。

・衝撃変形特性を試験把握して、解析にフィードバックすることで、安全性の評価に必要な解析精度を確保する。

・自動ブレーキを併用することで衝突事故の発生頻度を許容レベル以下に抑制する。

4.　リスク

・軽量化と安全性を両立することに目を奪われ、解決策を講じることでの採算性低下への配慮が欠ける恐れがある。設計、生産、製品運用、保全、廃棄といった製品ライフサイクル全体で採算性を把握したうえで、対策を選定する必要がある。

・安全はあらゆる産業での最重要課題であるが、採算性を重視するあまり蔑ろにされる恐れもある。設計段階から確実なリスクアセスメントを実施できる体制確保が必要である。

図2.5　キーワード解説例3

　図2.3は、共振と動倍率の計算に関する知識をまとめたものです。図2.4は、「ラピッドプロトタイピング」について概要・詳細・利点・応用の順にポイントを箇条書きにしたものです。図2.5では、「交通機関の安全性」の論点を本試験に近い論述形式でまとめています。

　これらのように、収集した情報を、重要論点ごと、キーワードごとにキーワード解説としてまとめます。その方法としては、パソコンを使う、ノートに書く、情報カードでまとめるなど色々な方法が考えられます。また、まとめ方についても、箇条書きにする、論文形式でまとめる、図を使うなど色々考えられます。とにかく、いかに覚えやすくするかがポイントですので、自分に合った方法を、各自で研究してみましょう。

　まとめるポイントとしては、以下のことが挙げられます。

① 　原理→技術の詳細→応用分野→所見等の流れを作り、起承転結を明確にする。（ストーリー性の確保）

② 　自分の考え、所見を盛り込む。
（オリジナリティ）

③ 　ノート見開き、カード1枚に関連するキーワードを含め、できる限り多くの情報を体系的知識として集約する。（情報の一元化）

④ 　参考文献をコピーするのではなく、自分の言葉で書く。（記憶の定着率の向上）

⑤ 　応用分野は、専門とする事項を意識して、より身近な経験を具体的事例として記載すること。（リアリティ）

⑥ 　文章だけでなく図も手書きしてみる。（本試験での現場対応力の向上）

　このようにキーワードや各論点についてまとめたキーワード解説は、本試験までに徹底的に記憶します。そして、時間を計りながら実際に答案用紙に書いていきます。これを何度も繰り返して、より短い時間で正確かつ十分な論述ができるトレーニングを積みます。この記憶と答案再現の作業は非常に重要です。このような訓練により、試験本番で初めて見る問題でも、瞬間的に類似の論点

やキーワード解説の内容を思い出して、試験本番でも論文構成ができる能力がつくようになります。繰り返し学習し、重要と思うキーワードを覚えてください。

ただし、下記2点については気をつけましょう。

① キーワード解説をつくることばかりに集中し、結局本試験までに暗記ができなかったということがよくあります。ご自身の可処分時間をあらかじめ見積もって、十分な時間が確保できない方は、あえて詳しいキーワード解説ではなく、用語集レベルの簡素なものでも役に立ちます。

② 本試験において、試験問題をしっかり読まずに、いきなり暗記したキーワード解説をそのまま書いてはいけません。試験問題は、ご自身のつくったキーワード解説とは論点が異なることがほとんどです。出題された問題の内容を確実に把握し、記憶したキーワード解説の内容を現場で臨機応変に変更し、問われていることに対して的確に答えてください。

以上の点に留意して、キーワード解説を有効に活用してください。

また、本書第7章にも選択科目の重要キーワードの解説を掲載しておりますので、参考にしてください。

4. 本番での論文作成

ここでは論文の書き方として、本番での論文構成の仕方と論文を書く際の諸注意について説明します。

1）論文構成の仕方

試験会場で問題を見たとたんに答案用紙にとにかく書き始めるという方がいますが、「作問者の意図を汲み取り」「話の筋を通す」ためには論文構成をしっかり考えることが必要です。そのため、以下の手順で論文構成を行います。

① 問われている点をすべて把握する

② 問われている点に解答する形で章立てを考える

③ 答案全体で筋が通るように章に書くべき内容を考える

④ 各章の分量バランスを見て指定の用紙枚数で書くことを考える

論文構成の方法を具体的な例を用いて説明します。

例題1 【選択科目　Ⅱ-1】のパターン

> 次の設問に解答せよ。（答案用紙1枚以内にまとめよ。）
> ・共振について、具体的な機械システムの例を示して、そのメカニズムと対策を説明せよ。

① 問われている点をすべて把握する

　まずは設問文から問われている点を見逃すことなく把握しましょう。そのためには、設問文に示すように問われているポイントに下線を引いた後、さらに設問を読み返すと良いでしょう。

　選択科目Ⅱ-1では、上記例題1のように専門的学識に関する理解が直接問われるので把握すべき点は比較的少なく、本例題では以下3点になります。

　　・機械システムの例を示す
　　・共振についてメカニズムを説明する
　　・共振について対策を説明する

② 問われている点に解答する形で章立てを考える

　問われている内容に解答していることがわかるように、章立ては可能な限り①で把握した内容をそのまま記載するようにしましょう。この例では、「○○システムの構成」「共振のメカニズム」「共振の対策」とすることが考えられます。

③ 答案全体で筋が通るように章に書くべき内容を考える

　書く内容をその順番を含めて簡単にメモしましょう。そのとき、答案全体で話の筋が通るようにするには、前後をつなげるための内容を各章に含める必要があります。②の章立てに対応した論文構成の例を示します。

構成例 1　【選択科目　Ⅱ－1】のパターンにおける構成例

---

1. ○○システムの構成
   ・機械システムの構成、動作、振動モード
2. ○○システムの共振メカニズム
   ・共振源、動倍率の関係（グラフ）
3. ○○システムの共振対策
   ・制振制御、減衰付加、共振点変更設計

この構成例では、1. で振動モードに触れることにより 2. でその振動モードの共振メカニズムにつながり、2. で共振源や動倍率を説明することで 3. での具体的に対策の話につながります。論文構成ができあがると、再度設問の下線部とみて問われている点に応えているか確認するようにしましょう。また、共振メカニズムについては準備していたキーワード解説（例1）のグラフを応用することで、わかりやすくポイントをついて解答することができます。このように、キーワード整理で図表を含めてわかりやすく知識をまとめておけば、本試験の短い時間で試験官に良い心証を与える答案作成が可能になります。

④　各章の分量バランスを見て指定の用紙枚数で書くことを考える

　　論文にまとめるにあたりもう一つ重要なのが字数制限です。Ⅱ－1では答案用紙1枚（600字＝24字×25行）以内にまとめるように指示があります。本例の構成では大きく3項目ありますので各項目200字程度で割り付けることを基本とし、そこから書く内容に合わせて配分変更が必要か検討します。検討していただくとおわかりいただけるとおり、しっかり答案構成していれば構成内容以外のことを書く余裕がなく、結果として必要十分な内容がシンプルにまとまることになります。

　　以上のように、どのような点に注意して答案構成をすれば、「作問者の意図を汲み取り」「話の筋を通す」ことができるのか、ご理解いただけたと思います。基本的な答案構成手順や考え方は設問によらず変わりません。

　　次にもう一例、同じ答案構成手順に沿って必須問題の設問パターンに対

応した論文構成方法を説明します。

例題2 【必須科目Ⅰ】のパターン

次の設問に解答せよ（答案用紙3枚以内にまとめよ）

・我が国が今後も国民経済を発展させるためには、技術的な国際競争力の向上が必要である。国際競争力を高める主要な技術的方策の一つとして、高い性能や多くの機能に対応して製品を高付加価値化することが挙げられる。このことに関して、以下の問いに応えよ。

(1) 製品の高付加価値化により国際競争力を向上する場合に必要な検討項目を挙げ、多面的な観点から複数の課題を抽出せよ。

(2) 抽出した課題のうち最も重要であると考える課題を1つ挙げ、その課題に対する解決策を具体的に3つ示せ。

(3) 解決策に共通して新たに生じるリスクとそれへの対策について述べよ。

(4) 業務遂行において必要な要件を機械技術者としての倫理、社会の持続可能性の観点から述べよ。

必須問題の形式にならった例題2は、答案用紙3枚（1,800字）にまとめるよう指示があり、これは例題1に比べて3倍の分量にあたります。そのため、論文構成の量も多くなりますが、例題1と同じ手順で進めることでまとめることができます。では、実際に論文構成を考えていきましょう。

① 問われている点をすべて把握する

設問内容の把握は、具体的な設問に入る前の前段本文も含めて丁寧に行いましょう。前段本文は問題の背景説明ではありますが、ここにも重要な解答指針となる情報が含まれています。

・（設問前段）国民経済の発展には技術的な国際競争力向上が必要

・（設問前段）高性能化・多機能化による付加価値向上

・(1) 製品の高付加価値化により国際競争力を向上するための必要検討項目

・(1) 検討項目において多面的な観点から複数の課題を抽出

・(2) 抽出課題から最重要課題を1つ

・(2) 最重要課題に対する解決策を具体的に3つ

・(3) 解決策に共通して新たに生じるリスク

・(3) リスクへの対策

・(4) 倫理、社会の持続可能性の観点で業務遂行における必要要件

② 問われている点に解答する形で章立てを考える

　本例では設問が（1）〜（4）に分かれていますので、章立てもそれらに対応して、問われている内容に解答していることがわかるように書きましょう。(1)〜(3)は各設問に2つのポイントが含まれていますので、それぞれで主題を捉えて1つの内容にまとめましょう。

　具体的な章立てとして、例えば以下のような形が考えられます。

(1) 製品高付加価値化による国際競争力向上に向けた課題

(2) 最重要課題とその解決策

(3) 解決策の共通リスクと対策

(4) 業務遂行における必要要件

③ 答案全体で話の筋が通るように章に書くべき内容を考える

　論文構成は①で把握した事項を勘案して、②の章立ての中身を考えて進めます。このとき注意しなければならないのは、設問（1）〜（4）で直接問われていることに加えて、設問前段の背景になる情報についても各段落で直接問われていることとの関係を考えて、論文構成に反映することを考えましょう。

　設問前段の1つめのポイントでは、「国民経済の発展」を広い課題として挙げて「技術的な国際競争力向上の必要性」を説明しています。答案では広い課題解決について言及することで広い視点を示すことができますので、この論点についても関係する設問で触れるようにしましょう。本設問では（4）で「倫理」と「社会の持続可能性」の観点が問われていますので、

それらに関連させて「技術的な国際競争力向上」と「国民経済の発展」の関係に触れる構成が考えられます。

　設問前段の2つめのポイントとして、高付加価値化の策として高性能化・多機能化があることが触れられています。ここは素直に解答指針の1つと捉え、関係する（1）の課題抽出で高付加価値化を論じる際に、これらを軸にします。

　具体的な構成としては、次のようにまとめることができます。

構成例2　【必須科目Ⅰ】のパターンにおける構成例

---

(1) 国際競争力向上にむけた製品高付加価値化の課題

　①付加価値の獲得

　　・高機能化 / 多機能化による付加価値獲得

　　・顧客視点（ニーズ対応、基本要求（安全・安心））

　②国際環境の考慮

　　・文化の違い（好みの違い、マーケットの違い）

　　・供給性（開発生産拠点の配置、SCM）

(2) 最重要課題とその解決策

　①最重要課題

　　・安全性と高機能化 / 多機能化の両立（∵基本要求で大事）

　②最重要課題に対する解決策3例

　　・安全設計（絶対安全→機能安全）

　　・生産管理（子会社や供給部品（供給元）も含む）

　　・製品管理（管理能力と規模、ブランドライセンス先）

(3) 解決策の共通リスクと対策

　①共通リスク

　　・コスト増大による競争力低下（企業活動トータルの費用）

　②リスクへの対策

　　・差別化障壁（知財力、オープンクローズ、規格化と規格適合）

(4) 業務遂行における必要要件

---

①安全性の確保

　・個別製品の安全性（倫理）

　・輸出管理等の国際的安全性（持続可能性）

②環境性の考慮

　・信頼失墜（結果として競争力低下）

　・地球環境の温存（倫理、持続可能性）

∴　国際競争力を向上させて国民経済を発展

④　各章の分量バランスを見て指定の用紙枚数で書くことを考える

　Ⅰでは答案用紙3枚（1,800字＝24字×25行×3枚）以内にまとめるように指示があります。答案構成は4つの設問に応える形式としましたが、複数の課題や3つの具体策といった多めの解答が求められている（1）（2）の記載量が多めになります。そのため、目安としては、（1）（2）を各1枚程度（600字）、（3）（4）を各半枚程度（300字）で割り付けるのを基本として考え、そこから書く内容に合わせて配分変更を検討します。ここでも、解答すべき項目が多く、構成した内容以外のことを書く余裕はほとんどありません。

　例題1では記載が少ない選択科目Ⅱ－1のパターンに対応する論文構成について、例題2では記載が多い必須科目Ⅰのパターンに対応する論文構成について、それぞれ具体的な例を示して説明しました。どのような点に注意して答案構成をすれば、「作問者の意図を汲み取り」「話の筋を通す」ことができるのか、理解いただけたと思います。また、論文構成の方法だけでなく、論文構成が試験合格の鍵となることも理解いただけたと思います。

　本試験では上述のポイントを押さえて論文を構成し、「読みやすい文章で書いて」まとめれば合格答案を完成することができます。それをやりきるためには限られた時間で答案作成まで仕上げられる力が必要ですので、過去問を中心とした論文構成と文章作成の練習を、実際に手を動かしてできるだけ多く行いましょう。

2) 試験本番での注意点

① 論文を書くにあたって

　試験の本番では、制限時間内に与えられた問題すべてに解答しなければなりません。以下の点に注意しましょう。

ⅰ）時間配分を決める

　答案用紙が配られたら、まずはすべての問題に目を通し、どの設問を選択するか決めましょう。時間が足りずに書けなかったということがないように、論文作成練習の際に時間を測り、"論文構成に何分、答案を書くのに何分"と自分のペースを考慮した時間配分を決めておきましょう。

ⅱ）論文構成を行う

　すでに説明したとおり論文構成は、合否を握る重要な作業です。短時間で完成できるように、しっかり練習しておきましょう。

ⅲ）答案用紙は90％以上埋める

　解答は規定以内の答案枚数で解答できれば採点の対象となりますが、できる限り答案用紙の90％以上を埋めるよう努力しましょう。わからない問題であっても、周辺知識を総動員して答案用紙を埋めれば、失点を減らすことができます。ただし、設問とかけ離れたことを書かないように注意しましょう。

ⅳ）キーワード密度を高める

　形容詞の多用や無駄に長い語尾の文章は、必要なキーワードの密度を下げるので説得力を損ないます。無駄な説明は省き、関連するキーワードの記述を増やしましょう。また、受験部門・選択科目分野に対応した解答が求められていますので、機械技術部門・選択した科目の分野のキーワードを入れるよう意識しましょう。

ⅴ）筆記用具は慣れた物を使う

　試験のために新しい筆記用具を使うのは避け、慣れた物を使いましょう。消しゴムや定規は鉛筆の粉がついていると答案用紙が汚れるので、

事前にきれいにしておきましょう。

② 予期しない問題が出題されたら

　試験本番では、想定した問題ばかりが出るとは限りません。中には予期しない問題もあるでしょう。しかし、事前に準備をしっかり行ったうえで想定外の問題というのは、他の受験者にとっても想定外である可能性が高く、慌てる必要はありません。キーワード学習で身に付けた体系的知識を活用し、知っているキーワードが少しでもあれば、それらを手掛かりとして、ご自身の得意とする領域に近づけて解答しましょう。落ち着いて、諦めずに解答して合格をつかみましょう。

5.　技術士論文の書き方マナー

本節では、技術士論文を書くにあたっての詳細ルールを説明します。

1)　表記上の原則

答案を作成するうえでの表記上の原則を示します。

① 句読点の禁則処理

　ⅰ) 以下の句読点の打ち方には、次の禁則処理があります。

【例】

不可

と	な	る
。	ま	た

可

と	な	る。

可

と	な	る

（あまり使わない）

　ⅱ) 行頭には句読点のほか、閉じ括弧も置かないようにしましょう。

　　句読点の禁則処理違反は減点の対象になる可能性があります。

② 数字、英文字の表記

ⅰ）1桁の数字は1マスに、2桁以上の数字は2桁を1マスに入れます。

ⅱ）英文字の表記は、大文字は1マス、小文字は2マスに入れるのが原則。
しかし単位などの表記は見やすい範囲で変更してもよいでしょう。

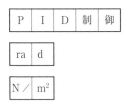

上記は減点になる可能性は少ないですが、採点者の気持ちになって読みやすさを重視しましょう。

③ 見出し記号

論述するうえで、文章の区切りや話の展開が変わるところについては見出しをつけます。レベルの高い見出しほど、左端から書きはじめると読みやすくなります。

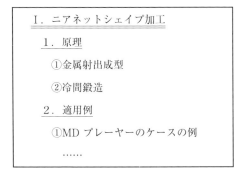

罫線なども活用して、読みやすい文章にすることを心がけましょう。

④　漢字使用とひらがな使用

　ⅰ）漢字は固有名詞などの特殊な場合を除き、常用漢字を使いましょう。
　　　ただし常用漢字でも以下の文字はひらがなが望ましいようです。
　　　・虞（おそれ）
　　　・且（かつ）
　　　・但（ただし）
　　　また、常用漢字ではないが漢字を使用しても良い例を以下に示します。
　　　・狙う
　　　・痕
　　　＊減点対象ではないですが、読みやすさに気をつけましょう。

　ⅱ）ひらがな表記が望ましい例を以下に挙げます。
　　　・〜と言うように　　　→　〜というように
　　　・出来ない　　　　　　→　できない
　　　・問題が有る　　　　　→　問題がある
　　　・その事について　　　→　そのことについて
　　　・その為に　　　　　　→　そのために
　　　・その様に　　　　　　→　そのように
　　　・直ぐに　　　　　　　→　すぐに
　　　・可成り　　　　　　　→　かなり
　　　・未だ　　　　　　　　→　いまだ
　　　・益々　　　　　　　　→　ますます
　　　・更に　　　　　　　　→　さらに
　　　・従って　　　　　　　→　したがって
　　　・尚　　　　　　　　　→　なお
　　　・或いは　　　　　　　→　あるいは
　　　・然し　　　　　　　　→　しかし
　　　・若しくは　　　　　　→　もしくは

　　　基本的に、補助動詞、形式名詞、副詞、接続詞はひらがなが望ましい
　　でしょう。ただし、いざというときは（マス目が足りなくなったなど）、
　　漢字を使うのもやむを得ないでしょう。

82

⑤　漢字の誤使用

　　パソコンで文章を書くことになれている方は、漢字の誤使用に特に注意しましょう

　　・(誤) 徹回　　　　→　(正) 撤回

　　・(誤) 最少限　　　→　(正) 最小限

　　・(誤) 専問　　　　→　(正) 専門

　　・(誤) 漸定的　　　→　(正) 暫定的

　　自分がよく間違える漢字のチェックリストをつくると効果的です。

⑥　外来語

　　外来語の専門用語について、混同しやすい例を挙げます。

　　・レーザー　　　　　　→　(良) レーザ

　　・アクチュエーター　　→　(良) アクチュエータ

　　・センサー　　　　　　→　(良) センサ

　　・エネルギ　　　　　　→　(良) エネルギー

　　・キャビテイション　　→　(良) キャビテーション

　　機械工学事典などの学会が出版している書籍で、一度確認をしておきましょう。

2) 図表の書き方

技術士試験の論述の特徴は、図表を挿入することができることにあります。ここでは図表の書き方について説明します。

①　なぜ図表を入れるのか

　　図2.6に答案用紙に実際に書いた図を示します。これは物体MにFの力がかかり、それをバネとダンパーが支えている図です。言葉でこれを表現するのは非常に面倒ですが、図にすると簡単に理解できます。工学の分野では、

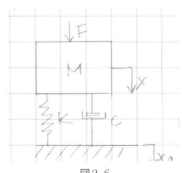

図2.6

モデル化した図や表は説明上不可欠です。そのため、技術士試験において
は図表による記述を制限していません。言葉だけではどうしても伝えきれ
ない内容について、図表を最大限活用することがわかりやすい論文を書く
ために必要になってきます。

② どのように図表を書くか

　技術士試験の答案用紙は、一般に売られている400字詰の原稿用紙と大
きく変わりません。グラフ用紙のように細かい補助線は引かれていません
ので、図を書くには少し工夫が必要です。答案用紙のマス目をうまく使い、
マス目の線に合わせて線を引くと、答案用紙のマス目と図表が見分けやす
く、すっきりします。図表のまわりを「罫線」で囲ったら中にタイトルも
書き入れましょう。なお、このタイトル位置は、「図」は下側中央へ、
「表」は上側中央とします。

　また、図表の中の文字は原則として1マス1文字（英字・数字は1マス
2文字）としてください。令和4年度　技術士第二次試験　受験申込み案内
には、「マスを無視して解答した場合は、採点対象から除外する場合があ
ります。」との記載が追加されています。図表は加点にもなりやすいですが、
書き方の基本を守らなければ、採点されないリスクもありますので、十分
注意しましょう。

　なお、毎年発行される、受験申込み案内及び受験票に記載の「携帯品」
以外のものは、使用できませんので持参する筆記用具は注意が必要です。
さらには日本技術士会のホームページ「第二次試験のよくあるご質問：筆
記試験に関する質問」にも具体的な記述もあります。合わせて確認してお
きましょう。

　例えば、直定規は透明でかつ30 cm程度の長さとなっています。電動式
の消しゴムや鉛筆削り、三角定規やテンプレート定規字消し板は使用でき
ません。筆記具として色鉛筆、蛍光ペンの使用も不可となっています。黒
鉛筆またはシャープペンシル（HBまたはB程度）で、章立てや項立て、
強調部はアンダーラインや太さで調整してメリハリのあるわかりやすい記
述ができるような訓練をしておくことをお勧めします。

③ 図表を書く練習をする

　　手書きの図表というのはいざ書こうとしても、そう簡単に書けるものではありません。また図表を書くのは意外と時間がかかります。いかに簡単に書けてかつ理解しやすい図になるかをあらかじめ研究しておき、ある程度図表を書く練習をしましょう。なお、図表の大きさは、内容にもよりますが10マス×10マス～7マス×7マス程度が目安です。

6. 学習のポイント

① 以下のポイントを押さえてわかりやすい論文をまとめましょう。

　・作問者の意図を汲み取ること

　・話の筋を通すこと

　・わかりやすい文章を書くこと

② 事前のキーワード学習を徹底し、関連知識を習得しましょう。

③ 筆記の前に、紙幅に収める論文の構成検討を行いましょう。

④ 試験本番では、以下の点に注意しましょう。

　・時間配分を考える

　・論文構成をしっかり行う

　・答案は90％以上埋める

　・キーワード密度を上げる

　・部門・科目・専門とする事項で述べる

⑤ まとめ

　・基礎技術 …… わかりやすい論文を書く

　・環境 ………… 事前の準備を十分する

　・未来 ………… 試験終了直後の喜びを夢みて！

● 第2章のレシピ（処方）●

✕✕✕✕✕ 素材チェック！ ✕✕✕✕✕

起	技術士試験の理解。
承	わかりやすい文章。
転	論文構成を大切に。
結	本番に備え万全な準備。

✕✕✕✕✕ 第2章のポイント ✕✕✕✕✕

1. 技術士試験制度と出題内容の関係を理解する。

2. 作問者の意図を汲み取り、筋の通った論文構成をする。

3. わかりやすい文章で論文をまとめる。

4. 試験本番に備え、準備を万全に。

かくし味（技術士の声）
わかりやすい論文が書ければ第二次試験は合格

● ネット座談会Ⅰ

以下は技術士である師匠のもと、本年度技術士第二次試験を受験予定の3人の受験生によって開催した、インターネットを利用したWEB会議形式の"ネット座談会"の様子である……

【登場人物】
師匠：42歳。技術士。大阪在住。30代で技術士になってから受験指導をしている。
宏　：35歳。2回目の受験。去年は筆記試験で不合格。京都在住。
涼子：40歳。2回目の受験。去年は口頭試験で不合格。神戸在住。
慎吾：29歳。初めての受験。恵美須町在住。

〈受験申込書提出に向けて、第1回ネット座談会を開催〉
師匠　ほな、ネット座談会をはじめるで。機械部門完全対策＆キーワード100を参考にして、試験で合格できるよう勉強していくから、みんな頑張ってや。

宏　　今年こそ合格できるよう頑張るんで、よろしくお願いします。

涼子　　私は去年の筆記試験で合格したけど、口頭試験で失敗しました。今年は、
　　　心機一転頑張りますので、よろしくお願いします。

慎吾　　僕は初めての受験やさかい、自信がありません。涼子さん、宏さんはよ
　　　うけ勉強してはると聞いてます。僕もお二人に負けへんよう頑張りますの
　　　で、ご指導よろしゅうお願いします。

師匠　　4月中旬は受験申込み書の提出期限やで。実務経験証明書は仕上がって
　　　るんか？　実務経験証明書の「業務内容の詳細」で技術士に相応する業務
　　　成果を720字以内でわかりやすく記述せなあかんけどこれが申込み書面作
　　　成の一番の難関や。でき次第、ワシに見してくれたらすぐ添削したげるか
　　　らもっておいでや」

慎吾　　とりあえず書いてみました。

　　業務内容の詳細
　　私は生産改善と電気の担当者として、設備の稼働率を勘案し、電気的損
失が増加しないよう様々な加工機の電源線を容量に合わせて適切に設置し
ました。一方で当該の設備において設備単体では治工具や加工法を改良し
ても省エネ率は大して向上せず失敗続きだったので、それぞれの機能を
1台の機械に集約しました。合わせて注文ソフトを見直し加工プログラム
に反映、動作確認を不要とすることで機械の通電時間を大幅に削減するこ
とで電気使用量を低減、また電線は都度ハイパス、ローパスフィルターを
取付け、ツイストすることでノイズを低減し安定した高品質な加工を実現
しました。以下……

師匠　　ふむふむ……　なんじゃこりゃ。

涼子　　これはひどいなあ。

慎吾　　あらー慎吾くんやっちゃってるわ。

慎吾　　え？　なんでですか？　それっぽいことが書けてるでしょう？

師匠　　うーん、真吾くんの気持ちはわからんでもないけど、まず、君が目指す
　　　技術士に関する法律を確かめてみよか。

> （目的）
> 第1条　この法律は、技術士等の資格を定め、その業務の適正を図り、もって科学技術の向上と国民経済の発展に資することを目的とする。

慎吾　これ見たんですけど、いまいちよおわからへんかったんですよ。

師匠　例えば君が「失敗続き」と書いているように、普段からたくさんやらかしてしまっている不手際をすべて適正にできればどんな良いことがある？

慎吾　いらん出費が防げたり、納期が遅れないとか、やたら故障しないとかですかねえ。

宏　「そんなに不手際ないんですけど」って言わへんねや。。。

師匠　すると、無駄な資材が減る、使うエネルギーも減る、その結果持続可能な社会を作って科学技術の向上と国民経済の発展ができるようになるやろ。

慎吾　なるほど。せやけんどなかなかそんなうまいこといかへんのですけど。

師匠　だから技術士たる者は自分のレベルを上げて高等の専門的応用能力を発揮できるようにならなアカンのや。いわゆる技術士法第2条やな。

> （定義）
> 第2条　この法律において「技術士」とは、技術士の名称を用いて、科学技術に関する高等の専門的応用能力を必要とする事項についての計画、研究、設計、分析、試験、評価又はこれらに関する指導の業務を行う者をいう。（中略）

慎吾　でもそもそも技術士の試験と法律は別個ちゃうんですか。

師匠　それじゃあ技術士法第6条をみてみよか

> （第二次試験）
> 第6条　この第二次試験は、技術士となるのに必要な技術部門についての専門的学識及び高等の専門的応用能力を有するかどうかを判定することをもってその目的とする。

涼子　技術士第二次試験って第2条の内容を満たすかどうか判定するためにするのよ。

慎吾　ということは技術士法と技術士試験は完全に繋がってるんですねえ。

師匠　せや。

慎吾　でもそもそも受験申込みするだけやのに、なんでこんなに前段が長いんでしょうか。

涼子　それはこの実務経験証明書を使って受験者が第1条と第2条を主体に技術士の要件を満足するかどうかを判定するために、口頭試験で試問していくからやねん。

慎吾　ゆうたかて話題のネタみたいなもんでしょ？

涼子　ちゃうよ、これみてようわからんと質問されて答えるだけで時間切れになったら口頭試験の加点が少なくて不合格になるのよ。ぶっちゃけ実務経験証明書の完成度が高いと質疑の前に口頭試験合格の下地ができるのよ。

師匠　せや。ほいで第二次試験は21の技術部門とそれぞれの科目に分けて試験するねん。慎吾くんはどの部門、どの科目で試験を受けるんや。

慎吾　機械部門、加工・機械システム・産業機械です。

師匠　やのに君の業務内容の詳細は電気の話が大半やん。

慎吾　でも機械を動かすのに電気っていりますやん

師匠　機械部門で受験するつもりやったら機械部門の技術者として答えな加点がないで。

涼子　そもそも選択科目表とか過去問みて、自分がどの部門に該当するかみたん？

《技術士第二次試験の技術部門・選択科目表》

技術部門・選択科目	選択科目の内容
1　機械部門	
1−6　加工・生産システム・産業機械	加工技術、生産システム、生産設備・産業用ロボット、産業機械、工場計画その他の加工・生産システム・産業機械に関する事項

（令和4年度日本技術士会　技術士第二次試験の技術部門・科目表より）

慎吾　ほんまですねえ。機械部門の加工・生産システム・産業機械に電気って書いてない。

師匠　せや、受験者が機械ゆうて申し込んできて、採点者は電気で判定するかい？　本人が機械ゆうてんねんから機械として採点せなしゃあないやん。採点者からしたら機械で申請しといて電気で答えんといてよ、というこっちゃ。

慎吾　ほいじゃらどうしたらいいんでしょうか。

師匠　コテコテの電気やのおて電気を利用した機械の高度化という感じにすればええ。例えば急激な電圧降下を懸念しスターデルタ始動にするとかじゃなくて、インバータを用いてモーターの起動不良と消費電力を抑え省エネと加工性能維持の両立を果たした感じにすると「選択科目の内容」の「加工技術」に寄っていくやん。

涼子　さらには「省エネ」の記述で技術士法第1条の「国民経済の発展」にも合うね。

慎吾　なるほど。そしたら結構手札があります。

師匠　ええやないの。要は選んだ部門、選択科目に当てはまるように答えることや。

慎吾　わかりました。書き直してみます。

師匠　ふむふむどれどれ？

業務内容の詳細

目的：一品一様生産で製作する○○ボディの機械加工工数半減

立場と役割：生産技術担当者として治工具や機械、加工プログラムを改良する。

技術的内容及び課題：客先仕様に合わせて一品毎に寸法の異なる○○ボディを加工するために都度加工プログラム（以下PRG）を組まなければならない。加えてマシニングセンタ（以下MC）と旋盤を経由しなければならず、機械の載せ替えが必要となっている。毎回のPRGなしに複合加工を行い、工程を集約することが課題である。

技術的成果：○○ボディは各部で寸法が異なるが形状パターンが類似して

いる。そこで客先にガイダンスに沿って寸法入力し発注してもらうことで、そのパラメータを加工機に自動反映しPRG作成作業なしで注文にあった形状に加工することができるシステムを構築した。また、MCは旋盤に比べ旋削加工速度に劣るが、対象機は過熱しない短時間なら主軸モーターは定格の3倍まで負荷を掛けることができたため、ツールチェンジや軽負荷加工の間に冷却しながら円弧補完により重負荷で加工し、旋削を代替えしMC1台で加工時間の延伸なく全加工工程を完了することができた。

技術的成果：PRG、段取り替えを不要とし、機械加工関連工数を半減することができた。

また、この技術を関連会社と共有しCO_2排出量を1000トン抑制した。

師匠　そうやなあ。部門・科目にマッチしつつ条件付きでモータの定格の3倍で加工するとか慎吾くん得意の電気の知識を「加工技術」に応用した点もええんちゃうかな。

涼子　最後のCO_2で第1条の国民経済の発展に寄与している感じもええんちゃう？

宏　慎吾、数秒でえらい激変したなあ！

涼子　それは紙面の都合で割愛してるからで、ホンマは大変やったと思うよ。

慎吾　そうですよ。ここまで書き直すのに18回添削してもらいました。

師匠　慎吾くんの場合はここに書いた以外にも機械の油圧ポンプ共用による省エネや多コーナ工具を活用する省資源化、切削条件の策定、部品のリビルドとか加工・機械システム・産業機械の技術士に相応する業務でだいぶ書きまとめた中から厳選したから苦労したけどよく勉強になったと思うわ。

宏・涼子　ほいじゃら次はうちらのぶんを頼みます。

師匠　うげー。見るほうも大変なんやでえ。サクッと仕上げてや！

第3章

必須科目（I）対策

> ## 学習のポイント

　必須科目Ⅰでは、令和元年度から、機械技術全般にわたる専門知識、応用能力、問題解決能力及び課題遂行能力に関する論文問題が出題されています。

　また、日本技術士会によると、現代社会が抱えている様々な問題について、「技術部門」全般に関わる基礎的なエンジニアリング問題としての観点から、多面的に課題を抽出して、その解決方法を提示し遂行していくための提案を問う、とあります。

　そのため、解答論文では単に課題を解決するだけでなく、現代社会のあるべき姿を意識しつつ、広い視点で課題を抽出することが求められます。

　この章では、必須科目（I）の試験問題を確認した後、その出題形式と傾向を解説し、論文解答のポイントを説明していきます。

1. 令和2年度～令和4年度　必須科目（I）問題全文

❖❖❖❖❖❖❖❖❖❖❖❖❖❖❖❖❖❖❖❖❖❖❖❖❖❖❖

1）令和4年度　必須科目（I）問題全文

1　機械部門【必須科目I】

I　次の2問題（I－1、I－2）のうち1問題を選び解答せよ。（解答問題番号を明記し、答案用紙3枚を用いてまとめよ。）

I－1　人類が初めて月に降り立ってから半世紀が経過する今、人類の活動圏を拡げて持続的な人類活動に貢献する宇宙探査の活動が世界中の科学者や技術者によって行われている。その活動の中で、人類が住める可能性のある星として名前がよく挙がるのが火星であり、水、そして生命体の存在も期待されている。

このような状況において、地球上での使用を前提として製品化された機械を、下表に示す火星の環境で使用するための実現可能性調査を行うことになり、あなたがその総括担当者となった。

(1) 機械製品を1つ想定して、その概要を簡潔に記したうえで、その機械製品を火星で使用する際の課題を多面的な観点から3つ以上抽出し、それぞれの観点を明記したうえで、課題の内容を示せ。

(2) 抽出した課題のうち最も重要と考える課題を1つ挙げ、それを挙げた理由と、その課題に対する機械技術者としての複数の解決策を示せ。

(3) 前問（2）で示したすべての解決策を実行した結果、得られる成果とその波及効果を分析し、新たに生じる懸念事項への機械技術者としての対応策について述べよ。

(4) 前問（1）～（3）の業務遂行に当たり、機械技術者としての倫理、社会の持続可能性の観点から必要となる要件・留意点について述べよ。

火星の環境データ

地球から火星までの距離	54.6〜401.4×10^6 km
太陽から火星までの距離	206.650〜249.261×10^6 km
赤道半径	3396.2 km
地表での重力	3.71 m/s^2
自転周期	24.6597 時間
地表での温度（Viking1 着地点）	184〜242 K（平均 210 K）
地表での風速（Viking 着地点）	2〜7 m/s（夏季）、5〜10 m/s（秋季）、17〜30 m/s（砂嵐）
大気圧	0.40〜0.87 kPa
大気成分	二酸化炭素 95.1%　窒素 2.59%　アルゴン 1.94%　酸素 0.16%　一酸化炭素 0.06%　水蒸気 0.021%

出典 NASA、Mars Fact Sheet

Ⅰ-2　コロナウイルス感染症拡大防止のためテレワークの導入が急速に進められてきており、今後は単なるテレワークのためのツールや環境の開発・整備だけでなく、テレワーク自体の新たな形態への変革が進むと考えられている。一方、現在の機械製品の製造現場においては、実際に『現場』で『現物』をよく観察し、『現実』を認識したうえで業務を進める『三現主義』の考え方も重要と考えられている。特に、工場での製造業務や保守・メンテナンスを含む生産設備管理業務においては、機械稼働時の音や振動、潤滑油のニオイ等、人の感じる感覚的な情報を活用して業務に当たることが少なくない。このような状況を踏まえ、以下の問いに答えよ。

（1）生産・設備機械を監視・監督する保全技術者が三現主義のメリットを活かせるようにテレワークを実現する場合、どのような課題が考えられるか、多面的な観点から3つ抽出し、それぞれの観点を明確にしたうえで、それぞれの課題内容を示せ。

（2）抽出した課題のうち最も重要と考える課題を1つ挙げ、その課題に対する解決策を機械技術者として3つ示せ。

（3）前問（2）で示したすべての解決策を実行した結果、得られる成果と

その波及効果を分析し、新たに生じる懸念事項への機械技術者としての対応策について述べよ。

(4) 前問 (1) ～ (3) の業務遂行に当たり、機械技術者としての倫理、社会の持続可能性の観点から必要となる要件・留意点について述べよ。

2）令和3年度　必須科目（Ⅰ）問題全文

1 機械部門【必須科目Ⅰ】

Ⅰ　次の2問題（Ⅰ－1、Ⅰ－2）のうち1問題を選び解答せよ。（<u>解答問題番号を明記し、答案用紙3枚を用いてまとめよ。</u>）

Ⅰ－1　経済産業省が2018年12月に発表したデジタルトランスフォーメーション（DX）推進ガイドラインには、DXの定義として「企業がビジネス環境の激しい変化に対応し、データとデジタル技術を活用して、顧客や社会のニーズを基に、製品やサービス、ビジネスモデルを変革するとともに、業務そのものや、組織、プロセス、企業文化・風土を変革し、競争上の優位性を確立すること。」と謳われている。近年、米中貿易摩擦、英国のEU離脱、保護主義の高まり、さらには新型コロナウイルス感染症の影響を受けて、世界の不確実性が高まっている。このようなビジネス環境の激しい変化に企業が対応し競争力を維持していくためには、既存の枠組に捕らわれずに時代の先を読んで企業を変革していく能力が求められており、そのためのDXへの取組をどのように加速させていくかが我が国製造業の直近の課題となっている。

(1) このような時代の変革期の中でDXを推進していくに当たり、技術者の立場で機械技術全般に関する多面的な観点から3つの課題を抽出し、それぞれの観点を明記したうえで、課題の内容を示せ。

(2) 抽出した課題のうち最も重要と考える課題を1つ挙げ、その課題に対する機械技術者としての複数の解決策を示せ。

(3) 提案した解決策をすべて実行した結果、得られる成果とその波及効果を分析し、新たに生じる懸念事項への機械技術者としての対応策につい

て述べよ。

(4) 前問（2）～（3）の業務遂行に当たり、機械技術者としての倫理、社会の持続可能性の観点から必要となる要件・留意点について述べよ。

Ⅰ－2　現代では社会や人々の生活に多くの機械製品・設備が深く浸透している。そしてそれらが何らかの要因により故障・破壊すると、その影響が拡大し、社会や人々の生活に甚大な被害をもたらすこともあり得る状況である。したがって、今後の新たな機械製品・設備の設計開発に際しては、公益の確保の観点からも、機械製品・設備の持つ公共への影響を充分考慮して設計しなければならない。このような状況を踏まえ、以下の問いに答えよ。

(1) 故障・破壊により社会や環境に広範な影響を及ぼすような機械製品・設備を設計する場合、それらの持つ公共への影響を考慮すると、どのような課題を考えておかなければならないか、技術者の立場で機械技術全般に関する多面的な観点から課題を3つ抽出し、それぞれの観点を明記したうえで、課題の内容を示せ。

(2) 抽出した課題のうち最も重要と考える課題を1つ挙げ、その課題に対する機械技術者としての解決策を3つ示せ。

(3) 提案した解決策をすべて実行した結果、得られる成果とその波及効果を分析し、新たに生じる懸念事項への機械技術者としての対応策について述べよ。

(4) 前問（2）～（3）の業務遂行に当たり、機械技術者としての倫理、社会の持続可能性の観点から必要となる要件・留意点について述べよ。

3) 令和2年度　必須科目（Ⅰ）問題全文

1　機械部門【必須科目Ⅰ】

Ⅰ　次の2問題（Ⅰ-1、Ⅰ-2）のうち1問題を選び解答せよ。（答案用紙に解答問題番号を明記し、答案用紙3枚を用いてまとめよ。）

Ⅰ-1　我が国において、短期的には労働力人口は著しく低下しないと考えられているものの、女性や高齢者の労働参加率の向上もいずれ頭打ちになり、長期的には少子高齢化によって労働力人口が大幅に減少すると考えられる。一方で、「ものづくり」から「コトづくり」への変革に合わせた雇用の柔軟化・流動化の促進、一億総活躍社会の実現といった働き方の見直しが進められている。このような社会状況の中で、実際の設計・開発、製造・生産、保守・メンテナンス現場におけるものづくりの技術伝承については、現場で実務を通して実施されている研修と座学研修・集合研修をいかに組み合わせるか等の、単なる方法論の議論だけでなく、より広い視点に立った大きな変革が求められている。このような社会状況を考慮して、機械技術者の立場から次の各問に答えよ。

(1) 今後のものづくりにおける技術伝承に関して、機械技術全般にわたる技術者としての立場で多面的な観点から課題を抽出し分析せよ。

(2) 抽出した課題のうち最も重要と考える課題を1つ挙げ、その課題に対する複数の解決策を示せ。

(3) 上記すべての解決策を実行した上で生じる波及効果と新たに生じる懸念事項への対応策を示せ。

(4) 業務遂行において必要な要件・留意点を機械技術者としての倫理、社会の持続可能性の観点から述べよ。

Ⅰ-2　2018年7月に発表されたエネルギー基本計画の中では、2030年に向けた政策対応の1つとして、「徹底した省エネルギー社会の実現」が取り上げられており、業務・家庭部門における省エネルギーの強化、運輸部門に

おける多様な省エネルギー対策の推進、産業部門等における省エネルギーの加速、について記述されている。我が国のエネルギー消費効率は1970年代の石油危機以降、官民の努力により4割改善し、世界的にも最高水準にある。石油危機を契機として1979年に制定された「エネルギーの使用の合理化等に関する法律（省エネ法）」では、各部門においてエネルギーの使用が多い事業者に対し、毎年度、省エネルギー対策の取組状況やエネルギー消費効率の改善状況を政府に報告することを義務付けるなど、省エネルギーの取組を促す枠組みを構築してきた。また、2013年に省エネ法が改正され、2014年4月から需要サイドにおける電力需要の平準化に資する取組を省エネルギーの評価において勘案する措置が講じられるようになった。このような社会の状況を考慮して、以下の問いに答えよ。

(1) 徹底した省エネルギー社会の実現に向けて、あなたの専門分野だけでなく機械技術全体にわたる多面的な観点から、業務・家庭、運輸、産業のうち、2つの部門を選んで今後取組むべき技術課題を抽出し、その内容を観点とともに示せ。

(2) 抽出した課題のうち最も重要と考える課題を1つ挙げ、その課題に対する複数の解決策を示せ。

(3) 上記すべての解決策を実行した上で生じる波及効果と専門技術を踏まえた懸念事項への対応策を示せ。

(4) 業務遂行において必要な要件を機械技術者としての倫理、社会の持続可能性の観点から述べよ。

受験の動機Ⅱ

【Column】

機械部門技術士【Column】

　学生時代は設計工学を専攻しておりましたが、業務ではしばらく機械工学から遠ざかっていた時期がありました。当時は不慣れな技術分野であったため、圧倒的に知識が不足していて、周囲の会話の内容が全くわからないほどでした。まずは知識の習得が必要だと思い、関係する資格を毎年取得することにしました。技術力の体系的習得には、資格取得が効果的です。その甲斐あって、ある程度知識を身に着けると、業務をこなせるようになりました。

　ちょうどそのころ、今度は構造系の業務を行うチームに異動となりました。久しぶりに機械工学を用いて仕事ができることにワクワクしつつ、ブランクを少しでも埋めようと思い、改めて機械工学を体系的に学び直そうと考えました。やはりそれには資格に挑戦するのが一番だと考え、技術士に挑戦することとしました。

　まずは一次試験です。4大力学に加えて設計や生産についても学ぶため、勉強が進むにつれてみるみる機械工学全般の知識がまとまってきているのを実感できました。また、業務でもそのスキルを発揮できるようになり、技術士へのチャレンジをたいへん有意義に感じました。

　これまで多種にわたる技術領域で業務を行っていたこともあり、自分の専門性を見失いかけていたころでした。自分が身に着けたスキルを第三者に対して証明し、自分は機械工学の専門家なんだと周囲から認めてもらいたいと思うようになりました。そのためには、なんとしても技術士になりたい！　すぐに二次試験の受験を決めました。

　業種にもよるのですが、エンジニアの方と名刺交換をさせていただくと、技術士の話題になることが多いです。お会いした瞬間から自分のことを専門家だと認識してもらえるため、打合せがスムーズに進むようになったと感じています。そしてなにより、自分自身が技術士の名に恥じないよう、日々引き締まる思いで業務に取り組んでいることが一番の効果です。

　技術士資格の取得は、ゴールではなくスタートです。皆様とも技術士同士として一緒にお仕事できる日を楽しみにしています。

2. 出題形式と特徴

1）出題形式

　表3.1に、必須科目（Ⅰ）の出題形式に関する情報をまとめて示します。第2章で解説したとおり、合格論文の作成では全体の流れと書く内容を構成にまとめることが重要であり、そのための時間が30分程度必要となります。一方、試験時間2時間で600字詰解答用紙3枚を書き上げる必要がありますので、論文構成の時間30分を除いて考えると、解答用紙1枚を平均30分内程度で書き上げることが必要となり、論文作成のスピードが求められます。

表3.1　技術士第二次試験の形式

科目	試験時間	解答数	出題数	解答枚数	配点	合否決定基準
必須科目	2時間	1問	2問	600字詰3枚	40点	60%以上の得点

出典：令和4年度　技術士第二次試験受験申込み案内

2）出題の特徴

　必須科目Ⅰでは、機械技術全般にわたる専門知識、応用能力、問題解決能力及び課題遂行能力に関する論文問題が出題されます。また、日本技術士会によると、現代社会が抱えている様々な問題について、「技術部門」全般に関わる基礎的なエンジニアリング問題としての観点から、多面的に課題を抽出して、その解決方法を提示し遂行していくための提案を問う、とされています。そのため、解答論文では単に課題を解決するだけでなく、現代社会のあるべき姿を意識しつつ、広い視点で課題を抽出することが必要です。

　また、表3.2に技術士に求められる資質能力として特に必須科目で確認される評価項目をまとめています。必須科目では、「基本的な専門知識の理解」に加え、「あるべき社会の姿を捉えた課題抽出能力」、「その課題を解決する具体

的方策の提起能力」、「方策遂行で生じる方策遂行の評価能力」、「業務遂行に必要な社会的要件を認識する倫理的視点」、これらすべてを「わかりやすい論文として解答にまとめるコミュニケーション能力」が求められています。

表3.2　必須科目の評価項目

技術士に求められる資質能力		必須科目Ｉ
コミュニケーション	・業務履行上、口頭や文書等の方法を通じて、雇用者、上司や同僚、クライアントやユーザー等多様な関係者との間で、明確かつ効果的な意思疎通を行うこと。 ・海外における業務に携わる際は、一定の語学力による業務上必要な意思疎通に加え、現地の社会的文化的多様性を理解し関係者との間で可能な限り協調すること。	的確表現
専門的学識	技術士が専門とする技術分野（技術部門）の業務に必要な、技術部門全般にわたる専門知識及び選択科目に関する専門知識を理解し応用すること。	基本知識理解
問題解決	業務遂行上直面する複合的な問題に対して、これらの内容を明確にし、調査し、これらの背景に潜在する問題発生要因や制約要因を抽出し分析すること。	課題抽出
	複合的な問題に関して、相反する要求事項（必要性、機能性、技術的実現性、安全性、経済性等）、それらによって及ぼされる影響の重要度を考慮した上、複数の選択肢を提起し、これらを踏まえた解決策を合理的に提案し、又は改善すること。	方策提起
評価	業務遂行上の各段階における結果、最終的に得られる成果やその波及効果を評価し、次段階や別の業務の改善に資すること。	対策の評価
技術者倫理	業務遂行にあたり、公衆の安全、健康及び福利を最優先に考慮した上で、社会、文化及び環境に対する影響を予見し、地球環境の保全等、次世代に渡る社会の持続性の確保に努め、技術士としての使命、社会的地位及び職責を自覚し、倫理的に行動すること。	社会的認識

「試験部会第28回参考7」参照

　日頃から社会的課題に対するアンテナを張り、機械部門の専門の技術士として自分なら何ができるのか考えていなければ身に付けることが難しい能力です。また、論文におけるコミュニケーション能力を身に付けるには、技術と社会との連動性を意識した課題の分析と抽出、それらを流れよく論理的に論文に書き下す力を鍛えることが必要です。

3. 出題の傾向

新制度から4年を経て、出題傾向にどのような変化があるでしょうか？　ここでは、過去問題からキーワードを抽出して表にまとめて、頻出キーワードを分析してみました。理解や調査不足があれば、早めに準備して理解をしましょう。

1) 過去問題キーワード分析

令和元年度から令和4年度の技術士第二次試験機械部門の問題のテーマから解答の切り口を見ると、おおよそ次のように整理できます。

令和年度	問題番号I	問題内容	解答の切り口						
			安全・危機管理	環境・エネルギー問題	高齢化・技術伝承	経済・競争力向上・グローバル	デジタル化	知財・付加価値	技術者倫理
R4	1	異なる使用環境に対応する機械の実現（火星）	○	○		○		○	
	2	テレワーク（三現主義）	○		○	○	○	○	○
R3	1	DXの推進	○	○	○	○	○		
	2	機械の公共・環境への影響	○	○		○	○		○
R2	1	ものづくりにおける技術伝承	○		○	○			
	2	徹底した省エネルギーの実現	○	○		○	○		
R元	1	ものづくり手法の転換			○	○	○	○	
	2	持続可能な社会（SDGs）	○	○		○	○		○

　見てのとおり、解答の切り口としてはおおよそ7つに分類できます。これらの出題テーマから見ると「機械部門」に関係する社会的問題に関するキーワードや新技術には注目が必要です。令和4年度のI－1では、過去3年と少し想定が異なるテーマが出題されました。これは平成20年度必須科目II－1の類似問題でもあります。ここに記載した過去問題以外（平成19年度～平成24年度の必須科目）にも注視しておくことをお勧めします。

平成年度	問題内容	解答の切り口						
		安全・危機管理	環境・エネルギー問題	高齢化・技術伝承	経済・競争力向上・グローバル	デジタル化	知財・付加価値	技術者倫理
H24	海外生産と国内活性化（日本銀行調査）	○	○		○		○	
	機械システムが今の「正解」に至った経緯、問題点・課題、「総合」作業（新・機械技術史）	○	○	○	○		○	○
H23	持続的・破壊的技術（イノベーションのジレンマ）			○	○	○	○	
	現在の技術の課題（毎日新聞記事、地震・原発）	○	○		○			
H22	人の感性と機械の関わり（日経新聞記事、トヨタリコール問題）	○			○			○
	技術と社会とのつながり				○			○
H21	環境問題の国際動向・技術動向（Cool Earth 経産省）		○		○	○	○	
	コンピューターの高速化、性能向上（理化学研究所HP）				○		○	
H20	機械の設置環境の変化	○	○	○	○	○	○	○
	高齢化（高齢者白書）			○	○			○
H19	地震対策（国交省）	○	○		○	○		
	トラブル検討方法	○		○	○	○		○

2）想定頻出キーワード

出題傾向から、想定される頻出キーワードを記載するので参考にしてください。

①地球環境問題

②技術・技能伝承

③国際競争力強化・グローバル化

④災害対策・BCP・防災・減災

⑤省エネルギー

⑥少子高齢化・人口減少

⑦働き方改革・人材育成・労働生産性向上

⑧持続可能な社会・循環型社会

⑨維持管理

⑩高度通信機器（5G）

⑪IoT、AI

⑫ダイバーシティ

⑬品質偽装（技術者倫理）

⑭事故・安全（法令含む）

⑮トラブル対応、リコール

⑯想定外の使用

受験体験記 I

【Column】　　　　　　　　　　　　　機械部門技術士【Column】

「技術士合格で視えた世界」

　私は技術士受験を決意してから合格まで5年掛かりました。その間、それまで大切にしてきた趣味や友人、家族との時間などを犠牲にし、かなりの時間を受験勉強に費やしました。家族はじめ関係者の理解無しでは到底到達できなかったと思います。しかし、合格によって得られたものはそれ以上に価値が大きかったと感じています。これから技

術士合格を目指す受験者の参考になればと想い、私が「技術士合格で視えた世界」について共有したいと思います。

1. 技術者としての道標

技術士合格前の私は業務を行ううえで技術者としてどう進むべきか、誰にも相談ができず、思い悩むケースが多々ありました。しかし、技術士合格によってそれらの悩みのほとんどは「技術士法」、「技術士に求められる資質能力（コンピテンシー）」の理解によって進むべき方向性をしっかりと判断できるようになりました。具体的には、以下のようなときです。

　　①技術的障害を乗り越えられないとき

　　②人間関係でうまくいかないとき

　　③正しくない対応（不正）を求められたとき

2. 執筆の機会

技術士は知識を体系化し、専門家以外の人にも複雑な事象をわかりやすく伝えることが普段の業務から求められます。それらの積み重ねによって得られた知識を技術論文にまとめたり本を執筆したり活躍されている技術士がたくさんいます。私はNet-P.E.Jpで技術士受験指導の活動をする中で今回のような受験対策本の執筆機会に恵まれました。

3. 技術士仲間

技術士仲間が集まると合格までの過去の苦労話よりも、現在や将来、高い目標にチャレンジしている話や失敗談、技術に対する価値観や技術に対する想いなど、多様な視点での考え方が聞けるため参考になるだけでなく強い刺激を受けます。そのため志の高い技術士が集まる機会は私にとって自身の技術レベルを高めたりモチベーションを維持したりするためにも非常に有益な時間です。

技術士合格で得られるものは期待を裏切らないと信じて、最短合格を目指して頑張ってください。応援しています。

4. 必要情報の収集と整理

　必須科目（Ⅰ）では、機械部門に関係する社会的問題について、あるべき社会の姿を捉えて検討することが重要となります。しかし、あるべき社会の姿はそのときどきにより変化するため、参考となる最新の情報をまとめた参考書がありません。対策には、今の社会が抱えているさまざまな問題について自分で広く情報収集することが必要となります。そのための有用な情報源として、中央省庁が編集した白書、展示会情報、業界・専門誌（機械設計、日経ものづくりなど）、技術論文（技報）が挙げられます。

　まず、必須科目の設問テーマを押さえるため、機械部門の関係する白書（ものづくり白書、国土交通白書、高齢社会白書、エネルギー白書、環境白書・循環型社会白書・生物多様性白書、情報通信白書など）について、その過去3年程度の内容を把握しておくようにしましょう。令和元年度の必須科目では「国際競争力」と「SDGs」、令和3年度は「DX」、令和4年度は「テレワーク」に関する出題がされていますが、ともに白書で触れられている重要テーマです。国際競争力は近年のものづくり白書で常に触れられており、SDGsは環境白書・循環型社会白書・生物多様性白書で挙げられている主要テーマになっています。

　また、今後の社会を変える最新技術のメガトレンドは必須科目を解答するにあたり必要な情報です。機械学会誌や各専門学会論文・講演集、学会誌や工業新聞・経済新聞・専門誌等からは最先端の技術動向を把握しておきましょう。

　その他、事故や品質偽装、安全に関する事項は技術士に求められる倫理的視点から重要ですので、日ごろから社会の出来事にもアンテナを張って情報収集することも必要になります。

5. 論文解答法（2例）

　では、具体的に論文の解答法を検討していきましょう。ここでは令和4年度の必須科目の出題についてテーマ別に解説し、論文骨子の例を示します。論文骨子はいわば論文の設計図です。これを作ることで、書くべき内容の抜け、重

複をチェックでき、論理の飛躍、矛盾がないかを確認することができ、設問に
沿ったわかりやすい論文を記述することができます。

1）テーマ1：

【題意】持続的な人類活動に貢献する異なる使用環境に対応する機械の実現

【解説】過去必須科目では、平成20年度Ⅱ－1で「機械がこれまでに異なる環
　　　境条件で（長期）使用される場合」という問題が出題されています。本問
　　　題では、「火星」という指定はありますが、考え方としては同じ問題だと
　　　考えます。

　　　　まず、「人類の活動圏を拡げて持続的な人類活動に貢献する」から、持
　　　続可能な社会の実現を目的として考えます。ここで、「このような状況」を
　　　読み取り、自分の専門性や技術分野の経験を活かせそうな「火星の資源の
　　　活用」を考えてみます。そして、実現する機械を選び、地球環境と指定さ
　　　れた環境条件（表）で使用するためにどのような技術目標をもって実現可
　　　能性を調査するのかを示します。その調査の着地点である技術目標は「概
　　　要」に具体的に示してほしい。

　　　　その技術目標に対してどのような相違点（あるべき姿）があり、想定す
　　　る問題点（目的とのギャップ）があるか？　を機械統括技術者として客観
　　　的かつ幅広く検討してください。検討結果、その問題に対して現状・要因
　　　分析を明確にすることで、どの観点から課題設定をすべきかが明確になり
　　　ます。

　　　　また、「最重要課題」についても述べておきます。この抽出理由を問う
　　　設問があります。設定根拠は何か？　は、技術目的に対して、それぞれ抽
　　　出した課題を比較することで優先順位が決まります。そのことを論理的に
　　　書いてみましょう。

2）テーマ2：三現主義とテレワーク

（図3.2　論文構成事例［必須科目Ⅰ－2］）

コロナウイルスが世界中に広がって以降、テレワークの一般化が進みました。
テレワークの浸透はさまざまな側面で効率化や省力化に大きく貢献しています

が、製造・設備機械を中心に三現主義での管理が重要な業務では依然として十分にテレワークの浸透が進んでいないのが現状です。本設問はこの問題に直接切り込んだもので、働き方や職場の在り方についての考え方も問われています。設問中に既に問題点が明示されていますが、そこからの課題抽出や重要課題の選定に際して、何のためにテレワークを導入するのかという根本的な視点も含めて解答を考えると良いでしょう。

【骨子】

1. 火星環境で使用する機械製品の概要　　《専門的学識》　基本知識理解

概要（使用に役立つ主要な概念・重要情報・目標）

概念：採掘した多様な鉱物資源を選別基地へ搬送する屋外全長5 kmのコンベヤ装置。宇宙環境への機械輸送、微小重力・真空下での設置及びメンテナンスの観点から長期使用するために多くの配慮が必要になる。（実現可能性の重要指標）

目標：搬送5 t／h、耐用年数5年（20,000 h）

重要情報（機能）：0〜40度／IP55／101.3 kPa／輸送加速度2 g（正弦波）／搬送速度10 m／s

2. 火星で使用する際の課題3つとその観点・内容　　《問題解決》　課題抽出

観点	（1）輸送環境	（2）設置・運用環境	（3）メンテ環境
製品の現状値	輸送加速度2 g（正弦波振動）	IP55	0〜40度（温度差40度）
製品のあるべき姿	ランダム振動	IP68	−99〜−31度（温度差58度）
問題点（現状）	振動形態が異なる	低重力下での駆動部粉塵入り込み	メンテ間隔短・長期停止
問題分析	共振周波数変化　様々な方向からの加速度	酸化鉄を含む砂嵐環境への対応	交換・メンテ箇所が多い
課題	振動絶縁技術の確立	防塵構造技術の確立	交換容易設計の確立

3．最重要課題とその理由及び複数の解決策

（1）最重課題とその理由　　　《専門的学識》　基本知識理解

課題（3）メンテナンスレス・交換容易設計の確立

課題	振動絶縁技術の確立	防塵構造技術の確立	交換容易設計の確立
目的との比較（優先度：長期使用）	③事前予測可能でリスクとして低い（重要指標少ない）	②不活性ガス環境下で腐食性リスクが中（重要指標中）	①経験のない環境下でメンテ対策は重要。（不確実性の高い重要指標多い）

（2）その課題に対する複数の解決策　　《問題解決》　方策提起

　①解決策1：2ライン化

　　問題点1：バイパス→速度低下による搬送量低下

　②解決策2：類推データ計測法で推定した故障モードから、4点FMEAへ

　　問題点2：抽出・評価・対策に漏れが発生する　　《評価》対策の評価・波及効果

4．解決策を実行した結果から得られる成果と波及効果

　結果：不確実な状況を事前に最大限低下させる。性能維持。

　成果：搬送5ｔ／ｈで5年の耐用年数の実現（実現可能性調査結果の提示）

　波及効果：信頼性の高い評価の効率化、既存品の重大事故防止など

5．新たに生じる懸念事項と対応策

　新たに生じる懸念事項：新規格の制定遅れによる不安全リスク増加　　《評価》対策の評価・波及効果

　対応策：リスクアセスメントの徹底

6．業務遂行上の必要要件・留意点　　《倫理》　社会的認識

（1）機械技術者としての倫理の観点

　　市場の法規制・慣習に応じる規格整備

　　既存製品への波及性

（2）社会の持続可能性の観点

　　新技術のオープンクローズド戦略

　　知財権による排他

図3.1　論文構成事例［必須科目Ⅰ－1］

1. 三現主義をテレワークで活かすための課題
　　→保全業務内容毎の観点から課題を抽出
　課題（1）テレワークでの検査・点検：
　　→　現物について現実にある状態を現場でいるのと同様に判断する事
　課題（2）テレワークでの保守作業：
　　→　遠隔地から現場の現物に対して物理的に作業を加える手段
　課題（3）テレワークでの故障・停止への対応：
　　→　想定外の故障・停止への対応（現場で現実の多面的確認が重要）
2. 最重要課題と課題に対する解決策
　（1）最重要課題の抽出
　課題（1）テレワークでの検査・点検が重要
　　∵　テレワークの目的は効率化省力化→頻度が高い検査点検は改善効果大
　（2）その課題に対する解決策
　①検査・点検の自動化：センサ活用
　　例：センサデータの自動分析（オクターブバンド解析）
　②検査・点検の遠隔作業化：遠隔地でのデータ判断
　　例：画像データでの錆判断
　③メンテナンスレス化：寿命確保
3. 解決策の成果と波及効果
　・自動化と遠隔作業化　→　テレワークへの貢献大
　・メンテナンスレス化　→　＋課題（2）（3）への波及効果
4. 新たに生じる懸念事項と対応策
　・懸念1：導入コストによる競争力低下
　・懸念2：技術者の保有知見が減少
　　→　情報をデータベース化して活用する事で両懸念へ対応
5. 倫理・持続性の観点からの必要要件と留意点
　・労働力確保の観点での社会の持続性への貢献
　・機微な問題へのAI活用は機械機能用途を加味して倫理面から慎重に判断
　　　　　　　　　　　　　　　　　　　　　　　　　　　　　　　　以上

図3.2　論文構成事例［必須科目Ⅰ－2］

6. 論文解答例（2例：添削風論文＋見本論文）

1）はじめに

　前節では論文骨子の作成方法について具体例を示して説明しましたので、どんな内容をかけばよいのか漠然としたイメージをつかんでいただけたのではないかと思います。その一方、具体的にはどのように論文としてまとめればいいのだろうか？　とまだ頭の中に疑問があることと思います。本節では、令和4年度　機械部門I－1の設問について、前項で示した骨子案から見本論文を作成しました。また、骨子案はできたけど、論文がうまく書けない……　というモヤモヤを解消できるように、I－2では添削論文（添削風論文→見本論文）を作成しました。これらの例から論文解答を構成して仕上げていくコツをつかんでください。

2）論文構成例

①令和4年度　機械部門　Ⅰ－1

【添削風論文】

令和4年度　技術士第二次試験答案用紙

受験番号	○○○○○○○○○	技術部門	機械 部門	※
問題番号	Ⅰ－1	選択科目	機械設計	
答案使用枚数	1枚目　3枚中	専門とする事項	搬送機械	

○受験番号、問題番号、答案使用枚数、技術部門、選択科目及び専門とする事項の欄は必ず記入すること。
○解答欄の記入は、1マスにつき1文字とすること。（英数字及び図表を除く。）

1. 想定した機械の概要

　火星の地表や気候、地形を研究するために、これま → 必要のない背景状況。
で米国等によって軌道探査機や着陸機、ローバーとい
った数々の探査機が送り込まれている。米航空宇宙局
（NASA）の火星探査車が、有機分子を含む岩石サンプ
ルを採取した。このサンプルを地球にもち帰る回収ミ
ッションが成功すれば、地球外生命体の存在を証明し、
火星の地質に関する手がかりをもたらす可能性がある。
　この資源の回収・分析結果から有用な鉱物が発見さ
れ、資源として、ここでは地球へ継続的に搬送するこ
とを想定したい。
　機械は、火星で採掘した資源を選別基地へ搬送する
コンベヤ装置とする。この装置の仕様は、5t/h搬送、
耐用年数5年（20,000 h）である。

→ 章立て間は空けないこと（字数稼ぎ）。

2. 火星で使用する際の課題・観点・内容

課題1：低温環境 → 課題でなくすべて「目的」。
　地表表面温度として、平均210 Kと低温環境下で稼
働する必要がある。よって、課題はいかに低温環境で
稼働するかである。
→ 「いかに」を具体的に技術部門として何をすべきか？　を書くこと。
課題2：砂嵐環境
　表面の風速として、砂嵐時期で17～30 m/sの風速下
で稼働する必要がある。よって、課題はいかに砂嵐交
じりの高風速下で稼働するかである。
課題3：宇宙ステーション建設

●裏面は使用しないで下さい。　　●裏面に記載された解答は無効とします。　　24字×25行

令和 4 年度　技術士第二次試験答案用紙

受験番号	○:○:○:○:○:○:○:○	技術部門	機械　　　部門	※
問題番号	Ⅰ-1	選択科目	機械設計	
答案使用枚数	2 枚目　3 枚中	専門とする事項	搬送機械	

○受験番号，問題番号，答案使用枚数，技術部門，選択科目及び専門とする事項の欄は必ず記入すること。
○解答欄の記入は，1 マスにつき 1 文字とすること。（英数字及び図表を除く。）

　大気成分は、地球環境と大きく異なり、重力も低いことから長期的活動がしにくいため、いかに長期間安定した資源採掘が実施できる、安全かつ効率的に作業を行う環境づくりが課題である。

3. 最重要課題と挙げた理由
　最重要課題は、課題 3：宇宙ステーション建設を挙げる。その理由は、持続的な作業環境がなければ活動停止となるからである。

← 各課題と比較が十分でない。

4. 課題に対する機械技術者としての複数の解決策
解決策 1：プレハブ建築
　区画ごとのプレハブ化を設計する。建設会社へ依頼し火星環境下に輸送可能でかつ長期使用可能なプレハブ施設を設計する。プレハブ化により、現地での組み立て性、搬送性、信頼性も向上するためである。
解決策 2：空調機器の開発
　固体酸化物電解を用いて、火星の大気に 95％含まれる CO_2 を一酸化炭素（CO）と酸素イオンに分離、その後、酸素イオンが 2 個結びつき O_2 を作る装置を開発する。これにより、持続可能な作業環境が作れるためである。

← 具体的に機械部門として何をすべき？

← 具体的に機械部門として何をすべき？

← 空けてはいけない（字数稼ぎ）。

● 裏面は使用しないで下さい。　　● 裏面に記載された解答は無効とします。　　24 字×25 行

令和4年度　技術士第二次試験答案用紙

受験番号	○○○○○○○○○○	技術部門	機械　　部門	※
問題番号	Ⅰ-1	選択科目	機械設計	
答案使用枚数	3枚目　3枚中	専門とする事項	搬送機械	

○受験番号、問題番号、答案使用枚数、技術部門、選択科目及び専門とする事項の欄は必ず記入すること。
○解答欄の記入は、1マスにつき1文字とすること。（英数字及び図表を除く。）

5. 解決策をすべて実行した結果、得られる成果、波及
効果を分析し、新たに生じる懸念事項への対応策

　以上の解決策を実行した結果、持続可能な資源開発
が可能になる成果が得られる。

　波及効果は、資源開発が進み地球へ資源は安定的に
提供できることである。

　新たに生じる懸念事項は、宇宙資源の法的な取り扱
いがある。

6. 前問の業務遂行に当たり、機械技術者としての倫理
社会の持続可能性の観点から必要となる要件・留意点

　他社との協業があるため、機密保持を設定すること
が重要である。また、留意点としては同開発の競合と
の契約を行わないことを記載することである。

　また、RoHs規制、ISO 14000 等の環境配慮設計が重
要であり、経済状況に合わせて企業の持続可能な設計
開発にも留意しながら進める必要があると思う。

【注釈】
- タイトルは1行にする。
- どんな結果なのか？がないと成果（目的の達成度）は評価できない。
- 波及ではなく目的でしかない。
- 懸念事項を書くとき、解決の方向性は書くといい。
- 「思う」ではなく、「である」で終わること。自信がないように思える。
- 最後最低2行残りまでは埋めること　行途中で終わる場合、「論文完結した」ことを意味する「以上」を入れるとわかりやすい

●裏面は使用しないで下さい。　●裏面に記載された解答は無効とします。　24字×25行

【見本論文】

令和4年度　技術士第二次試験答案用紙

受験番号	○○○○○○○○	技術部門	機械	部門	※
問題番号	Ⅰ－1	選択科目	機械設計		
答案使用枚数	1枚目　3枚中	専門とする事項	搬送機械		

○受験番号、問題番号、答案使用枚数、技術部門、選択科目及び専門とする事項の欄は必ず記入すること。
○解答欄の記入は、1マスにつき1文字とすること。（英数字及び図表を除く。）

1. 火星環境で使用する機械製品の概要

　火星の鉱物を利用した新素材開発による競争力強化や地球資源枯渇防止による持続可能な社会の実現は、急務である。本論で取り上げる機械は、火星資源を火星内の資源開発基地へ搬送する屋外全長5kmのコンベヤ装置である。設計目標は、5t/h搬送、耐用年数5年（20,000h）とする。ただ設計には、宇宙環境における機械輸送、微小重力・真空下での設置及びメンテナンスの観点から長期使用には多くの配慮が必要になる。

2. 火星で使用する際の課題3つとその観点・内容

課題（1）振動絶縁技術の確立：地球〜火星間の輸送の観点では、発射から宇宙環境突入、火星着陸等でランダム振動が発生する。現仕様は正弦波振動（2G）対応で、振動形態が異なる。そこで、多様な共振周波数変化による振動を絶縁する技術の確立が課題となる。

課題（2）防塵構造技術の確立：火星到着後の設置・運用の観点では、最大風速17〜30m/s（砂嵐）、重力が地球の1/3程度であることから、粉塵浮遊し駆動部へ粉塵が入り込む。そこで、酸化鉄を含む砂嵐環境への対応を想定した防塵構造技術の確立が課題となる。

課題（3）交換容易設計の確立：運転平均故障時間（MTBF）と平均復旧時間（MTTR）はメンテナンス環境に依存する。その観点では、極低温化（210K平均）でもメンテナンス間隔を広くかつ、短時間で行う必要がある。しかし、異なる環境下で設計仕様を満たすために

●裏面は使用しないで下さい。　　●裏面に記載された解答は無効とします。　　24字×25行

令和4年度　技術士第二次試験答案用紙

受験番号	○○○○○○○○○		技術部門	機械　　部門		※
問題番号	Ⅰ－1		選択科目	機械設計		
答案使用枚数	2枚目　3枚中		専門とする事項	搬送機械		

○受験番号、問題番号、答案使用枚数、技術部門、選択科目及び専門とする事項の欄は必ず記入すること。
○解答欄の記入は、1マスにつき1文字とすること。（英数字及び図表を除く。）

部品数増加やメンテナンス性が配慮しにくい設計になる。そこで、交換容易設計の確立が課題となる。
3. 最重要課題とその理由及び複数の解決策
（1）最重要課題とその理由
　課題（3）交換容易設計の確立を最重要課題と判断した。メンテナンスは、目的である長期使用するための配慮項目に不確実性の高い重要指標が他の課題と比べて最も多い。よって、実現可能性の重要指標を評価するための根幹であると判断した。
（2）その課題に対する複数の解決策
①2ライン化：バイパスラインにより、MTTRに依存しない冗長化設計を行うと、分岐乗り継ぎ部で搬送速度が低下し搬送量が仕様未達になる。そこで、2重化により当初仕様を維持する信頼性を確保する。メンテナンス部品を単に在庫するよりも分散稼働や交互運転などで、初期故障期の故障率リスクを低減する。
②類推データ計測法と4点FMEA（故障モードと影響解析）の活用：長期使用するための配慮項目に不確実性の高い重要指標が多いため、抽出・評価・対策に漏れが発生する可能性がある。
　そこで、環境変化・仕様変化など過去の知見データのある類似製品で要因分式を行い、その分析結果から本製品の故障モードや故障率をもれなく推定する。さらに、4点FMEAは絶対評価であり、信頼度の妥当性を評価することで、対策の有効性と順位を明確にして予

●裏面は使用しないで下さい。　　●裏面に記載された解答は無効とします。　　24字×25行

令和4年度　技術士第二次試験答案用紙

受験番号	○○○○○○○○○	技術部門	機械　　部門	※
問題番号	Ⅰ－1	選択科目	機械設計	
答案使用枚数	3枚目　3枚中	専門とする事項	搬送機械	

○受験番号、問題番号、答案使用枚数、技術部門、選択科目及び専門とする事項の欄は必ず記入すること。
○解答欄の記入は、1マスにつき1文字とすること。（英数字及び図表を除く。）

想不可能な事例をなくす。

4. 解決策を実行した結果から得られる成果と波及効果

　上記対策の結果、長期使用時の不確実な状況を事前に最大限低下でき、性能維持が可能になる。よって、実現可能性調査結果として搬送5t/hで5年の耐用年数の実現のめどが立つ成果を得ることができる。

　本対策のプロセスを他業務に適用することは、信頼性の高い評価の効率化と既存品の重大事故防止などの波及効果を生む。

5. 新たに生じる懸念事項と対応策

　しかし、新たな環境下で使用する新規格の制定が遅れ、他の周辺関連機器にも反映できない不安全リスクの増加がある。そこで、リスクアセスメントの徹底を義務付ける。状況特定や危険源など特定する場合は、設置後の稼働データ、メンテナンス情報等を設計へフィードバックすることで、最新情報から特定する。

6. 業務遂行上の必要要件・留意点

　(1) 機械技術者としての倫理の観点：多くの機械要素がある本設備は、サプライヤーと法規制・慣習に応じる規格の整備を進める。その時、既存製品を利用する公益への影響にも留意して検討を進めていく。

　(2) 社会の持続可能性の観点：付加価値の高い独自要素は秘匿、知財権による排他を行う。ただし、必要に応じて技術開示することに留意し、関連技術の高度化を進めつつ、国際競争力を長期的に確保する。以上

●裏面は使用しないで下さい。　　●裏面に記載された解答は無効とします。　　24字×25行

②令和4年度　機械部門　Ⅰ－2

【添削風論文】

令和4年度　技術士第二次試験答案用紙

受験番号	○○○○○○○	技術部門	機械	部門	※
問題番号	Ⅰ－2	選択科目	機構ダイナミクス・制御		
答案使用枚数	1 枚目　3 枚中	専門とする事項	交通機械		

○受験番号、問題番号、答案使用枚数、技術部門、選択科目及び専門とする事項の欄は必ず記入すること。
○解答欄の記入は、1マスにつき1文字とすること。（英数字及び図表を除く。）

　　三現主義とは、単に机上で検討するのではなく、「現場」で「現物」を観察し、「現実」を認識した上で問題点を抽出して課題を考えて物事を解決したり改善する方法の事をいう。三現主義の考えを用いらず、間接的な情報から解決手段を検討すると、判断を間違えてしまう事があるので注意が必要である。また、この三現主義の掲げる「現場」「現物」「現実」の3つに、「原理」「原則」を加えた五現主義という考えも提唱されており、多くのモノづくり現場で取り入れられている。以下、「現場」で「現物」を観察して「現実」を認識して対応する三現主義をテレワークで活かすための課題を説明する。

1．三現主義をテレワークで活かすための課題

課題（1）テレワークでの検査・点検：生産・設備機械の検査・点検では、現場で現物を確認して現実の状態に基づいて、その機械機器の健全性を判断する。テレワークで三現主義を活かして検査・点検するには、遠隔地に居ながら現物について現実にある状態を確認して、機械機器の状態判断をできるようにする事が課題となる。

課題（2）テレワークでの保守作業：生産・設備機器が健全に稼働を続けるには機器部品の交換や給油等の保守作業を行う事が必要である。このような作業をテレワークで行うには、遠隔地から現場の現物に対して物理的に作業を加える手段を設ける事が課題となる。

●裏面は使用しないで下さい。　　　●裏面に記載された解答は無効とします。　　　24字×25行

三現主義は本文に簡単な説明もあり詳述は求められておりません。内容としても誰でも知っているレベルの知識にあたるため、この記載は加点になりません。

課題各論の説明に入る前に、前提として認識している問題点は何なのか、その上でどのような観点で課題を設定するのか説明しましょう。

令和4年度 技術士第二次試験答案用紙

受験番号	○:○:○:○:○:○:○:○	技術部門	**機械** 部門	※
問題番号	I - 2	選択科目	**機構ダイナミクス・制御**	
答案使用枚数	**2** 枚目 **3** 枚中	専門とする事項	**交通機械**	

○受験番号、問題番号、答案使用枚数、技術部門、選択科目及び専門とする事項の欄は必ず記入すること。
○解答欄の記入は、1マスにつき1文字とすること。（英数字及び図表を除く。）

課題（3）テレワークでの故障・停止への対応：定期的
に検査点検を実施して適切な周期で部品交換を行って
いたとしても、想定外の故障・停止を避ける事は難し
い。このような想定外の故障・停止への対応では、現
場で現実になにが起こっているのか多面的に確認する
事が重要であり、これをいかに遠隔地で実現するかが
テレワークで故障停止に対応する際の課題となる。
2．最重要課題と課題に対する解決策
（1）最重要課題の抽出
課題（1）テレワークでの検査・点検の実現を最重要課
題と判断した。生産・設備機械のテレワーク化は、遠
隔地に出向く頻度を下げて業務を効率化し、作業者の
負担も軽減する事が主な目的である。そのため、相対
的に実施頻度が高い検査・点検をテレワーク化するこ
とが目的に沿って考えて効果的だからである。
（2）その課題に対する解決策
①検査・点検の自動化：
　現場で体感して得る情報をセンサで検知し、その情
報に基づき自動で検査点検を行う。
②検査・点検の遠隔作業化：
　現場で体感して得る情報をセンサにより収集し、遠
隔地に転送して健全性を判断する。
③メンテナンスレス化：
　メンテナンス自体を不要とすることも、テレワーク
実現の解決策となる。

解決策の説明が表面的です。具体的にどのような対応をとるのかわかるように書きましょう。

●裏面は使用しないで下さい。　●裏面に記載された解答は無効とします。　24字×25行

令和4年度　技術士第二次試験答案用紙

受験番号	○○○○○○○○○	技術部門	機械	部門	※
問題番号	Ⅰ-2	選択科目	機構ダイナミクス・制御		
答案使用枚数	3枚目 3枚中	専門とする事項	交通機械		

○受験番号、問題番号、答案使用枚数、技術部門、選択科目及び専門とする事項の欄は必ず記入すること。
○解答欄の記入は、1マスにつき1文字とすること。（英数字及び図表を除く。）

3．解決策の成果と波及効果

　提案した自動化と遠隔作業化により、現場で実施するのと同様に、テレワークでの検査・点検が可能となる。また、設備機械を構成する機器部品を長寿命化してメンテナンスレス化することは検査・点検を不要とできるだけでなく、機器交換の保守作業や、故障対応の頻度を下げる波及効果も得られる。

4．新たに生じる懸念事項と対応策

　自動化や遠隔化には対応するシステム開発やセンサ設備の導入コストがかかり、競争力低下を引き起こす懸念がある。また、テレワークでは現場で検査・点検作業を行うのに比べて得られる情報量が限られるため、技術者の保有知見が減少して生産・設備機械ひいてはものづくりを改善する力が低下してしまう懸念もある。対応策として、機械の状態や検査点検の処理に関する情報をデータベース化して分析活用する事で、設備改善に繋げて競争力を強化でき、更に教育にも活用する事で技術者の保有知見を強化できる。

5．倫理・持続性の観点からの必要要件と留意点

　検査・点検の自動化・遠隔化や機器のメンテナンスレス化での省力化技術は労働力確保による社会の持続性につながるものである。そのため、広く社会に適用することで今後将来の社会を運営する観点から持続性改善に貢献することができる。

以上

●裏面は使用しないで下さい。　　●裏面に記載された解答は無効とします。　　24字×25行

> 設問では倫理的な観点についても触れられています。問われている事は広くすくい上げて論述することで視野の広さを示しましょう。

【見本論文】

令和４年度　技術士第二次試験答案用紙

受験番号	○:○:○:○:○:○:○:○	技術部門	機械　　部門	※
問題番号	Ⅰ－２	選択科目	機構ダイナミクス・制御	
答案使用枚数	1 枚目　3 枚中	専門とする事項	交通機械	

○受験番号、問題番号、答案使用枚数、技術部門、選択科目及び専門とする事項の欄は必ず記入すること。
○解答欄の記入は、1マスにつき1文字とすること。(英数字及び図表を除く。)

1．三現主義をテレワークで活かすための課題
　生産・設備機械の保全に際して三現主義のメリットをテレワークで活かすにあたって、現場・現物・現実によって得られる情報を活かした業務が遠隔で実施できない事が問題である。以下、この問題に対して、保全業務内容毎の観点から課題を抽出する。
課題（1）テレワークでの検査・点検：生産・設備機械の検査・点検では、現場で現物を確認して現実の状態に基づいて、その機械機器の健全性を判断する。テレワークで三現主義を活かして検査・点検するには、遠隔地に居ながら現物について現実にある状態を確認して、機械機器の状態判断をできるようにする事が課題となる。
課題（2）テレワークでの保守作業：生産・設備機器が健全に稼働を続けるには機器部品の交換や給油等の保守作業を行う事が必要である。このような作業をテレワークで行うには、遠隔地から現場の現物に対して物理的に作業を加える手段を設ける事が課題となる。
課題（3）テレワークでの故障・停止への対応：定期的に検査点検を実施して適切な周期で部品交換を行っていたとしても、想定外の故障・停止を避ける事は難しい。このような想定外の故障・停止への対応では、現場で現実になにが起こっているのか多面的に確認する事が重要であり、これをいかに遠隔地で実現するかがテレワークで故障停止に対応する際の課題となる。

●裏面は使用しないで下さい。　　　　●裏面に記載された解答は無効とします。　　　　24字×25行

令和4年度　技術士第二次試験答案用紙

受験番号	○:○:○:○:○:○:○:○	技術部門	機械	部門	※
問題番号	Ⅰ－2	選択科目	機構ダイナミクス・制御		
答案使用枚数	2枚目　3枚中	専門とする事項	交通機械		

○受験番号、問題番号、答案使用枚数、技術部門、選択科目及び専門とする事項の欄は必ず記入すること。
○解答欄の記入は、1マスにつき1文字とすること。（英数字及び図表を除く。）

2．最重要課題と課題に対する解決策
(1) 最重要課題の抽出
　課題(1)テレワークでの検査・点検の実現を最重要課題と判断した。生産・設備機械のテレワーク化は、遠隔地に出向く頻度を下げて業務を効率化し、作業者の負担も軽減する事が主な目的である。そのため、相対的に実施頻度が高い検査・点検をテレワーク化することが目的に沿って考えて効果的だからである。
(2) その課題に対する解決策
①検査・点検の自動化：現場で体感して得る情報をセンサで検知し、その情報に基づき自動で検査点検を行う。例えば、機械動作の異音の点検に代えて、現場で音を計測してオクターブバンド解析にかけて状態を自動判断する。正常動作で発生する音域では正常動作時の騒音レベルと比較し、正常動作で発生しない音域は暗騒音の騒音レベルと比較する事で自動判断できる。
②検査・点検の遠隔作業化：現場で体感して得る情報をセンサにより収集し、遠隔地に転送して健全性を判断する。例えば、機械機器の発錆は色々な態様が混在するためその健全性を自動判断することは難しい。そこで、機器の画像データを送付して遠隔地で確認する事で、現場で現物を見るのと同様に判断できる。
③メンテナンスレス化：設備機械の寿命に対して十分長い寿命を部品機器側で担保することで保全作業全般を不要とする事も、テレワーク実現の解決策となる。

●裏面は使用しないで下さい。　　　●裏面に記載された解答は無効とします。　　　24字×25行

令和4年度　技術士第二次試験答案用紙

受験番号	○○○○○○○○○○	技術部門	機械　　　部門	※
問題番号	Ⅰ-2	選択科目	機構ダイナミクス・制御	
答案使用枚数	3枚目　3枚中	専門とする事項	交通機械	

○受験番号、問題番号、答案使用枚数、技術部門、選択科目及び専門とする事項の欄は必ず記入すること。
○解答欄の記入は、1マスにつき1文字とすること。（英数字及び図表を除く。）

3．解決策の成果と波及効果

　提案した自動化と遠隔作業化により、現場で実施するのと同様に、テレワークでの検査・点検が可能となる。また、設備機械を構成する機器部品を長寿命化してメンテナンスレス化することは検査・点検を不要とできるだけでなく、機器交換の保守作業や、故障対応の頻度を下げる波及効果も得られる。

4．新たに生じる懸念事項と対応策

　自動化や遠隔化には対応するシステム開発やセンサ設備の導入コストがかかり、競争力低下を引き起こす懸念がある。また、テレワークでは現場で検査・点検作業を行うのに比べて得られる情報量が限られるため、技術者の保有知見が減少して生産・設備機械ひいてはものづくりを改善する力が低下してしまう懸念もある。対応策として、機械の状態や検査点検の処理に関する情報をデータベース化して分析活用する事で、設備改善に繋げて競争力を強化でき、更に教育にも活用する事で技術者の保有知見を強化できる。

5．倫理・持続性の観点からの必要要件と留意点

　検査・点検の自動化・遠隔化や機器のメンテナンスレス化での省力化技術は労働力確保による社会の持続性につながるため広い適用が望ましい。一方、更なる省力化にはAIの応用が欠かせないが、人命につながる検査・点検をAIに委ねる場合には倫理上の観点から機能用途を加味して慎重な検討が必要である。　　以上

●裏面は使用しないで下さい。　　　●裏面に記載された解答は無効とします。　　　24字×25行

7. 学習のポイント

① 必須科目（Ⅰ）の出題傾向をつかみましょう。

・過去問題を分析する

・出題想定パターン別に分類する

・1,800文字　2題中1題を選択

② 国策と社会の動向を意識しましょう。

・最新の白書3年分をチェックして国策と社会の動向をつかむこと

・国及び社会をあるべき姿にするための課題を確認する

・確認した課題を技術部門の課題へ落とし込むこと

・重要なキーワードに関する数字を覚えておくこと

③ 解答のポイント

・国及び社会の問題を技術部門全般に関する技術問題として捉えて「変換」すること

・知識だけで対応しようとせず、課題を分析して解決までの論旨を意識すること

・課題を解決した後に国及び社会があるべき姿になることが大事で、そのために将来起こりうるリスク評価もすること

・この業務を具体的に遂行することを考えて、技術者倫理の要件を抽出すること

● 第3章のレシピ（処方）●

素材チェック！

(起) 過去問題から出題形式を確認。

(承) 社会問題の情報収集をしっかり行う。

(転) 問いに対して、背景を踏まえ忠実に応える練習を徹底的に行う。

(結) 最後まで「部門人」であることをアピールする。

第3章のポイント

1. 出題の傾向と対策を怠らず、継続した学習が重要。

2. 国と社会の問題に関するキーワードへの対策が必須。

3. 社会と技術部門のつながりの理解を深める。

4. 所見には必ず、根拠となる数値を入れる。

5. 図表を活用することで、わかりやすさと字数をコントロールできる。

6. ストーリー性のある論述で、読み手に印象を与える。

7. コンピテンシーを意識した構成を訓練しておく。

かくし味（技術士の声）

社会と機械工学をひもづけて機械の部門人になろう！

第4章

選択科目（Ⅱ）対策

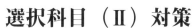

学習のポイント

　選択科目（Ⅱ）では、「選択科目」についての専門知識及び応用能力に関する論文問題が出題されています。

　日本技術士会によると、選択科目Ⅱ－1の出題内容は「選択科目」における重要なキーワードや新技術等に対する専門知識を問う、とあります。また、選択科目Ⅱ－2の出題内容は「選択科目」に関係する業務に関し与えられた条件に合わせて専門知識や実務経験に基づいて業務遂行手順が説明でき業務上で留意すべき点や工夫を要する点等についての認識があるかどうかを問う、とあります。そのため、幅広く適用される汎用的な「専門知識」と併せて技術士に求められる「業務遂行手順」を習得し、さらに今まで受験者自身が体験してきた具体的業務事例を使って説明できるようにあらかじめ準備しておくことが重要です。

　この章では、選択科目（Ⅱ）の試験問題を確認した後、その出題形式と傾向を解説し、論文解答のポイントを説明していきます。

1. 令和2年度～令和4年度　選択科目（Ⅱ）問題全文

1）令和4年度　選択科目（Ⅱ）問題全文

■機械設計

Ⅱ　次の2問題（Ⅱ－1、Ⅱ－2）について解答せよ。（問題ごとに答案用紙を替えること。）

　Ⅱ－1　次の4設問（Ⅱ－1－1～Ⅱ－1－4）のうち1設問を選び解答せよ。（緑色の答案用紙に解答設問番号を明記し、答案用紙1枚にまとめよ。）

　　Ⅱ－1－1　除去加工は、金属材料の不要な部分を除去して目的の形に加工する方法であり、切削加工・研削加工・研磨加工・特殊加工（放電加工、レーザー加工など）に分類される。これらの分類から3つを選択し、それぞれの分類で使用される工作機械を1つずつ挙げて、その加工方法及び特徴を説明せよ。

　　Ⅱ－1－2　S－N線図について説明し、繰り返し荷重や変動荷重を受ける機械構造物の疲労設計について述べよ。

　　Ⅱ－1－3　回転体と固定部の間に設置され、異物の侵入を防止したり、内外部の気体や液体などの流体が漏れ出て圧力が変化することを防いだりする密封構造（シール構造）を3つ挙げ、それぞれの特徴、使用上の注意点を述べよ。

　　Ⅱ－1－4　VE（Value Engineering）5つの基本原則のうち3つを挙げ、その意味とVEを進めるための手順を説明せよ。

　Ⅱ－2　次の2設問（Ⅱ－2－1、Ⅱ－2－2）のうち1設問を選び解答せよ。（青色の答案用紙に解答設問番号を明記し、答案用紙2枚を用いてまとめよ。）

　　Ⅱ－2－1　コンピュータシミュレーションを活用した構造設計において、制御系と構造系、熱・流体系と構造系など、多くの設計領域を考慮した複合領域の設計が重要となる。あなたは製品開発のリーダーとして、機

械製品を対象にした複合領域の設計に取り組み、要求される機能を満た
す製品の設計をまとめることになった。業務を進めるに当たって、下記
の問いに答えよ。

(1) 開発製品を具体的に1つ示し、複合領域の設計を進める理由を説明
　　せよ。また、調査、評価すべき事項とその理由を説明せよ。

(2) 複合領域の設計を進める上での留意点を述べよ。

(3) 業務を組織的、効果的に進めるための関係者との調整方法について
　　述べよ。

Ⅱ－2－2　あなたは市場において品質不具合を発生させないように、品質
　　工学を用い、製品機能の安定性（ロバスト性）を評価する機能性評価を
　　取り入れた製品開発に取り組むことになった。業務を進めるに当たって、
　　下記の問いに答えよ。

(1) 具体的な製品を挙げ、調査、検討すべき事項とその内容について説
　　明せよ。

(2) 業務を進める手順を列挙して、それぞれの項目ごとに留意すべき点、
　　工夫を要する点を述べよ。

(3) 業務を効率的、効果的に進めるための関係者との調整方策について
　　述べよ。

■材料強度・信頼性

Ⅱ　次の2問題（Ⅱ－1、Ⅱ－2）について解答せよ。（問題ごとに答案用紙を
　　替えること。）

　Ⅱ－1　次の4設問（Ⅱ－1－1～Ⅱ－1－4）のうち1設問を選び解答せよ。
　　（緑色の答案用紙に解答設問番号を明記し、答案用紙1枚にまとめよ。）

　　Ⅱ－1－1　ある材料のせん断応力－せん断ひずみ関係が図1のようにモデ
　　　ル化されている。この材料を用いて図2に示すような厚肉中空円筒につ
　　　いて角度制御のねじり試験を行うものとして、推定されるトルク－ねじ
　　　り角線図のおよその形を描き、線図内に現れる特徴的な点を挙げてその
　　　力学的な意味について説明せよ。

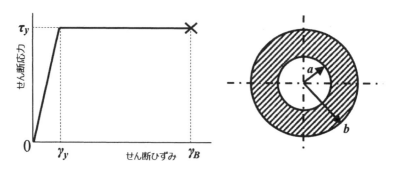

図1　せん断応力－せん断ひずみ線図　　図2　厚肉中空円筒断面図

Ⅱ－1－2　高温環境下で日々起動停止する鉄鋼製の機械・構造物を設計
する際に、高温環境で特徴的に見られる材料の力学的挙動を踏まえて、
考慮すべき破損様式を挙げ、その特徴を述べよ。また、その破損様式に
対する強度評価法について説明せよ。

Ⅱ－1－3　複数種の部材を用いて引張り荷重のみが作用するように設計
された構造物において、部材の破損確率を支配する因子を3つ示せ。ま
た、この構造物のすべての部材の安全裕度が同じ場合であっても、それ
ぞれの部材で破損確率が異なる場合がある理由を先に挙げた3つの因子
と関連付けて述べよ。

Ⅱ－1－4　繰返し負荷や衝撃荷重を受ける機器などでは、材料強度を評
価するうえでひずみ速度依存性を考慮することが重要である。ひずみ速
度依存性について概要を説明するとともに強度を評価する際の留意点を
述べよ。

Ⅱ－2　次の2設問（Ⅱ－2－1、Ⅱ－2－2）のうち1設問を選び解答せよ。
（青色の**答案用紙に解答設問番号**を明記し、答案用紙**2枚**を用いてまとめよ。）
　Ⅱ－2－1　自社内で開発された機器の数台が工場の生産ラインに供用さ
　　れている。この機器は異なる要因により生じ大きさと頻度の異なる複数
　　種の繰返し荷重を受けるものであるが、長期にわたって運用しつつある
　　うち、設計寿命に至る前に金属製部品が破損し深刻な労災事故を起こし
　　た。あなたがこの事故に対応するために緊急設置されたチームのリー

ダーであるとして次の設問に答えよ。

(1) 緊急に対策すべき事項及び調査・検討すべき事項を示し、それらの内容について説明せよ。

(2) 事故の再発を防止するための対策を立案する手順を列挙し、それぞれの項目ごとに留意すべき点について述べよ。

(3) 一連の事故対策を実施するに当たり、それぞれの段階において必要となる関係者との調整方策について述べよ。

Ⅱ－2－2 稼働中の回転機器において異常振動が生じる事象が発生した。あなたは、設備保全の責任者として原因調査及び対策案の策定を実施することとなった。このとき、具体例を想定して下記の内容について記述せよ。

(1) 異常振動の発生要因について調査すべき事項とその内容について説明せよ。あわせて、それぞれの発生要因への対策案について述べよ。

(2) 発生要因の調査及び対策案の策定における業務を進めるうえで、それぞれの項目ごとに留意すべき点、工夫を要する点を述べよ。

(3) 保全責任者として業務を効率的、効果的に進めるための関係者との調整方策を述べよ。

■機構ダイナミクス・制御

Ⅱ 次の2問題（Ⅱ－1、Ⅱ－2）について解答せよ。（問題ごとに答案用紙を替えること。）

Ⅱ－1 次の4設問（Ⅱ－1－1～Ⅱ－1－4）のうち1設問を選び解答せよ。（緑色の答案用紙に解答設問番号を明記し、答案用紙1枚にまとめよ。）

Ⅱ－1－1 FFTの概要を説明せよ。また、計測されたアナログ信号をA/D変換し、FFTにより周波数分析する際、起こり得るエリアジングについての説明とこれを防止する方法を述べよ。

Ⅱ－1－2 自動車の終減速装置で用いられる差動歯車装置の構造、働き、主な用途における問題点とその対応策を述べよ。

Ⅱ－1－3 ロボットアームを用いて物体をある位置から別の位置に移動させる際、より高速に移動しようとすると有害振動等により位置決め精度

が低下してしまう。この場合、高速化によって位置決め精度を低下させ
ないような対応策を2つ具体的に述べ、それぞれの対応策の留意点も述
べよ。

Ⅱ－1－4　振動絶縁装置の機能と原理、実際に適用された事例を説明し、
振動絶縁装置の減衰が振動絶縁性能に及ぼすメリットとデメリットにつ
いて述べよ。

Ⅱ－2　次の2設問（Ⅱ－2－1、Ⅱ－2－2）のうち1設問を選び解答せよ。
（青色の**答案用紙に解答設問番号を明記**し、答案用紙2枚を用いてまとめよ。）
Ⅱ－2－1　コンピュータシミュレーションの活用は、製品の設計・開発
段階のみならず、3Dプリンティング技術における設計の最適化による
新たな工法の導入など製造段階にも広がっている。一方、コンピュータ
シミュレーションの産業利用においては、結果が経済的損失や人命に関
わることもあり、コンピュータシミュレーション結果の信頼性の確保は
極めて重要である。コンピュータシミュレーションを活用して新たな製
品を開発、市場に投入するに当たり、製品開発の責任者として下記の設
問に回答せよ。

（1）コンピュータシミュレーションの「結果の信頼性」と、コンピュー
　　タシミュレーションを用いた「設計での留意点」を、それぞれの観点
　　から、調査、検討すべき事項とその内容について説明せよ。

（2）業務を進める手順を列挙して、それぞれの項目ごとに留意すべき点、
　　工夫を要する点を述べよ。

（3）業務を効率的、効果的に進めるための関係者との調整方法について
　　述べよ。

Ⅱ－2－2　家電製品から自家用車、産業機器までのあらゆる分野で電子
化が進み、ソフトウェアによって制御されることにより動作する機械が
一般的となった。それに伴い、例えば自動車のパワーステアリングやブ
レーキなど、電子化された機械において誤動作や突然の作動停止が発生
すると、ドライバーが車両の動きを制御できずに人命にかかわる事故と
なりうる事象が発生する。このような事象に対して安全性が要求され、

かつソフトウェアによって制御される機械の開発責任者として業務を進めるに当たり、次の問いに答えよ。

(1) 本質安全と機能安全の違いを述べたうえで、機能安全の実現のための検討すべき重要なポイントを3つと、その内容について説明せよ。

(2) 機能安全の実現のためには、製品に潜む危険の抽出や製品が万一故障したときに発生する可能性のある危険事象を抽出して、それらに対策を施すために安全分析が行われる。安全分析方法として代表的なFTA・FMEAについて簡潔に説明したうえで、両者を用いて業務を進める手順を列挙して、それぞれの項目ごとに留意すべき点、工夫を要する点を述べよ。

(3) 機能安全を適用するシステムを開発委託する場合、業務を効率的、効果的に進めるための関係者（カスタマー及びサプライヤー）との調整方策について述べよ。

■熱・動力エネルギー機器

Ⅱ　次の2問題（Ⅱ－1、Ⅱ－2）について解答せよ。（問題ごとに答案用紙を替えること。）

Ⅱ－1　次の4設問（Ⅱ－1－1～Ⅱ－1－4）のうち1設問を選び解答せよ。（緑色の答案用紙に解答設問番号を明記し、答案用紙1枚にまとめよ。）

Ⅱ－1－1　大気圧での沸点が異なる冷媒A（沸点－52℃）と冷媒B（沸点－30℃）を所定の質量割合で混ぜた非共沸混合冷媒を空調用ヒートポンプサイクルに利用した場合について、冷媒状態変化を温度（T）－比エントロピ（s）線図を用いて説明し、非共沸混合冷媒利用のヒートポンプサイクルとしての特徴を述べよ。なお、サイクル動作時の熱源温度（40℃、28℃一定とする）を、冷媒の飽液線、飽和蒸気線とともに$T-s$線図に明記すること。また、成績係数に関連した設計課題を述べよ。

Ⅱ－1－2　設置間もない家庭用エアコンの暖房運転時の室内熱交換器（伝熱銅管とアルミニウムフィンを機械拡管により圧接した一般的なクロスフィンチューブ型熱交換器）を想定して、50℃の高温流体（冷媒）から15℃の低温流体（空気）への伝熱過程を説明し、この過程で生ずる諸熱

抵抗を大きい順に3つ挙げ、温度プロファイルを概算して図示せよ。

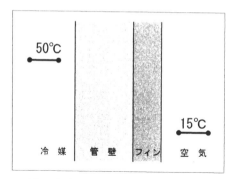

図1　温度プロファイル図示イメージ　　図2　実際の管断面拡大像

Ⅱ−1−3　現在稼働している新鋭の石炭及び天然ガス焚き事業用火力発電所のCO_2排出係数（送電端）を、燃料の発熱量・炭素排出係数・送電端効率の値を示すとともに計算によって求めよ。また、CO_2排出係数を下げるための技術的手段を1つ挙げ、その原理について説明せよ。なお、石炭の炭素含有量は65%（気乾ベース）とする。

Ⅱ−1−4　再生可能エネルギーの電力貯蔵として水電解による水素製造が注目されている。温度の異なる水電解技術を2種類挙げ、それぞれの特徴を説明せよ。また、それらの水電解技術1つを選んで再生可能エネルギーの電力を水素として貯蔵し再度電力を取り出すまでの総合効率を具体的数値で示し、二次電池による電力貯蔵と比較せよ。

Ⅱ−2　次の2設問（Ⅱ−2−1、Ⅱ−2−2）のうち1設問を選び解答せよ。
（青色の答案用紙に解答設問番号を明記し、答案用紙2枚を用いてまとめよ。）

Ⅱ−2−1　ある製造業の事業所敷地内では、高温空気による乾燥工程からの300℃程度の排気熱があり、あなたはこの未利用熱の回収によって工場の省エネ化を図る業務遂行チームのリーダーとなった。下記の内容について記述せよ。

（1）排気熱の回収による省エネ化に係る調査、検討すべき事項とその内容について、説明せよ。

（2）業務を進める手順を列挙したうえで、排気熱の回収機器について留

意すべき点、工夫を要する点を述べよ。

(3) 業務を効率的、効果的に進めるための関係者との調整方策について
述べよ。

Ⅱ−2−2　電力供給能力がひっ迫する冬季に、ある火力発電所の主要機
器本体での機械的損傷が想定される異常を検知し、非常停止に至った。
異常を検知した機器の納入メーカ側技術責任者として、復旧対応業務を
行うに当たり、下記の内容について記述せよ。

(1) 対象とする発電所を石炭火力発電所、またはガスタービンコンバイ
ンドサイクル発電所の中から、非常停止に至る異常を検知した対象の
機器をボイラ（排熱回収ボイラでも可）、ガスタービン、蒸気タービン、
給水加熱器、復水器の中から、それぞれ選択し、検知した内容を1つ
任意に設定したうえで、調査、検討すべき事項とその内容について説
明せよ。

(2) 留意すべき点、工夫を要する点を含めて業務を進める手順について
述べよ。

(3) 業務を効率的、効果的に進めるための関係者との調整方策について
述べよ。

■流体機器

Ⅱ　次の2問題（Ⅱ−1、Ⅱ−2）について解答せよ。（問題ごとに答案用紙を
替えること。）

Ⅱ−1　次の4設問（Ⅱ−1−1〜Ⅱ−1−4）のうち1設問を選び解答せよ。
（緑色の答案用紙に解答設問番号を明記し、答案用紙1枚にまとめよ。）

Ⅱ−1−1　質量流量 q_m の流体を流す予定の、内径Dの直管がある。管摩
擦係数 λ を、ムーディ線図（下図はその略図）から求める手順について
説明せよ。ただし、必要な物理量を示し、無次元数、及び下図の横軸・
縦軸・曲線に言及することとする。なお、管内全域で流れは乱流とする。

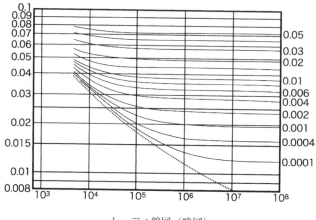

ムーディ線図（略図）

II－1－2　風速を計測する方法の1つとして、ピトー管とマノメータの組合せがあるが、その測定原理について説明せよ。

II－1－3　ターボ機械の開発初期段階において、回転翼列1ピッチ分を対象とした定常CFD解析を実施する。解析メッシュは高Re数粘性流れの解析に十分な数と質が確保されている。この解析の後処理に際して確認すべき事項、注目すべき評価断面及び部位、物理量や流体特性について説明せよ。

II－1－4　遠心型ターボ機械のうち、被動機では羽根車の内径側を流体の入口とし、原動機では外径側を入口にすると良い理由を説明せよ。

II－2　次の2設問（II－2－1、II－2－2）のうち1設問を選び解答せよ。
（青色の答案用紙に解答設問番号を明記し、答案用紙2枚を用いてまとめよ。）

II－2－1　非定常流体計測においては、計測対象とする流体、データ取得法、データ解析法に関する調査・検討が必須である。あなたは、自社製品の品質保証のための非定常流体計測の担当責任者として、十分な時間応答性を持つ非定常圧力計測システムの構築業務を進めることになった。下記の内容について説明せよ。

(1) 調査・検討すべき事項とその内容について説明せよ。

(2) 業務を進める手順について、留意するべき点、工夫を要する点を含

めて述べよ。

(3) 業務を効率的、効果的に進めるための関係者との調整方策について述べよ。

II－2－2　吸込水槽から揚水するために、インバータにより回転数制御するターボ型ポンプが設置されている。これを通常よりも高回転で運転したところ、高回転で予定した流量が得られず、流体現象に起因する騒音を生じた。なお、回転数を戻すと通常の運転状態に戻った。このポンプシステムを管理している組織からこの状況の説明を受け、この流量低下の原因の解明を依頼された技術者として下記の内容について記述せよ。なお、性能低下の解決方法を記述する必要はない。

(1) 調査、検討すべき事項とその内容について説明せよ。

(2) 業務を進める手順を列挙して、それぞれの項目ごとに留意すべき点、工夫を要する点を述べよ。

(3) 業務を効率的、効果的に進めるための関係者との調整方法について述べよ。

■加工・生産システム・産業機械

II　次の2問題（II－1、II－2）について解答せよ。（問題ごとに答案用紙を替えること。）

II－1　次の4設問（II－1－1〜II－1－4）のうち1設問を選び解答せよ。
（緑色の答案用紙に解答設問番号を明記し、答案用紙1枚にまとめよ。）

II－1－1　ミクロンレベルの加工精度が要求される機械加工設備では各部の熱変形の影響が無視できない。2メートル角の大きさの設備を仮定し、加工精度向上のための方策3つについてそれぞれ熱源を明確化したうえで説明せよ。

II－1－2　機械加工の取り代をなくし、素形材の表面を製品の一部として利用する工法はネットシェイプ加工と呼ばれている。塑性加工によるネットシェイプ化の効果と技術的課題について述べよ。

II－1－3　単一品種の製品を組み立てる製造ラインを編成する手順について記述せよ。

Ⅱ－1－4　製造工程で生じる、外観や目視では判別できない欠陥を非破壊で検査する方法を2つ挙げ、それぞれについてその原理と特徴を述べよ。

Ⅱ－2　次の2設問（Ⅱ－2－1、Ⅱ－2－2）のうち1設問を選び解答せよ。
（青色の答案用紙に解答設問番号を明記し、答案用紙2枚を用いてまとめよ。）

Ⅱ－2－1　オーバーハングした自由曲面のような複雑形状の加工を行うために多軸加工機の導入を検討している。工具と工作物の接触に伴ってこれらの間に直列の力学的連鎖が形成されることを考えた場合、軸数の増加に伴って運動自由度は増すものの多様な課題が想定される。この導入業務の担当責任者に選ばれたとして、下記の内容を記述せよ。

(1) 調査、検討すべき事項とその内容について説明せよ。

(2) 業務を進める手順を列挙し、それぞれの項目ごとに留意すべき点、工夫を要する点を述べよ。

(3) 業務を効率的、効果的に進めるための関係者との調整方法について述べよ。

Ⅱ－2－2　製造工程のうち、組立工程はその作業が複雑で多岐にわたるため、作業の完全自動化は困難で、多くの作業が人手に依存することになる。従来は、このような組立作業は、コンベアラインによる流れ作業であった。そこで、敢えてコンベアラインによる流れ作業ではなく、極めて少人数で製品の一台を組み立てる「人間中心型生産システム」を導入することになった。あなたがこのような生産システムを導入する責任者になったとして、その業務を進めるに当たり下記の内容について記述せよ。

(1) 人間中心型生産システムの立ち上げに先立って、あらかじめ調査及び検討しておくべき事項とその内容について説明せよ。

(2) システムを立ち上げる手順を列挙して、それぞれの項目ごとに留意すべき点、工夫を要する点を述べよ。

(3) この導入業務を効率的効果的に進めるために、関連部門の関係者とどのような調整を行うべきかについて述べよ。

2）令和3年度　選択科目（Ⅱ）問題全文

■機械設計

Ⅱ　次の2問題（Ⅱ－1、Ⅱ－2）について解答せよ。（問題ごとに答案用紙を替えること。）

Ⅱ－1　次の4設問（Ⅱ－1－1～Ⅱ－1－4）のうち1設問を選び解答せよ。（緑色の答案用紙に解答設問番号を明記し、答案用紙1枚にまとめよ。）

Ⅱ－1－1　非破壊試験の方法を2つ挙げ、それぞれの原理、特徴及び主に適用可能な対象について述べよ。

Ⅱ－1－2　回転する軸を支える機械要素として、すべり軸受の特徴と使用上の留意点を、転がり軸受と対比して説明せよ。

Ⅱ－1－3　以下に示す金属表面処理の中から2つを選び、その原理と特徴についてそれぞれ述べ、製品例を示せ。

電気めっき、化学めっき、真空めっき、溶射、陽極酸化被膜

Ⅱ－1－4　以下に示す熱可塑性プラスチックの中から3つを選び、その特徴と用途例についてそれぞれ述べよ。

ABS樹脂（ABS）、ポリアミド（PA）、ポリカーボネート（PC）、ポリエチレン（PE）、ポリエチレンテレフタレート（PET）、メタクリル樹脂（PMMA）、ポリプロピレン（PP）、ポリ塩化ビニル（PVC）

Ⅱ－2　次の2設問（Ⅱ－2－1、Ⅱ－2－2）のうち1設問を選び解答せよ。（青色の答案用紙に解答設問番号を明記し、答案用紙2枚を用いてまとめよ。）

Ⅱ－2－1　設計初期段階で構造解析などシミュレーションを繰返し実施し、製品の機能に合わせた過不足のない最適形状を実現する最適設計は重要である。あなたは新製品開発のリーダーとして機械構造物の最適設計を行い、要求された機能を満たす製品の設計をまとめることになった。業務を進めるに当たって、下記の問いに答えよ。

(1) 開発製品を具体的に1つ示し、形状最適化を行うに当たって調査、検討すべき事項とその内容について説明せよ。

(2) 最適設計を進める手順について、留意すべき点、工夫を要する点を含めて述べよ。

(3) 業務を効率的、効果的に進めるための関係者との調整方策について述べよ。

Ⅱ－2－2 一般に機械製品には稼働中に温度の上昇する部位があり、冷却や熱変形を考慮した熱・温度設計を行うことが必要となる。あなたは製品開発のリーダーとして、熱・温度変化を考慮しつつ要求された機能を満たす製品の設計をまとめることになった。業務を進めるに当たって、下記の問いに答えよ。

(1) 開発する機械製品を具体的に1つ示し、熱・温度設計を行う際に、調査、検討すべき事項を3つ挙げその内容について説明せよ。

(2) 上記調査、検討すべき事項の1つについて、留意すべき点、工夫を要する点を含めて業務を進める手順を述べよ。

(3) 機械製品の設計担当者として、業務を効率的、効果的に進めるための関係者との調整方策について述べよ。

■材料強度・信頼性

Ⅱ 次の2問題（Ⅱ－1、Ⅱ－2）について解答せよ。（問題ごとに答案用紙を替えること。）

Ⅱ－1 次の4設問（Ⅱ－1－1～Ⅱ－1－4）のうち1設問を選び解答せよ。（緑色の答案用紙に解答設問番号を明記し、答案用紙1枚にまとめよ。）

Ⅱ－1－1 長繊維の一方向強化材（プリプレグ）を積層して製造した炭素繊維強化プラスチック（CFRP）積層板を構造強度部材に利用する場合、材料強度・信頼性の観点から留意すべき点を2つ挙げてアルミニウム合金との比較として説明せよ。

Ⅱ－1－2 単軸応力状態にある一様断面部材を想定する。この部材の設計パラメータは強度Rと荷重Lの2つであり、破損は荷重が強度を超えたときに生じるものとする。強度と荷重にはばらつきがあり統計学的には正規分布に従うとして、この部材の破損確率の求め方を述べよ。また逆に荷重と破損確率の目標値が与えられたとき、必要な強度を簡易な式

を用いて決定することが行われているが、そのような設計式の考え方について述べよ。

Ⅱ－1－3 熱応力の発生メカニズムを説明せよ。熱応力に対する強度設計上留意すべき点を2つ挙げ説明し、その対策を述べよ。

Ⅱ－1－4 溶接部で発生する応力腐食割れの要因を3つ挙げ、それぞれの要因と防止策について説明せよ。

Ⅱ－2 次の2設問（Ⅱ－2－1、Ⅱ－2－2）のうち1設問を選び解答せよ。（青色の答案用紙に解答設問番号を明記し、答案用紙2枚を用いてまとめよ。）

Ⅱ－2－1 近年、大規模な自然災害や感染症の流行、治安上の問題などの要因で、原材料や部品など中間財のサプライチェーン寸断の事例が増えている。サプライチェーン強靭化の対策の1つとして、既存の機械製品において、規格品や標準品の構造要素・部品の採用を進めることとなった。技術責任者として、材料強度・信頼性の観点で以下の内容について記述せよ。

(1) 調査・検討すべき事項とその内容について説明せよ。

(2) 業務を進める手順を列挙して、それぞれの項目ごとに留意すべき点、工夫を要する点を述べよ。

(3) 業務を効率的、効果的に進めるための関係者との調整方策について述べよ。

Ⅱ－2－2 機械設備では、その供用期間中に劣化が生じる。設備の保全部門の技術責任者として、当該設備を経済的に継続使用する方法について検討することとなった。具体例を想定して、下記の内容について記述せよ。

(1) 設備の劣化に対して、材料強度・信頼性の観点から調査、検討すべき事項とその内容について説明せよ。

(2) 設備の経済的な継続使用に関する検討業務を進める上で、留意すべき点、工夫すべき点を述べよ。

(3) 上記の業務のそれぞれを効率的、効果的に進めるための関係者との調整方策について述べよ。

■機構ダイナミクス・制御

II　次の2問題（II－1、II－2）について解答せよ。（問題ごとに答案用紙を替えること。）

II－1　次の4設問（II－1－1～II－1－4）のうち1設問を選び解答せよ。（緑色の答案用紙に解答設問番号を明記し、答案用紙1枚にまとめよ。）

II－1－1　車両の走行時に駆動用モータを回生ブレーキとして使用するときの原理と特長、及び使用上の留意点を述べよ。

II－1－2　動吸振器は副振動系の慣性力を利用した制振装置である。制振する対象を簡単に説明し、動吸振器のパラメータを決定して実際に適用するまでの方法と留意点を具体的に述べよ。

II－1－3　車両の駆動用電動機等に採用が進んでいる永久磁石式ブラシレスモータについて、その構造と特長を示せ。また、体格を変えずに出力向上を図る場合の技術的方策を述べよ。

II－1－4　開ループ伝達関数GがG＝N／Dで表される制御対象の出力に定係数Kをかけてフィードバック制御したときに、フィードバック制御系が安定になるKの条件を述べよ。また、設置当初は安定であった上記のフィードバック制御系が、連続運転中に発振を起こした場合に考えられる主な原因と対策を述べよ。

II－2　次の2設問（II－2－1、II－2－2）のうち1設問を選び解答せよ。（青色の答案用紙に解答設問番号を明記し、答案用紙2枚を用いてまとめよ。）

II－2－1　持続可能な機械システムを構築するためには、①エネルギー効率向上と、②環境保全・3R（リデュース、リユース、リサイクル）が重要になる。これらを効果的に進める手段の1つに軽量化がある。しかし軽量化を推進するに当たっては、様々な課題があるのも事実である。そこでこの業務の担当責任者として、下記設問にしたがって記述せよ。

(1)　軽量化を進めるに当たって、①、②のそれぞれの観点から調査、検討すべき事項とその内容について説明せよ。

(2)　業務を進める手順と、その際に留意すべき点、工夫を要する点を述べよ。

(3) 業務を効率的に、効果的に進めるための関係者との調整方策について述べよ。

Ⅱ-2-2　大きく生産ラインを変更することになり、従来は複数の作業者で行っていた複雑な組立作業を、協働ロボットを導入して効率化を図ることになった。導入において、「人間の作業性」、「稼働率」、「安全性」の3つの観点から十分なシステムインテグレーションを行いたい。この業務の担当責任者として業務を進めるに当たり、下記の内容について記述せよ。

(1) 調査・検討すべき事項とその内容について上記3つの観点から説明せよ。

(2) 業務を進める手順を列挙して、それぞれの項目ごとに留意すべき点、工夫を要する点を含めて述べよ。

(3) 業務を効率的に、効果的に進めるための関係者との調整方策について述べよ。

■熱・動力エネルギー機器

Ⅱ　次の2問題（Ⅱ-1、Ⅱ-2）について解答せよ。（問題ごとに答案用紙を替えること。）

Ⅱ-1　次の4設問（Ⅱ-1-1～Ⅱ-1-4）のうち1設問を選び解答せよ。（緑色の答案用紙に解答設問番号を明記し、答案用紙1枚にまとめよ。）

Ⅱ-1-1　作動流体にCO_2を用いる家庭用ヒートポンプ給湯機の原理を、温度（T）－比エントロピ（s）線図を用いて説明し、CO_2の特徴とヒートポンプ給湯機に用いることの利点を説明せよ。また、成績係数を低下させる利用環境をその理由とともに述べよ。

Ⅱ-1-2　熱伝達率α［W／(m^2・K)］の一般的な定義とそれを整理する無次元数について説明し、$\alpha=1\sim10$、$100\sim1000$の2つの領域となる伝熱現象について、それぞれの現象を含む伝熱機器の具体例を挙げて述べよ。また、$\alpha>10000$となる場合の伝熱現象について伝熱機器の具体例を挙げて説明し、その伝熱促進方法を1つ述べよ。

Ⅱ-1-3　単位質量当たりの固体燃料が燃焼する際に必要な理論空気量

A_0［m^3/kg］を、固体燃料の元素分析値より求めたい。その方法について、燃焼に関与する化学反応式とともに説明せよ。また、空気比（＝実際に投入された空気量／理論空気量）により燃焼状態がどのように変化するか述べるとともに、ボイラの運用で用いられている空気比の値を述べよ。

Ⅱ－1－4　水の臨界点の圧力［MPa］、温度［K］をそれぞれ有効数字2桁で示し、ランキンサイクルにおいて、昇圧後の圧力が作動流体の臨界圧力を超える場合と超えない場合について、温度（T）－比エントロピ（s）線図上の違いを述べよ。また、一段抽気再生ランキンサイクルの熱効率を、比エンタルピhを用いて説明せよ。ただし、主流に対する抽気流量の割合m（$0 < m < 1$）を用いてよく、圧縮過程でのポンプ仕事は無視できるものとしてよい。

Ⅱ－2　次の2設問（Ⅱ－2－1、Ⅱ－2－2）のうち1設問を選び解答せよ。
（青色の答案用紙に解答設問番号を明記し、答案用紙2枚を用いてまとめよ。）

Ⅱ－2－1　マグロに代表される冷凍水産物やワクチンなどの医薬品の流通では極低温を維持できるコールドチェーンが必要である。このような低温製品を流通させるための－50℃から－70℃程度に保持できる車載用冷凍コンテナが開発されることになった。あなたがこのコンテナに搭載する圧縮式冷凍ユニットの開発責任者に選ばれた場合を想定して、下記の内容について記述せよ。

　(1) 調査、検討すべき事項とその内容について説明せよ。

　(2) 冷凍ユニットの構成を示したうえで、その冷凍ユニットについて留意すべき点、工夫を要する点を含めて業務を進める手順について述べよ。

　(3) 業務を効率的、効果的に進めるための関係者との調整方法について述べよ。

Ⅱ－2－2　自家消費用として原動機に7MW級ガスタービンを、熱需要向けに排熱ボイラを用いた熱併給発電設備（コージェネレーション）を導入して15年が経過している機械製品工場において、主要製品の転換が起こりつつあり、工場内の製造工程向け蒸気需要が半分以下に減少す

る一方で、研究棟や事務棟の建設により電力並びに空調の需要増大が見込まれている。あなたが、工場の技術責任者として、設備の一部流用も可能性に含めた設備更新の計画業務を行うに当たり、下記の内容について記述せよ。

(1) 調査、検討すべき事項とその内容について、説明せよ。

(2) 更新後の熱併給発電設備の機器構成を想定し、その構成とエネルギーフローを説明したうえで、機器構成決定を含めた業務を進める手順について、留意すべき点、工夫を要する点を含めて述べよ。

(3) 業務を効率的、効果的に進めるための関係者との調整方策について述べよ。

■流体機器

Ⅱ　次の2問題（Ⅱ-1、Ⅱ-2）について解答せよ。（問題ごとに答案用紙を替えること。）

Ⅱ-1　次の4設問（Ⅱ-1-1～Ⅱ-1-4）のうち1設問を選び解答せよ。（緑色の答案用紙に解答設問番号を明記し、答案用紙1枚にまとめよ。）

Ⅱ-1-1　十分に長い直径 d の円断面の直管が前後につながる90度曲がり管があり、内側をニュートン流体が流れている。曲がり管の曲率半径を R とし、R/d が6以下の場合について、曲がり管出口から距離 d 下流の直管部の断面に生じる二次流れと、管軸方向速度分布を、上流側直管の向きが分かるようにして図示し、そのようになる理由を曲がりによる損失の原因とともに説明せよ。ただし、レイノルズ数は 1×10^5 程度とし、キャビテーションは生じていない非圧縮性流体とする。

Ⅱ-1-2　圧力性能曲線（流量と圧力の関係）が上に凸の二次曲線形状を持つ被動機に下流配管が設けられている場合を考える。圧力性能曲線が正勾配となる流量範囲、あるいは、負勾配となる流量範囲、それぞれで作動している状況下で、流量がわずかに増加あるいは減少した結果として生じる流量の変化について説明せよ。また、これを元に被動機の作動安定性を勾配に関係づけて説明せよ。さらに、下流配管の抵抗曲線も含めて作動点に言及することにより、この被動機の適切な使用流量範囲

について説明せよ。

Ⅱ－1－3　流れ場を視認する方法として流れの可視化があるが、例えば換気状況を観察したい場合にトレーサ粒子を用いた流れの可視化は簡単で便利な手法と言える。気流を可視化するのに用いられるトレーサ粒子、シーディング方法、照明方法、留意すべき事柄について説明せよ。

Ⅱ－1－4　断面積が一定の配管内を十分に発達した気液二相流が流れている。配管断面における二相流中の気相質量流量割合（クオリティ）と気相が占める面積の割合（ボイド率）との関係について述べよ。

Ⅱ－2　次の2設問（Ⅱ－2－1、Ⅱ－2－2）のうち1設問を選び解答せよ。
（青色の**答案用紙に解答設問番号を明記**し、答案用紙2枚を用いてまとめよ。）

Ⅱ－2－1　河川の洪水災害の予防や減災、復旧のために排水用可搬式ポンプの重要性が高まっている。ある自治体内の洪水が予想される複数の危険箇所に機動的に使用できる排水用可搬式ポンプの設計プロジェクトの責任者を担当することになった。この業務を進めるに当たり、下記の内容について記述せよ。

(1) 調査、検討すべき事項とその内容について説明せよ

(2) 業務を進める手順を列挙して、それぞれの項目ごとに留意すべき点、工夫を要する点を述べよ

(3) 業務を効率的に進めるための関係者との調整方策について述べよ。

Ⅱ－2－2　ターボポンプの開発においては、ポンプ内でのキャビテーションの発生や、それに起因する諸問題に関する検討、それらへの対策は必須である。あなたは、ポンプの設計・開発担当責任者として、ポンプのキャビテーションに関する調査・検討・対策の業務を進めることになった。下記の内容について説明せよ。

(1) 調査・検討すべき事項とその内容について説明せよ。

(2) 業務を進める手順について、留意するべき点、工夫を要する点を含めて述べよ。

(3) 業務を効率的、効果的に進めるための関係者との調整方策について述べよ。

■加工・生産システム・産業機械

Ⅱ　次の2問題（Ⅱ−1、Ⅱ−2）について解答せよ。（問題ごとに答案用紙を
替えること。）

Ⅱ−1　次の4設問（Ⅱ−1−1〜Ⅱ−1−4）のうち1設問を選び解答せよ。
（緑色の答案用紙に解答設問番号を明記し、答案用紙1枚にまとめよ。）

Ⅱ−1−1　機械加工された部品寸法の測定値に含まれる誤差には、測定
毎のばらつきを示す「偶然誤差（random error)」に加えて正しい寸法
からのずれ「系統誤差（systematic error)」が含まれ、測定器の特性や
設置状況、さらに雰囲気等の影響を受ける。公称直径100 mmの内径寸
法測定を想定し、「偶然誤差」や「系統誤差」の観点から測定誤差を小
さくするための方策3つを説明せよ。

Ⅱ−1−2　近年、代表的な機械式プレスの1つであるクランクプレスにつ
いて、駆動源をサーボモータとするサーボプレスが普及している。従来
タイプのクランクプレスに対するこのサーボプレスの特徴を記述せよ。

Ⅱ−1−3　ある部品を製造する素形材工程、機械加工工程、組立工程の
3工程からなる製造ラインがある。このラインで、後工程からの引き取
り情報を利用して順次補充製造を繰返す「カンバン方式」を導入した時
の利点を3つ挙げよ。

Ⅱ−1−4　設備総合効率（OEE）は、時間稼働率、性能稼働率、良品率
の3項の積で求められる。各項の定義を記述せよ。またこれらを大きく
悪化させる要因を1つずつ挙げ、それぞれを向上させる最近の技術的な
対策について解説せよ。

Ⅱ−2　次の2設問（Ⅱ−2−1、Ⅱ−2−2）のうち1設問を選び解答せよ。
（青色の答案用紙に解答設問番号を明記し、答案用紙2枚を用いてまとめよ。）

Ⅱ−2−1　加工プロセスは環境に負荷を与えている。切削を例に挙げる
と電力消費に加えて切削液や洗浄液等を含めた廃棄物の処理による環境
負荷も考える必要がある。あなたが携わっているプロセスについて環境
負荷の要因分析、定量化、及び軽減計画を策定することになり、この業

務の担当責任者に選ばれたとして、下記の内容を記述せよ。

(1) 調査、検討すべき事項とその内容について説明せよ。

(2) 業務を進める手順を列挙し、それぞれの項目ごとに留意すべき点、工夫を要する点を述べよ。

(3) 業務を効率的、効果的に進めるための関係者との調整方法について述べよ。

Ⅱ－2－2　穴付き外歯歯車部品の機械加工の量産ラインを2年程度の準備期間で新規に導入し、試作を経て立ち上げる担当となった。素形材は円筒状のブランクでサプライヤから供給してもらうことが決まっている。また機械加工は粗加工（荒加工）と仕上げ加工があり、中間の浸炭熱処理は熱処理担当が検討するものとする。品質、コスト、納期の目標値を満足しスムーズな生産立ち上がりを迎えるための準備期間における業務について以下の内容について記述せよ。

(1) 調査、検討すべき事項とその内容について記述せよ。

(2) 業務を進める手順を列挙して、それぞれの項目ごとに留意すべき点、工夫を要する点を述べよ。

(3) 業務を効率的、効果的に進めるための関係者との調整方策について述べよ。

3) 令和2年度　選択科目（Ⅱ）問題全文

■機械設計

Ⅱ　次の2問題（Ⅱ－1、Ⅱ－2）について解答せよ。（問題ごとに答案用紙を替えること。）

　Ⅱ－1　次の4設問（Ⅱ－1－1～Ⅱ－1－4）のうち1設問を選び解答せよ。（緑色の答案用紙に解答設問番号を明記し、答案用紙1枚にまとめよ。）

　　Ⅱ－1－1　付加製造（Additive Manufacturing：AM）は、積層造形、3Dプリンティングなどとも呼ばれる一連の技術を包含した加工法を指す。AMの方式を2つ挙げ、それぞれの特徴と留意点について述べよ。

　　Ⅱ－1－2　機械部品の標準化に用いられている標準数の特徴と利点につ

いて述べよ。

Ⅱ－1－3　溶接構造物及び溶接継手を設計する際の留意点を説明せよ。

Ⅱ－1－4　環境配慮設計（DfE）について、設計段階における3Rの内容と具体的取り組み事例及び留意点を明確にして説明せよ。

Ⅱ－2　次の2設問（Ⅱ－2－1、Ⅱ－2－2）のうち1設問を選び解答せよ。
(青色の答案用紙に解答設問番号を明記し、答案用紙2枚を用いてまとめよ。)

Ⅱ－2－1　あなたは新製品開発のリーダーとして開発全般を取りまとめることになった。開発を効率的で合理的なものとするため、コンカレントエンジニアリングを実施しようと考えている。新製品開発を進めるに当たって、下記の内容について記述せよ。

(1) 開発製品を具体的に1つ示し、どのようにコンカレントエンジニアリングを実施するかを明確にして、調査、検討すべき事項とその内容について説明せよ。

(2) コンカレントエンジニアリングを進める手順について、留意すべき点、工夫を要する点を含めて述べよ。

(3) 業務を効率的、効果的に進めるための関係者との調整方策について述べよ。

Ⅱ－2－2　機械の軽量化をはじめとする合理的な設計のため、異種材料を適材適所に配置したマルチマテリアル設計の重要性が高まっている。あなたは新製品開発のリーダーとしてマルチマテリアル設計の推進を指揮することになった。業務を進めるに当たって、下記の内容について記述せよ。

(1) 具体的な製品の例を1つ挙げ、マルチマテリアル設計の目的を明確にして、調査、検討すべき事項とその内容について説明せよ。

(2) 業務を進める手順とその際に留意すべき点、工夫を要する点を含めて述べよ。

(3) 業務を効率的、効果的に進めるための関係者との調整方策について述べよ。

■材料強度・信頼性

Ⅱ　次の2問題（Ⅱ−1、Ⅱ−2)について解答せよ。（問題ごとに答案用紙を替えること。）

Ⅱ−1　次の4設問（Ⅱ−1−1〜Ⅱ−1−4）のうち1設問を選び解答せよ。（緑色の答案用紙に解答設問番号を明記し、答案用紙1枚にまとめよ。）

Ⅱ−1−1　溶接継手の疲労強度に影響を及ぼす主要な因子を2つ挙げ、それぞれの要因と対策を説明せよ。

Ⅱ−1−2　等方均質な金属材料における塑性拘束について、例を挙げて材料強度評価の観点で留意すべき点を説明せよ。

Ⅱ−1−3　機械製品の安全に関わる用語としての「リスク」の定義を説明し、製品の「信頼性」を高めることが必ずしも「安全性」の向上に結びつかない場合があること、若しくは「安全性」を向上するには「信頼性」を犠牲にせざるを得ない場合があることについて具体的な事例を挙げて説明せよ。

Ⅱ−1−4　金属積層造形技術の特徴を説明し、強度部材へ適用する場合の留意点を説明せよ。

Ⅱ−2　次の2設問（Ⅱ−2−1、Ⅱ−2−2）のうち1設問を選び解答せよ。（青色の答案用紙に解答設問番号を明記し、答案用紙2枚を用いてまとめよ。）

Ⅱ−2−1　材料強度・信頼性の技術責任者として担当している機械構造物の構造設計において、流体に起因する機械的荷重を考慮する必要があることが明らかになった。このとき、下記の内容について具体例を想定して記述せよ。

(1) 調査、検討すべき事項とその内容について説明せよ。

(2) 業務を進める上で、留意すべき点、工夫を要する点を述べよ。

(3) 上記の業務のそれぞれを効率的、効果的に進めるための関係者との調整方策について述べよ。

Ⅱ−2−2　大規模なプラントの付帯設備などでは平常運転時のみならず、極めて稀な非常に強い地震による非常事態での事故防止及び非常時の緊急作業を念頭において設計する必要がある。毒性ガスを扱う設備の強度

設計を担当する技術者として、下記の内容について記述せよ。

(1) 平常運転時及び非常事態における強度を担保するために調査、検討すべき事項とその内容について説明せよ。

(2) 非常時の緊急作業としてガスの大気放出を行う機能を付加する場合に留意すべき点、工夫を要する点を述べよ。

(3) 上記の業務のそれぞれを効率的、効果的に進めるための関係者との調整方策について述べよ。

■機構ダイナミクス・制御

II　次の 2 問題（II－1、II－2）について解答せよ。（問題ごとに答案用紙を替えること。）

II－1　次の 4 設問（II－1－1〜II－1－4）のうち 1 設問を選び解答せよ。（緑色の答案用紙に解答設問番号を明記し、答案用紙 1 枚にまとめよ。）

II－1－1　構造物の振動特性を把握するために、汎用の有限要素法解析プログラムを用いて固有値解析を行った時に出力される、固有振動数・モードベクトル・モード質量・刺激係数・有効質量の中から 3 つの項目を選択し、その概要と振動特性を把握するための利用方法を述べよ。

II－1－2　一定振動数の応答を生じている系への振動対策として能動型動吸振器を設置する場合、その適用方法と適用する利点について述べよ。

II－1－3　ステッピングモーターの動作原理を述べ、ローレンツ力に基づく一般的なモーターに対する長所と出力特性上留意すべき点を述べよ。

II－1－4　電子装置を含む装置の機能安全の意味と、その具体的な要求事項の決定方法を製造者の観点から述べよ。

II－2　次の 2 設問（II－2－1、II－2－2）のうち 1 設問を選び解答せよ。（青色の答案用紙に解答設問番号を明記し、答案用紙 2 枚を用いてまとめよ。）

II－2－1　自社製の高回転高出力モーターに、歯車列を用いた動力伝達装置を新たに導入して「高トルク化したコンパクトなアクチュエータ」を開発することになった。この業務の担当責任者として開発を進めるに当たり、下記内容について記述せよ。

(1) アクチュエータの動力伝達装置に用いる歯車について、その代表的な種類と特徴を述べ、検討すべき項目とその内容（課題）を説明せよ。

(2) 動力伝達装置の構造を決定する手順について、留意・工夫する点を含めて述べよ。

(3) アクチュエータの初ロット製作過程で、製造現場から問題が持ち上がった。予想される問題点をいくつか挙げ、解決に向けて効率的、効果的に進めるための関係者との調整方策について述べよ。

Ⅱ−2−2　鉄道車両、自動車などの車内の静粛性は利用者の快適性に直接関わる重要な開発項目である。あなたが新製品の車内騒音低減プロジェクトのリーダーとして業務を進めるに当たり、下記の内容について記述せよ。

(1) 車内騒音の主な原因を2つ以上挙げ、それぞれに対してその内容と低減対策方針について説明せよ。

(2) (1) に基づいて原因ごとに担当を決めて開発を進めたが、車内騒音の全体目標に対して大幅に性能未達となることが判明した。対策を進める手順とその際に留意すべき点、工夫を要する点を含めて述べよ。

(3) 業務を効率的に、効果的に進めるための関係者との調整方策について述べよ。

■熱・動力エネルギー機器

Ⅱ　次の2問題（Ⅱ−1、Ⅱ−2）について解答せよ。（問題ごとに答案用紙を替えること。）

Ⅱ−1　次の4設問（Ⅱ−1−1〜Ⅱ−1−4）のうち1設問を選び解答せよ。（緑色の答案用紙に解答設問番号を明記し、答案用紙1枚にまとめよ。）

Ⅱ−1−1　蒸気圧縮式冷凍サイクルの単段冷凍サイクルの各機器の構成と作動原理を説明するとともに、理論冷凍成績係数を比エンタルピーhを用いて示せ。

Ⅱ−1−2　無次元数であるヌセルト数とビオ数の式を示し、その物理的意味を説明せよ。また、各無次元数について数値領域ごとの状態を説明せよ。

Ⅱ−1−3　発電で用いられる固体燃料の燃焼過程についてその詳細を述べよ。また、代表的な燃焼方式を 3 つ挙げ、それぞれの特徴を述べよ。

Ⅱ−1−4　蒸気タービンの最終段落動翼の長翼化によって、蒸気タービン効率が向上する原理を述べよ。また、発電用復水タービンの最終段動翼の長翼化により、機械構造上の信頼性に関わる条件が特に厳しくなる。信頼性に関わる条件として代表的な項目を、遠心力以外に 2 項目挙げ、厳しくなる理由とその対策技術の 1 例をそれぞれ述べよ。

Ⅱ−2　次の 2 設問（Ⅱ−2−1、Ⅱ−2−2）のうち 1 設問を選び解答せよ。
（青色の答案用紙に解答設問番号を明記し、答案用紙 2 枚を用いてまとめよ。）

Ⅱ−2−1　近年、非常時のエネルギー供給の確保やエネルギーの効率的利用の観点から、分散型エネルギーの導入が求められている。あなたが、地域に賦存する再生可能エネルギー及びコージェネレーションシステムを活用した、分散型エネルギーシステムによる地域向け熱電供給事業を検討する技術責任者に任命されたと想定し、下記の内容について記述せよ。

(1) 分散型エネルギーの概念及び代表的機器構成を述べた上で、導入に当たって検討すべき事項とその内容について説明せよ。

(2) 業務を進める手順とその際に留意すべき点、工夫を要する点を含めて述べよ。

(3) 業務を効率的、効果的に進めるための関係者との調整方策について述べよ。

Ⅱ−2−2　既設微粉炭焚火力発電所が CO_2 排出量の削減を目的に、木質バイオマス燃料の混焼化を計画している。本計画を進める技術責任者に任命されたと想定し、下記の内容について記述せよ。

(1) 調査、検討すべき事項とその内容について説明せよ。

(2) 本計画を進める手順とその際に留意すべき点、工夫を要する点を含めて述べよ。

(3) 業務を効率的、効果的に進めるための関係者との調整方策について述べよ。

■流体機器

Ⅱ　次の2問題（Ⅱ－1、Ⅱ－2）について解答せよ。（問題ごとに答案用紙を替えること。）

　Ⅱ－1　次の4設問（Ⅱ－1－1〜Ⅱ－1－4）のうち1設問を選び解答せよ。（緑色の答案用紙に解答設問番号を明記し、答案用紙1枚にまとめよ。）

　　Ⅱ－1－1　平行流中に軸が流れと垂直になるように置かれた、円柱の抗力係数 C_D のレイノルズ数 Re に対する変化を下図に示す。ここで、$Re = Ud/\nu$、$C_D = 2F/(\rho U^2 d)$ であり、U：平行流の流速、d：円柱の直径、ν：動粘度、F：円柱の単位長さ当たりの抗力である。Re が 5×10^5 付近で C_D が急減する理由を、流れの様子とともに説明せよ。説明には図を用いてもよい。

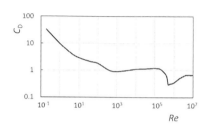

Wieselsbergerによる実験結果

　　Ⅱ－1－2　PTV（Particle Tracking Velocimetry）は一時刻目の画像の粒子に対応する粒子を二時刻目の画像から探し出して速度ベクトルを推定する方法であるが、これに対して、PIV（Particle Image Velocimetry）は相関法に基づいて速度ベクトルを推定する方法である。PIVの直接相互相関法により速度ベクトルを推定する方法について説明せよ。また、直接相互相関法による解析が苦手とする流れ場を挙げ、その理由を説明せよ。説明には図を用いてもよい。

　　Ⅱ－1－3　製品開発に当たり、乱流となる流れを対象に数値流体解析を行い、期限内に結果を示すこととなった。解析実施担当者として、計算格子を作成する上で留意すべき点について述べよ。ただし、用いる計算機の速度・記憶容量には上限があり、数値流体解析手法は、有限体積法あるいは有限要素法によりナビエ・ストークス方程式あるいはナビエ・

ストークス方程式に時間平均や空間フィルタ操作等を施した方程式を解く手法であるとする。

Ⅱ－1－4　ターボ機械において、回転する羽根車により流体に与えられる比エネルギーΔEは次のように表すことができる。

$$\Delta E = \frac{1}{2}\left(u_2^2 - u_1^2\right) + \frac{1}{2}\left(v_2^2 - v_1^2\right) + \frac{1}{2}\left(w_1^2 - w_2^2\right)$$

ここで、uは羽根車の周速度、vは静止座標系から見た流体の絶対速度、wは回転する羽根車におかれた相対座標系から見た流体の相対速度、添字1と2はそれぞれ羽根車の入口と出口を示す。角運動量の保存則と羽根車における流体の速度三角形（速度線図）から上式を導け。また、上式右辺の3つの項の物理的意味を述べよ。これらの導出、説明には図を用いてもよい。

Ⅱ－2　次の2設問（Ⅱ－2－1、Ⅱ－2－2）のうち1設問を選び解答せよ。
（青色の答案用紙に解答設問番号を明記し、答案用紙2枚を用いてまとめよ。）

Ⅱ－2－1　社会インフラの老朽化が深刻な問題となる中で、流体機器の更新時には既存の設備に合わせた提案を要求される場合が多い。あなたは1980年以前に作られた流体機器更新の担当責任者として、既存の設備を有効利用することによりコストを抑えて作業を進めることになった。対象とする流体機器を挙げ、下記の内容について説明せよ。ただし、原動機、電動機については考えなくてよい。

(1) 対象とする機器について簡潔に説明するとともに、調査、検討すべき事項とその内容について説明せよ。

(2) 業務を進める手順について、留意するべき点、工夫を要する点を含めて述べよ。

(3) 業務を効率的、効果的に進めるための関係者との調整方策について述べよ。

Ⅱ－2－2　これまで流体機器設計開発のため、小スケールの模型試験やCFDを用いるものの、最終的にはスケールや運転環境を模擬した実機試験により性能確認を実施していた。しかし、実機試験はコストがかか

る上に、試験設備は老朽化して設備更新もコスト的に困難な状況である。そのため、近いうちに実機試験設備は使えなくなることを想定し、今後はCFD解析をメインとする設計開発に移行する方針となった。移行に際してCFD解析の結果から得られる性能指標の確かさを問われることが想定される。あなたが流体機器の設計・開発の担当責任者として業務を進めるに当たり、CFD解析をメインとする設計開発手法への移行に向けて下記の内容について記述せよ。

(1) 対象とする流体機器を特定し、調査、検討すべき事項とその内容について説明せよ。

(2) 業務を進める手順とその際に留意すべき点、工夫を要する点を含めて述べよ。

(3) 業務を効率的、効果的に進めるための関係者との調整方策について述べよ。

■加工・生産システム・産業機械

II　次の2問題（II−1、II−2）について解答せよ。（問題ごとに答案用紙を替えること。）

II−1　次の4設問（II−1−1〜II−1−4）のうち1設問を選び解答せよ。（緑色の答案用紙に解答設問番号を明記し、答案用紙1枚にまとめよ。）

II−1−1　金属等の板材に対して精密に穴あけや切断加工などを行う板金加工業界において、従来から広く用いられているタレットパンチプレス（通称タレパン）に対し、最近ではレーザ加工機が急速に普及してきている。これら2つの機械の加工方法の違いについて記述し、加工の観点からレーザ加工機のタレットパンチプレスに対する有利な点と不利な点を説明せよ。

II−1−2　工作機械における工具・工作物間の運動精度は最終製品の精度、ひいては性能を左右するため重要である。一般的な工作機械では、多軸の運動を実現するために回転運動や直線運動を支持する機構が複数組み合わされ、さらに、加工に伴う力を支持しながら高精度な運動を実現することが求められる。各部の運動精度を悪化させる要因を3つ以上

挙げ、精度を向上するための方策を説明せよ。

II－1－3　人が作業を行う多工程の組立ラインに要求される年間生産量 Q とサイクルタイム（タクトタイム、ピッチタイムともいう）C との関係を表す式を示せ。また、サイクルタイム C からライン編成効率 η を求める式を示せ。ただし、Q と C 以外の定数又は変数を使用する場合は、その意味又は定義を記述せよ。この組立ラインの要求生産量が10％程度増加する場合の対応方法を4つ以上挙げ、上記の2つの式と関連付けて説明せよ。

II－1－4　製品の外観検査ではキズ、欠け、余肉、打痕などの欠陥について良品と不良品を人の目で判定する場合が多い。検査人員の削減と、検査員による判定の個人差の解消のため、外観検査の自動化が進められている。目視による外観検査の自動化には大きく分けて二次元の画像処理技術を利用した方法と三次元の形状計測技術を活用した方法との2種類がある。それぞれの方法の技術的な特徴と、生産ラインでの全数検査に適用する場合の課題について述べよ。

II－2　次の2設問（II－2－1、II－2－2）のうち1設問を選び解答せよ。
（青色の答案用紙に解答設問番号を明記し、答案用紙2枚を用いてまとめよ。）

II－2－1　小物の試作品や単発品の高精度加工を専門としている金属プレス加工業者が、老朽化したプレス加工機の更新を検討している。そこでは能力3,000 kN相当の昔ながらの単動クランクプレスとベテラン職人の技能で、今まで高品位高精度の製品加工が行われてきた。今後、従来からの強みを残しながら、さらに新しい素材や新しい加工方法への対応、また積極的な技術提案営業を展開しようとした場合、設備の更新を担当する機械技術者の立場から以下の内容について記述せよ。

(1) 目的を満たすための設備を導入する上で調査、検討すべき事項とその内容について記述せよ。

(2) 業務を進める手順とその際に留意すべき点、工夫を要する点を含めて述べよ。

(3) 業務を効率的、効果的に進めるための関係者との調整方策について

述べよ。

Ⅱ－2－2　機械部品の生産準備における重要な業務として工程設計がある。NC工作機械による切削加工を対象とする工程設計は、①加工部位と加工仕様の理解（形状特徴の認識）、②加工工程の設定（工作機械や保持方法の選択を含む）、③工程ごとの加工作業の設定（工具の選択や加工条件の設定を含む）、④NCプログラムの作成、の4つの業務を含む。CAD／CAM（Computer Aided Design／Manufacturing）の一貫処理を目的として、三次元CADの機能を利用して、切削加工で創成される平面、穴、ポケット、曲面等の形状特徴（Feature）を定義し、CAMにおけるNCデータの作成までの業務に利用する方法が広く適用されている。高い精度が要求される小ロットサイズの切削加工部品の工程設計について、以下の問いに答えよ。

(1) 切削加工における工程設計を行う場合に、加工対象部品に関して調査、検討すべき事項を挙げて、その内容について説明せよ。

(2) 三次元CADモデルの形状特徴のデータを利用して、工程設計の省力化及び自動化の業務を進める手順を記述し、その際に留意すべき点、工夫を要する点を、3つ以上挙げて説明せよ。

(3) CAMにおける工程設計の省力化及び自動化の業務を効率的、効果的に進めるための、関係者との調整方策について説明せよ。

2. 出題形式と特徴

1) 出題形式

表4.1に選択科目（Ⅱ）の出題形式に関する情報をまとめて示しています。

解答枚数は600字詰用紙3枚以内、合計1,800字以内です。その内訳は、選択科目Ⅱ－1は4問題から1問題を選択し、1枚（600字）で解答、選択科目Ⅱ－2は2問題から1問題を選択し、2枚（1,200字）で解答する形式です。令和元年度の試験制度改正前と比較し選択科目Ⅱ－1の解答数が2問題から1問題となったことで解答枚数の合計が1枚少なくなっています。

また、試験時間については改正前の2時間から選択科目ⅡとⅢを合わせて3時間30分となりました。ここで最も重要な点は、確実に選択科目（Ⅱ）を1時間30分で書き終えることです。なぜなら、改正前では選択科目（Ⅲ）の論文作成時間が確実に確保できました。しかし、改正後では選択科目Ⅱの論文作成の遅れによって選択科目（Ⅲ）の時間に余裕が無くなるためです。選択科目（Ⅱ）に割当てられた論文1枚当たりに掛けられる時間は改正前と同じ30分となりますが改正前は時間が足りず、最後まで書ききれない受験者がたくさんいました。そのため選択科目（Ⅲ）の時間が確保できるよう改正前よりいっそう時間配分を考えて解答することが求められます。

表4.1　技術士第二次試験の形式

科目	試験時間	問題番号	解答数	出題数	解答枚数	配点	合否決定基準
選択科目（Ⅱ）	3時間30分※1	Ⅱ－1	1問	4問	600字詰1枚	30点	60%以上の得点（選択科目Ⅲと併せて）
		Ⅱ－2	1問	2問	600字詰2枚		

※1　選択科目（Ⅲ）と併せて3時間30分で試験中の休憩時間は無し

出典：令和4年度　技術士第二次試験受験申込み案内

2) 出題の特徴

選択科目（Ⅱ）では、「選択科目」についての専門知識及び応用能力に関する論文問題が出題されています。日本技術士会によると、選択科目Ⅱ－1の出

題内容は「選択科目」における重要なキーワードや新技術等に対する専門知識を問う、とあります。また、選択科目Ⅱ－2の出題内容は「選択科目」に関係する業務に関し与えられた条件に合わせて専門知識や実務経験に基づいて業務遂行手順が説明でき業務上で留意すべき点や工夫を要する点等についての認識があるかどうかを問う、とあります。そのため、選択科目Ⅱ－1、Ⅱ－2で問われている「専門知識」及び「応用能力」の出題内容は令和元年度の改正前と比較し全く同じであり具体的には、次の能力が試されます。

① 「専門知識」

　「選択科目」における専門の技術分野の業務に必要で幅広く適用される原理等に関わる汎用的な専門知識です。受験者自身の技術部門、選択科目に関する専門知識を断片的ではなく体系的な知識として整理し、関連するキーワードをさらに一段掘り下げて記述できるように準備をしておきましょう。この中で、受験者自身の選択科目、専門とする事項に関する新技術は、今後の動向について把握しておくことが重要です。

② 「応用能力」

　これまでに習得した知識や経験に基づき、与えられた条件に合わせて、問題や課題を正しく認識し、必要な分析を行い、業務遂行手順や業務上留意すべき点、工夫を要する点等について説明できる能力です。誤った理解をする受験者が多く見受けられますが、ここで求められているのは受験者が体験したそのままの「業務遂行手順」ではなく、技術士にふさわしい「業務遂行手順」です。「技術士法」と「技術士に求められる資質能力（コンピテンシー）」で問われている本質を理解し、受験者自身の業務経歴を事例にした技術士に求められる課題解決のための「業務遂行手順」をわかりやすく説明できるように準備しておくことが重要です。

　表4.2では「技術士に求められる資質能力（コンピテンシー）」として選択科目（Ⅱ）で確認される評価項目を抜粋しまとめています。この表によると、選択科目Ⅱ－1では技術部門、選択科目に関する専門知識や法令、制度に関する基本レベルの「専門的学識」と試験官と明確かつ効果的な意思疎通を行う

「コミュニケーション（能力）」が求められています。また、選択科目Ⅱ－2で
は業務へ応用できるレベルの「専門的学識」、組織の成果を目的とし体系的に
業務を遂行する「マネジメント（能力）」、業務遂行上で多様な利害関係者との
調整を行う「リーダーシップ（能力）」、および「コミュニケーション（能力）」
が求められています。これらの本質を理解したうえで論文作成のトレーニング
を積み重ねることが合格への近道となります。以下に設問の出題例と求められ
る能力を併せて記載しておきますので学習の参考としてください。

【選択科目Ⅱ－1】

- ○○について基本的な考え方を説明せよ。
- ○○と××についてその違いを説明せよ。
- ○○について具体的な適用例を述べよ。
- ○○について特徴を述べよ。
- ○○について原理を述べよ。
- ○○について設計時の留意点を述べよ。
- ○○について使用時の留意点を述べよ。
- ○○について効果を述べよ。
- ○○について技術的課題を述べよ。
- ○○についてその手順を説明せよ。
- ○○についてその内容を説明せよ。

> 専門知識や法令、制度に関する基本レベルの「専門的学識」と試験官と明確かつ効果的な意思疎通を行う「コミュニケーション（能力）」が求められる。

【選択科目Ⅱ－2】

- ○○に関して、調査、検討すべき事項とその内容について説明せよ。
- ○○に関して、業務を進める手順について、留意すべき点、工夫を要する点を含めて述べよ。

> 業務へ応用できるレベルの「専門的学識」、組織の成果を目的とし体系的に業務を遂行する「マネジメント（能力）」が求められる。

- 業務を効率的、効果的に進めるための関係者との調整方策について述べよ。

> 業務遂行上で多様な利害関係者との調整を行う「リーダーシップ（能力）」が求められる。

表4.2　選択科目（Ⅱ）の評価項目

技術士に求められる資質能力（コンピテンシー）		選択科目Ⅱ－1	選択科目Ⅱ－2
専門的学識	技術士が専門とする技術分野（技術部門）の業務に必要な、技術部門全般にわたる専門知識及び選択科目に関する専門知識を理解し応用すること。	基本知識理解	業務知識理解
	技術士の業務に必要な、我が国固有の法令等の制度及び社会・自然条件等に関する専門知識を理解し応用すること。	基本理解レベル	業務理解レベル
マネジメント	業務の計画・実行・検証・是正（変更）等の過程において、品質、コスト、納期及び生産性とリスク対応に関する要求事項、又は成果物（製品、システム、施設、プロジェクト、サービス等）に係る要求事項の特性（必要性、機能性、技術的実現性、安全性、経済性等）を満たすことを目的として、人員・設備・金銭・情報等の資源を配分すること。	－	業務遂行手順
コミュニケーション	・業務履行上、口頭や文書等の方法を通じて、雇用者、上司や同僚、クライアントやユーザー等多様な関係者との間で、明確かつ効果的な意思疎通を行うこと。 ・海外における業務に携わる際は、一定の語学力による業務上必要な意思疎通に加え、現地の社会的文化的多様性を理解し関係者との間で可能な限り協調すること。	的確表現	的確表現
リーダーシップ	・業務遂行にあたり、明確なデザインと現場感覚を持ち、多様な関係者の利害等を調整し取りまとめることに努めること。 ・海外における業務に携わる際は、多様な価値観や能力を有する現地関係者とともに、プロジェクト等の事業や業務の遂行に努めること。	－	関係者調整

「試験部会第28回参考7」参照

3. 主要キーワードと調査方法

1）はじめに

キーワードを中心として技術部門、選択科目の技術体系を把握したり、出題傾向を整理したりすることは有用な学習方法です。ここでは、過去問題から受験者自身の選択科目で出題されたキーワードについて確認し、理解不足があれ

ば早めに調査と理解をしましょう。

2) 過去問題出題キーワード分析

ここでは、過去問題を中心にキーワード分析を行います。

表4.3に令和3年度～令和4年度の「選択科目（Ⅱ）過去問題キーワード分析（専門用語）」を掲載しました。出題された「専門用語キーワード」は、注目されている技術や重要となる技術と考えられますので確実に押さえておきましょう。

キーワードの内容を見てみると、基本的な知識を問う問題では従来から「選択科目」の業務に必要で幅広く適用される原理等に関わる汎用的な専門知識がほとんどです。しかし、中には「サプライチェーン寸断」や「流通で極低温を維持するコールドチェーン」、「CO_2排出係数」、「再生可能エネルギーの電力貯蔵」など時事的な話題になっているキーワードもいくつか見られます。また、課題解決に関する問題には、「開発期間短縮」、「機器の振動・騒音・熱変形対策」、「防災対策」、「設備の老朽化対策」、「設備のリスクアセスメント」など従来から出題頻度が多い課題に加えて、「省エネルギー」や「環境負荷低減対策」などの環境問題は以前にも増して出題頻度が増えています。これは地球温暖化が世界規模で危機的状況となる中で製造業が果たすべき役割が一層高まっている背景が影響しています。近年話題となり、普段から業務で取組むべき課題について整理しておくのが良いでしょう。

選択科目Ⅱ－1の学習を進める一例として、過去問の出題例を参考に抽出されたキーワードの原理・特徴・課題などから50～200字の短文でまとめ上げる「キーワード解説」を作成する方法があります。この方法は冗長表現を避けた記述練習に効果的です。さらに「キーワード解説」を基にさまざまな出題に対し柔軟に対応可能な「論文モジュール」をあらかじめ準備しておけば、その組合せによって効率良く論文作成が可能となります。

選択科目Ⅱ－2の学習を進める一例としては、普段の業務で考慮すべき課題を洗い出し、受験者自身が経験した事例を使って課題解決のための「業務遂行手順」や「業務上留意すべき点」、「工夫を要する点」を説明できるようにあらかじめ準備をしておきましょう。

表4.3　選択科目（Ⅱ）過去問題キーワード分析（専門用語）

	令和3年度		令和4年度	
	Ⅱ−1	Ⅱ−2	Ⅱ−1	Ⅱ−2
機械設計	非破壊試験	機械構造物の最適設計	除去加工、工作機械	複合領域の機械製品設計
	すべり軸受、転がり軸受	熱・温度変化を考慮した製品設計	S−N線図、疲労設計	品質工学を用いた製品開発
	めっき、溶射、陽極酸化被膜		回転体、シール構造	
	熱可塑性プラスチック		VE（Value Engineering）	
材料強度・信頼性	炭素繊維強化プラスチック（CFRP）	サプライチェーン強靭化	厚肉中空円筒、トルク−ねじり角線図	機器の労災事故対策
	破損確率	機械設備の経済的な継続使用方法	高温環境、機械・構造物	回転機器の異常振動対策
	熱応力		複数種部材、破損確率	
	応力腐食割れ		ひずみ速度依存性	
機構ダイナミクス・制御	回生ブレーキ	持続可能な機械システム構築のための軽量化	FFT	コンピュータシミュレーションの信頼性確保
	動吸振器	協働ロボット導入による組立作業の効率化	差動歯車装置	電子化機械の機能安全
	永久磁石式ブラシレスモータ		ロボットアーム、位置決め精度	
	開ループ伝達関数、フィードバック制御		振動絶縁装置	
熱・動力エネルギー機器	ヒートポンプ給湯器、成績係数	車載用圧縮式冷凍ユニットの開発	ヒートポンプサイクル、T−s線図、成績係数	排気熱回収による工場省エネ化
	熱伝達率、伝熱現象	電力・空調設備更新の計画業務	家庭用エアコンの伝熱過程	火力発電所機械的損傷の復旧対応
	燃焼、理論空気量		火力発電所のCO_2排出係数	
	ランキンサイクル、臨界圧力		電力貯蔵、水電解技術	
流体機器	ニュートン流体、レイノルズ数	排水用可搬式ポンプによる洪水対策の設計	管摩擦係数、ムーディ線図	非定常流体計測システムの構築
	圧力性能曲線（流量と圧力の関係）	ポンプのキャビテーション対策	ピトー管、マノメータ	揚水ポンプ性能低下の原因解明
	流れの可視化、トレーサ粒子		定常CFD解析	
	気相質量流量割合（クオリティ）、ボイド率		遠心型ターボ機械	
加工・生産システム・産業機械	偶然誤差、系統誤差	加工プロセスにおける環境負荷軽減計画の策定	熱変形による加工精度向上方策	多軸加工機の導入
	クランクプレス、サーボプレス	歯車部品の機械加工量産ラインの導入	塑性加工によるネットシェイプ化	『人間中心型生産システム』の導入
	カンバン方式		単一品種の製品組立ライン	
	設備総合効率（OEE）		非破壊検査方法	

受験体験記Ⅱ

　私が初めて技術士と出会ったのは10年前でした。60歳を過ぎてもなお研さんに励み、我々後輩たちの質問に常に真摯に向き合って一緒に解決する姿はとても眩しく、このような技術者になりたい。と思ったのが技術士を目指す第一歩でした。

　先輩の助言や失敗とKKDで自身の技術を磨きながら、機械設計に携わって10年経った頃に転換点となるCAEと出会いました。これまでの経験的な感覚がいとも簡単に可視化できる技術に衝撃を受けて、講習会などで力学や解析技術をむさぼるように学び、その集大成として技術士第一次試験の受験を決めたのです。

　それからの私はCAEを設計業務で活かす傍らで、共同研究を通じて新しい解析手法に挑戦し、期限を決めて学会発表することで、専門的学識やコミュニケーション能力を身に付けました。

　さらに数年が経ち、仕事が一段落した4月のはじめに技術士第二次試験を受ける決意をして、その日のうちに業務経歴書を書いて受験勉強を始めました。これまで受けた技術系の資格試験では無敗だったこともあり、目標を立ててキーワード学習を中心に自信をもって勉強しました。しかし、試験の2週間前に受けた模擬試験の結果がほぼCと、大きな壁にぶち当たります。論文の書き方や問題で問われていることがわかっていない。そもそも問題解決とは何かを理解していないことが原因でした。

　試験までの2週間は課題問題（Ⅰ、Ⅲ）に絞って濃密に対策しました。幸いにも業務経験が活かせる問題が出題され、課題問題は双方ともA評価、しかし不合格でした。この経験を通じて知識の追加ではなく、業務経験や専門性を活かした問題解決プロセスが筆記試験の重要なポイントであることに気づきました。

　2年目は、問題→課題抽出→解決提案→リスク評価の問題解決プロセスを意識して業務で発生した問題に適用したり、白書から抽出した

社会問題に適用して骨子作成する訓練を行いました。またリーダーシップやマネジメントを意識して部署間やリソースの調整をしたことは訓練だけでなく業務にも役立ちました。その甲斐あってか筆記試験に合格できましたが、本当に大変なのはここからでした。

　口頭試験では単に実務能力としてのコンピテンシーを確認するだけではなく、総合的に技術士としての適格性を判断します。そこで私は技術士らしさや技術士の役割は何か、そして技術士となってどのように活動したいかについて考え始め、私は困っている人が相談しやすい盤石な技術者でありたいと決めました。その観点で技術者倫理、継続研さん、技術士法を見直すとこれまで見えていなかったことが沢山あることに気が付きました。そして、試験官は相談者だと思って専門家らしい自信に満ちた回答をしなさい。という講師の言葉を大切にして口頭試験に臨みました。

　技術士となったいま、この受験を振り返ると①専門家、エンジニアとして足りないことを見つめ直してそれを補完できたこと。②技術者として今後どのように活躍したいかを真剣に考えること。その機会を与えてくれた貴重な体験だったと思います。簡単な試験ではありませんが、受験する価値はとても高かったと思います。

4. 選択科目別出題傾向

令和4年度の選択科目別の出題傾向を出題パターンから分析してみましょう。

① 機械設計

【選択科目Ⅱ－1】

　機械設計だけでなく他の選択科目の基本用語である除去加工、レーザ加工、S－N線図、液体の密封構造（シール構造）などが提示され、それに関する基礎的な知識についての記述が求められています。したがって機械設計の技術士として必要な機械部門全体の基本用語を広く押さえておく必要があります。

【選択科目Ⅱ－2】

　機械設計に関する業務を行う責任者としてコンピュータシミュレーションを活用した開発製品の複合領域の設計、品質工学を用いた開発製品の機能安定性（ロバスト性）の課題に対し、機械設計の技術士として求められる業務遂行手順などの応用能力を問われる問題が出題されています。

② 材料強度・信頼性

【選択科目Ⅱ－1】

　強度評価法、部材の破損確率、ひずみ速度依存性など、材料強度・信頼性に関する基本用語が提示され、それに関する基礎的な知識についての記述だけでなく、トルク－ねじり角線図を作図して説明する記述なども求められています。したがって材料強度・信頼性に関する専門知識の理解を深めておく必要があります。

【選択科目Ⅱ－2】

　材料強度・信頼性に関する業務を行う責任者として生産機器の設計寿命による労災事故対策、または回転機器による異常振動の問題点について、材料強度・信頼性の技術士として求められる業務遂行手順などの応用能力を問われる問題が出題されています。

③　機構ダイナミクス・制御

【選択科目II－1】

　FFT、エイリアシング、差動歯車装置、ロボットの位置決め精度、振動絶縁装置など、機構ダイナミクス・制御に関する基本用語・課題が提示され、それに関する基礎的な知識や業務で利用するうえでの問題点、その具体的な対応策や留意点などの記述が求められています。したがって機構ダイナミクス・制御に関する専門知識の理解を深めておく必要があります。

【選択科目II－2】

　機構ダイナミクス・制御に関する業務を行う責任者として、コンピュータシミュレーション結果の信頼性確保、ソフトウェアによって制御される機械の機能安全の課題に対し、機構ダイナミクス・制御の技術士として求められる業務遂行手順などの応用能力を問われる問題が出題されています。

④　熱・動力エネルギー機器

【選択科目II－1】

　ヒートポンプサイクル、熱交換器の伝熱過程、CO_2排出係数を下げるための技術的手段、再生可能エネルギーの電力貯蔵、水電解技術など、熱・動力エネルギー機器に関する基本用語・課題が提示され、それらに関する基礎的な知識の説明だけでなく、作図や計算を使った説明なども求められています。したがって熱・動力エネルギー機器に関する専門知識の理解を深めておく必要があります。

【選択科目II－2】

　熱・動力エネルギー機器に関する業務を行う責任者として、排気熱の回収による省エネ化、電力供給機器に異常発生時の復旧対応の課題に対し、熱・動力エネルギー機器の技術士として求められる業務遂行手順などの応用能力を問われる問題が出題されています。

⑤ 流体機器

【選択科目Ⅱ－1】

　ムーディ線図、管摩擦係数、ピトー管、定常CFD解析、遠心型ターボ機械など、流体機器に関する基本用語・課題が提示され、それらに関する基礎的な知識や図を使って説明する記述が求められています。したがって流体機器に関する専門知識の理解を深めておく必要があります。

【選択科目Ⅱ－2】

　流体機器に関する業務を行う責任者として、非定常流体計測システム構築、回転数制御する揚水ポンプの性能低下対策の課題に対し、流体機器の技術士として求められる業務遂行手順などの応用能力を問われる問題が出題されています。

⑥ 加工・生産システム・産業機械

【選択科目Ⅱ－1】

　機械加工における熱的対策、塑性加工によるネットシェイプ化、組立ラインの編成手順、非破壊検査方法など、加工・生産システム・産業機械に関する基本用語・課題が提示され、それらに関する基礎的な知識を説明する記述が求められています。したがって加工・生産システム・産業機械に関する専門知識の理解を深めておく必要があります。

【選択科目Ⅱ－2】

　加工・生産システム・産業機械に関する業務を行う責任者として、多軸加工機の導入、人間中心型生産システムの導入の課題に対し、加工・生産システム・産業機械の技術士として求められる業務遂行手順などの応用能力を問われる問題が出題されています。

5. 論文解答法

では、具体的に論文の解答法を検討していきましょう。ここでは、600字論文、1,200字論文の解答法について説明します。

1) -1　600字論文

600字論文では、専門用語についての解説・原理・特徴・目的・方法・現状・将来性などについての記述が求められます。

■令和4年度　機構ダイナミクス・制御（答案用紙1枚600字）

> Ⅱ-1-1　FFTの概要を説明せよ。また、計測されたアナログ信号を
> A／D変換し、FFTにより周波数分析する際、起こり得るエリアジング
> についての説明とこれを防止する方法を述べよ。

【解説】

本設問は典型的な知識を問う形式ですので、勉強してきた内容を思い起こして、解答にまとめましょう。600字論文は書ける文量も限られていますので、問われていることを落とさないように、必要であれば図表も入れて誰にでもわかるように書きましょう。問われていることにストレートにわかりやすく答えることが文書コミュニケーション能力の良い評価につながります。

【骨子】

> 1. FFTの概説
>   FFTの説明＋用途にも簡単に触れる
> 2. エリアジングの説明と対策
>   エリアジングの原理と事象
>   エリアジングへの対策

【添削風論文】

令和 4 年度　技術士第二次試験答案用紙

受験番号	○○○○○○○○○○	技術部門	機械　　部門	※
問題番号	Ⅱ－1－1	選択科目	機構ダイナミクス・制御	
答案使用枚数	1 枚目　1 枚中	専門とする事項	交通機械	

○受験番号、問題番号、答案使用枚数、技術部門、選択科目及び専門とする事項の欄は必ず記入すること。
○解答欄の記入は、1マスにつき1文字とすること。（英数字及び図表を除く。）

1．FFT の 概 要 説 明
　フ ー リ エ 変 換 は 19 世 紀 の 数 学 者 で あ る ジ ョ セ フ フ ー
リ エ に 由 来 す る 関 数 変 換 手 法 の 一 つ で あ る 。 基 本 的 な
考 え 方 は フ ー リ エ 級 数 に あ り す べ て の 関 数 は 正 弦 波 と
余 弦 波 の 集 ま り と し て 構 成 で き る 事 に あ り 、 連 続 信 号
を 波 動 の 集 ま り と 考 え て 無 限 時 間 に 渡 っ て 積 分 す る 事
で 周 波 数 を 引 数 と す る 関 数 に 変 換 で き る 。 こ の フ ー リ
エ 変 換 を 信 号 処 理 に 実 用 化 で き れ ば 周 波 数 へ の 依 存 関
係 を 明 確 に と ら え る 事 が で き る が 、 無 限 時 間 に 渡 る 信
号 が 存 在 し な い こ と が 課 題 と な る 。 そ こ で 、 有 限 時 間
の 信 号 を 周 期 的 に 繰 り 返 す 仮 定 で フ ー リ エ 変 換 の 考 え
方 を 実 用 化 し た の が 離 散 フ ー リ エ 変 換 で あ る 。 更 に 、
信 号 量 が 増 え る と 変 換 処 理 が 膨 大 と な る 欠 点 が あ っ た
た め 、 そ れ を 高 速 処 理 す る ア リ ゴ リ ズ ム で 短 時 間 処 理
を 可 能 と し た の が 高 速 フ ー リ エ 変 換 （ FFT ） で あ る 。
2．エ イ リ ア シ ン グ と そ の 防 止 方 法
　エ イ リ ア シ ン グ は 、 信 号 に サ ン プ リ ン グ 周 波 数 の 半
分 以 上 の 振 動 成 分 が あ る 場 合 に 、 サ ン プ リ ン グ 周 波 数
の 半 分 で 折 り 返 し た 周 波 数 に 実 際 に な い 低 い 周 波 数 の
信 号 が 現 れ る 事 象 で あ る 。 基 本 的 な 対 策 は サ ン プ リ ン
グ 周 波 数 を 振 動 成 分 の 2 倍 以 上 に す る 事 で あ る 。 ま た 、
ダ イ ナ ミ ッ ク レ ン ジ 以 下 に 折 り 返 し 成 分 が 入 る よ う に
設 計 し た ア ン チ エ イ リ ア シ ン グ フ ィ ル タ の 適 用 も 有 効
で あ る 。
　　　　　　　　　　　　　　　　　　　　　　　　以 上

●裏面は使用しないで下さい。　　　●裏面に記載された解答は無効とします。　　　24 字 ×25 行

間違ってはいません
が、フーリエ変換の
説明が長くバランス
が悪いです。聞かれ
ている FFT につい
て一言で説明し、機
械技術分野からの応
用について触れるほ
うが良いでしょう。

言葉だけだとわかり
にくいので簡単な図
を用いて説明するの
が望ましいです。

1）-2　600字論文

■令和4年度　材料強度・信頼性（答案用紙1枚600字）

> Ⅱ-1-4　繰返し負荷や衝撃荷重を受ける機器などでは、材料強度を評
> 価するうえでひずみ速度依存性を考慮することが重要である。ひずみ速
> 度依存性について概要を説明するとともに強度を評価する際の留意点を
> 述べよ。

【解説】

　ひずみ速度依存性といえば、樹脂製材料のクリープ現象をイメージすること
も多いが、ここでは「繰返し負荷」や「衝撃荷重」というキーワードがあるた
め、金属材料も含めた出題であることが読み取れる。

　ひずみ速度依存性について、まず1つめの問いは概要であり、次に強度を評
価する際の留意点を問われている。そのため、解答用紙の前半に概要を解答し、
後半に留意点を述べる構成とする。

　解答用紙前半の概要については、クリープ現象も含めたある程度一般的なひ
ずみ速度依存性について図を用いて説明する。

　解答用紙後半の留意点については、「繰返し負荷」と「衝撃荷重」の2つに
分割し、それぞれ代表的な留意点を述べる構成とする。こちらも内容に合わせ
た図や式を用いて、専門家である試験官に対して適切な説明を行い、あなたの
コミュニケーション能力をアピールしましょう。

【骨子】

> 1　ひずみ速度依存性についての概要
> 　　クリープ減少と応力緩和の説明
> 2　強度を評価する際の留意点
> 2.1　繰返し負荷
> 　　マクスウェルモデルの説明
> 　　応力変化と周期変化の説明
> 2.2　衝撃荷重
> 　　塑性ひずみと粘性ひずみを扱う留意点を説明

【添削風論文】

令和4年度　技術士第二次試験答案用紙

受験番号	○○○○○○○○○	技術部門	**機械** 部門	※
問題番号	Ⅱ-1-4	選択科目	**材料強度・信頼性**	
答案使用枚数	1枚目　1枚中	専門とする事項	**ひずみ速度依存性**	

○受験番号、問題番号、答案使用枚数、技術部門、選択科目及び専門とする事項の欄は必ず記入すること。
○解答欄の記入は、1マスにつき1文字とすること。（英数字及び図表を除く。）

1．ひずみ速度依存性についての概要
　ひずみの量は変形する速度に応じて変化する性質を持つため、急激に荷重がかかると静的にかかる荷重時とは異なるひずみ量となるため、設計時想定されるひずみ量と異なり、製品の機能が正常に行われなくなり、また、繰り返し荷重によっても設計時に想定されたひずみ量とは異なるため、製品の機能が正常に行われない。

> 1文が長すぎる。下記の留意点と内容が重複している。内容が正確でない。図がなく説明が不明瞭。

2．強度を評価する際の留意点
　上述したように、強度を評価する際、静的荷重のみを考慮した設計時とは異なるひずみが起こるため、ゆっくり荷重がかかる場合と、衝撃などの急速にひずみを伴う荷重の場合とで場合分けを行う必要がある。

> 内容に正確性が欠ける。

　ひずみ速度依存性が大きい材料を使用する際、ひずみが小さいと勘違いして実際は大きくひずんでしまうと、隣接部分に干渉したり、異常な挙動を起こしてしまい、最悪な事態として不安全にかかわる事態が起きてしまう。

> 表現が抽象的

　そうならないように、ひずみの速度に注意して設計を行うことが重要である。

以上

> 具体的に何をどうすればいいのか記載がない

> これだけのスペースがあればもっと論述できる。

●裏面は使用しないで下さい。　　●裏面に記載された解答は無効とします。　　24字×25行

1）-3　600字論文

■令和4年度　流体機器（答案用紙1枚600字）

> II-1-2　風速を計測する方法の1つとして、ピトー管とマノメータの
> 組合せがあるが、その測定原理について説明せよ。

【解説】

　ベルヌーイの定理を利用したピトー管とマノメータの組み合わせは、計測・可視化する重要な流体機器です。「測定原理」という専門知識の指定があるので、まずは簡単に原理を述べるようにします。このように特定機器について、「原理」を説明する場合は、構成図を示しつつ簡単な説明をすると、わかりやすく説明ができます。その後、「測定原理」として、事例を挙げつつ述べるとわかりやすく説明ができます。

　事例では、専門的学識にある「理解し応用する」部分になりますので、挙げた事例での使用上の留意点として、「計測特性」に影響を及ぼす要因などを述べると評価項目である専門的学識とコミュニケーションの評価を得ることが可能になります。

【骨子】

> 1. 風速計測に用いるピトー管とマノメータの測定原理
> 2. 計測特性に影響を及ぼす要因と留意点

【添削風論文】

令和 4 年度　技術士第二次試験答案用紙

受験番号	○○○○○○○○	技術部門	機械	部門	※
問題番号	Ⅱ－1－2	選択科目	流体機器		
答案使用枚数	1 枚目　1 枚中	専門とする事項	流量制御装置		

○受験番号、問題番号、答案使用枚数、技術部門、選択科目及び専門とする事項の欄は必ず記入すること。
○解答欄の記入は、1マスにつき1文字とすること。(英数字及び図表を除く。)

風速測定に用いるピトー管とマノメータの測定原理
　ピトー管はL字型で先端を流れ方向に平行に向けた鼻管と流れに垂直な柄管から構成されている。
　鼻管の先端には全圧測定孔、側面には静圧測定孔がある。水平方向に風速V_A、静圧P_Aの流れ（密度：ρ）が生じると全圧測定孔付近は流れがせき止められ、全圧P_B、風速$V_B=0$のよどみ点ができる。
　そのため、静圧P_Aと全圧P_Bには差圧が発生し、柄管から接続されたU字型マノメータ内の液体（密度ρ'）高さh'は変化する（エネルギー保存則）。
　つまり、ベルヌーイの定理が成立し運動エネルギーである動圧$P_B=\frac{1}{2}\rho V_A^2$と位置エネルギーである静圧$P_A$の総和は、一定（保存される）になる全圧$P'$から、風速$V_A$を求めることができる。

> ピトー管とマノメータは構造図を用いて説明すれば端的でわかりやすくなります。

> 専門的学識の知識レベルでしかないため、専門的学識にある「専門知識を理解し応用すること。」の要求に対しては不十分な回答です。
> ここでは、理解度を示すこと、そしてそれの応用として業務経験上での留意点を述べるといいでしょう。

●裏面は使用しないで下さい。　●裏面に記載された解答は無効とします。　24字×25行

2）-1　1,200字論文

1,200字論文では専門知識も必要ですがそれ以上に「応用能力」に関する記述が求められます。ここでは、業務経験を事例とした業務遂行手順や業務上の留意点、工夫点を提示することでマネジメント能力、リーダーシップ能力をアピールできる内容にしましょう。

■令和4年度　機械設計（答案用紙2枚1,200字）

Ⅱ-2-1　コンピュータシミュレーションを活用した構造設計において、制御系と構造系、熱・流体系と構造系など、多くの設計領域を考慮した複合領域の設計が重要となる。あなたは製品開発のリーダーとして、機械製品を対象にした複合領域の設計に取り組み、要求される機能を満たす製品の設計をまとめることになった。業務を進めるに当たって、下記の問いに答えよ。

　(1) 開発製品を具体的に1つ示し、複合領域の設計を進める理由を説明せよ。また、調査、評価すべき事項とその理由を説明せよ。

　(2) 複合領域の設計を進める上での留意点を述べよ。

　(3) 業務を組織的、効果的に進めるための関係者との調整方法について述べよ。

【解説】

　この問題では製品リーダーの立場で製品開発プロセスについて記述していきます。まず複合領域の設計とその対象となる製品を選びます。一見難しそうですが、問題文にある複合領域の定義から、対象となる製品と設計領域は少なくないと気づくはずです。書き出しでは製品や設計領域の説明が必要ですが、解答スペースを圧迫しないよう、図表を使うなどして簡潔に記載してください。

　製品開発リーダーの立場とありますから、複合領域の専門家（メンバー）たちを束ねる役割です。いち設計領域の手順や留意点ではなく、コンピュータシミュレーションを活用した構造設計を行うために複数のメンバーが各々の専門領域の仕事をうまく連携できるような手順や留意点を記載するように意識して

ください。また、ご自身の業務で培った応用能力を活用して業務遂行する上で押さえるべきポイントを整理して説明するようにしてください。

【骨子例】　　　　　　　　　　　　【配分と対応するコンピテンシー】
1. 複合領域の設計と要求仕様　　　　24行（4項目×6行）
　　を充足する製品設計
1.1　対象製品　　　　　　　　　《専門的知識》業務知識レベル
1.2　要求事項、および複合　　　　《専門的知識》業務知識レベル
　　　領域の設計を要する理由
1.3　調査、評価すべき事項　　　　《専門的知識》業務知識レベル
　　①（事項）
　　②（事項）
2. 業務遂行における留意点　　　　12行（2項目×6行）
2.1　（留意点）　　　　　　　　《専門的知識》業務知識レベル
2.2　（留意点）　　　　　　　　《マネジメント》業務遂行手順
3. 関係者との調整方法　　　　　　12行（2項目×6行）
3.1　（関係者）　　　　　　　　《リーダーシップ》関係者調整
3.2　（関係者）

【キーワード抽出：論文作成用の要旨】

1.1　対象製品

攪拌システムにおける攪拌羽根

攪拌システム：①容器、②羽根、③温調システムで構成（図）

1.2　要求事項他

要求事項：攪拌（循環）効率の向上と羽根の軽量化

複合領域：CFD、FEMで評価

理由：攪拌能力、軽量化はトレードオフの関係

1.3　調査、評価すべき事項（うち2点選定）

①羽根と容器のすきま限界　→製造、保守性の観点

②解析結果の評価方法　→評価軸の一元化の観点

③使用流体の種類、温度　→材料と流体の相性の観点

2.　留意点（うち2点選定）

①製造容易性　→攪拌効率とのバランス

②時間が掛かるCFD中心に手順を考慮　→プロセス効率化の観点。

　　　粗いCFD解析→構造FEM→詳細CFD……　を回す

③局所最適化の回避　→広いアイデアと粗い解析→パラメータ最適化

　　と詳細な検討へ

④V&V　→テストによる解析の妥当性確認

3.　関係者との調整方法（うち2点選定）

①製造部門　　　　問題点：試作コストとリードタイムが形状により変化

　　　→方策：予め採用予定の生産方式、大きさを数種に限定。

②解析専任者　　　問題点：解析時間とリソースの調整が困難

　　　→方策：全工程をステップで切り分けして管理する。

③メンテ担当　　　問題点：図面による作業安全性検討が困難

　　　→方策：類似する過去トラブルの抽出、RAの実施と共有。

④生産技術部門　　問題点：前後工程の要件変化への対応が困難

　　　→方策：前後工程仕様の変更可能性を事前検討、設計仕様へ反映。

5. 論文解答法

【添削風論文】

令和4年度　技術士第二次試験答案用紙

受験番号	○○○○○○○○	技術部門	機械	部門	※
問題番号	Ⅱ－2－1	選択科目	機械設計		
答案使用枚数	1 枚目　2 枚中	専門とする事項	混合装置の設計		

○受験番号、問題番号、答案使用枚数、技術部門、選択科目及び専門とする事項の欄は必ず記入すること。
○解答欄の記入は、1マスにつき1文字とすること。(英数字及び図表を除く。)

1. 複合領域設計と要求仕様を充足する製品設計

1.1 対象開発製品

図1に示すかくはんシステムを対象とする。かくはんシステムは、①かくはん容器、②かくはん羽根、③温調ジャケットで構成される。

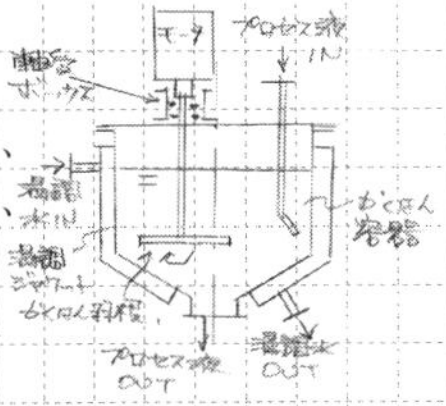

図1 かくはんシステム

1.2 複合領域の設計を進める理由

本設計の要求事項は、かくはん(循環)効率の向上と羽根の軽量化である。伝熱流体解析(以下CFD)と構造解析(以下FEM)の連成によりこれらを同時に実現する。

一般に羽根の大径化により循環効率は向上するが、同時に重量増となる。両者はトレードオフの関係にあるため連成解析によりこれらの最適化を図る。

1.3 調査・評価すべき事項

①羽根と容器のすきま限界

すきまが狭いとせん断かくはんによる効果も期待できるが、同時に組立、保守点検が困難になる。作業者ヒアリングや過去事例、および駆動軸の累積公差からこれらを事前に設定しておく。

②使用する流体の種類と温度の制限

流体と材料の相性により、腐食や摩耗、遅れ破壊の懸念がある。特に樹脂材料は温度とヤング率の関係、摺動部の周速限界などを確認しておく。

●裏面は使用しないで下さい。　　●裏面に記載された解答は無効とします。　　24 字 ×25 行

（右側添削コメント）

図の文字が小さすぎる。以降の論旨展開に無関係な説明は極力省く。

連成解析を行う。とあるが、以下の分析内容では、開発プロセスに必ずしも同時に行う連成解析を必要としていない。むしろ、CFDを行った後にFEMを行ったほうが効率的である。

トレードオフは複合的な検討が必要な理由の最要点である。技術士が取り組むべき問題であることもアピールできる。

設計着手前に事前に検討しておくべきことを記載している。事前に調査した結果、設計の評価軸をこのように決めた。というプロセスのほうが題意に合っている。

179

令和4年度　技術士第二次試験答案用紙

受験番号	○:○:○:○:○:○:○:○:○	技術部門	**機械** 部門	※
問題番号	II－2－1	選択科目	機械設計	
答案使用枚数	2 枚目　2 枚中	専門とする事項	混合装置の設計	

○受験番号、問題番号、答案使用枚数、技術部門、選択科目及び専門とする事項の欄は必ず記入すること。
○解答欄の記入は、1マスにつき1文字とすること。（英数字及び図表を除く。）

2．複合領域設計を進める上での留意点
①CFDを中心とした設計プロセス
　　詳細なCFD解析は時間が掛かるため、段階的に適用
する。まず粗いCFD解析を行い方針や方式を決める。
そして構造FEMや製造要件の調査で次のCFD解析の要
件を決める。これを繰り返して特にCFDでの手戻りを
回避することで、工程遅延を防ぐ。
②V&Vの実施
　　複合領域を想定した連成解析では、双方向に影響を
受ける場合が多く、解析精度の確保が課題となる。
　　精度確保のためには、過去実績や文献データの再現
や、簡単な実験モデルを使った味見テストによる検証
がある。また、V&Vの実施は解析課題の明確化や、
関係者への説明が容易になるメリットもある。
3．関係者との調整方法
①メンテナンス担当（以下メ担）
　　新規設計では、一般に図面による事前の作業安全性
の検討が困難である。類似する過去トラの抽出やメ担
と設計が共同でリスクアセスメントを行い、意見調整
を行う。を計画し事前にメ担へ働きかける。
②生産技術部門（以下生技）
　　複合領域を想定した連成解析では、一般に前後工程
の要件変化により致命的な手戻りが発生しやすい。前
後工程の変更可能性を事前に検討し、設計仕様へ反映
するなどの対策を生技へ働きかける。　　　　以上

●裏面は使用しないで下さい。　　●裏面に記載された解答は無効とします。　　24字×25行

（注釈）
- 章立ては前段まで、1. →1.1 だったのに対し、2. →① となっている。リズム感が狂って読みにくい。
- プロセスはフロー化したほうがわかりやすい。
- 一般論に終始しており独自性がない。なぜV&Vが必要なのか？　本設計固有の事情を交えると説得力が増す。
- メーカーの生産技術部門を想定していない。ユーザーと定義したほうが良いのではないか。
- 複合領域設計を行うことで初めて発生する不具合ではない。
- 90%以上埋めている。
- 以上　で締めくくる

2) -2 1,200字論文

■令和4年度 熱・動力エネルギー機器（答案用紙2枚1,200字）

II-2-1 ある製造業の事業所敷地内では、高温空気による乾燥工程からの300℃程度の排気熱があり、あなたはこの未利用熱の回収によって工場の省エネ化を図る業務遂行チームのリーダーとなった。下記の内容について記述せよ。

(1) 排気熱の回収による省エネ化に係る調査、検討すべき事項とその内容について、説明せよ。

(2) 業務を進める手順を列挙したうえで、排気熱の回収機器について留意すべき点、工夫を要する点を述べよ。

(3) 業務を効率的、効果的に進めるための関係者との調整方策について述べよ。

既存の工場で発生する排気熱の回収、利用の進め方を問う問題です。既存の排熱利用発電などが利用でき、技術士として工場の未利用エネルギーによる省エネを実現するための課題遂行及び、問題の解決案を示しましょう。ここでは排気熱を利用して、低沸点媒体を蒸気化して、タービン発電機を回して発電するバイナリー発電を採用した場合の論文の骨子を示します。

1,200字論文なので、論文の最初には「はじめに」として、導入するバイナリー発電設備のあるべき姿を提示します。検討項目や技術的提案では、自分の業務などで取組んだ内容を記述できると論文の質が上がりますが、業務内容とずれがある場合は、自分の専門知識を軸にして臨機応変に骨子を作成してください。問題に対して専門知識・業務経験とその応用力で解決案を導出し、その解決案を実現させるために業務遂行手順を適切に踏み、多様な関係者と調整する能力を提示することが、採点者を引き付けるコツとなります。今回のような設問の場合は（1）の調査・検討すべき項目を数多く挙げることで知識・経験量を、（2）の排気熱の回収機器の工夫で応用力、（3）の関係者との調整方策で実現させる能力を示すことが可能です。

【骨子】

1. はじめに　　　　　　　　　　　　　　　　　　　　1 頁 1 行～5 行
　・排気熱を利用した省エネを必要とする背景　　　　《専門的学識》
　・設備の概要　　　　　　　　　　　　　　　　　　業務理解レベル

2. 調査、検討すべき事項とその内容（設問 (1)）　　　 1 頁 6 行～17 行
　・排気熱の回収設備設置における制約条件　　　　　《マネジメント》
　・設備導入による製品品質に与える影響　　　　　　業務遂行手順

3. 排気熱回収機器の工夫点（設問 (2)）　　　　　　 1 頁 18 行～2 頁 10 行
　・業務遂行手順
　・導入発電システム：バイナリー発電
　・導入する際の留意点（回収する排気熱の温度低　　《専門的知識》
　　下）　　　　　　　　　　　　　　　　　　　　　業務知識レベル
　・工夫を要する点（炉内温度管理）

4. 関係者との調整方策（設問 (3)）　　　　　　　　　2 頁 11 行～17 行
　・設備の仕様、保全（設備導入部門、保全部門）　　《リーダーシップ》
　・既存設備改善計画の立案（設備導入部門）　　　　関係者調整

5. おわりに　　　　　　　　　　　　　　　　　　　　2 頁 18 行～22 行
　・技術士として排気熱利用による省エネ化に必要なこと

【添削風論文】

令和4年度　技術士第二次試験答案用紙

受験番号	○○○○○○○○○	技術部門	機械	部門	※
問題番号	Ⅱ−2−1	選択科目	熱・動力エネルギー機器		
答案使用枚数	1枚目 2枚中	専門とする事項	ガラス生産設備		

○受験番号、問題番号、答案使用枚数、技術部門、選択科目及び専門とする事項の欄は必ず記入すること。
○解答欄の記入は、1マスにつき1文字とすること。（英数字及び図表を除く。）

1．はじめに
　樹脂とガラスの接着工程において、加圧加温接着炉を使用する。乾燥工程で約300℃の排気熱が発生する。現在、未利用の排気熱を利用した**発電設備**を導入し、省エネ化を図る。　◀ どんな発電設備？

2．調査、検討すべき事項とその内容

2-1 排気熱の回収設備設置における制約条件
　排気熱の回収装置を既存設備の横に設置し、高温の排気熱を回収すると効率的だが、設置場所がない。このため、**設備から離れた場所**に装置を設置することになり、排気熱の温度低下を調査し発電に利用可能か検討する。　◀ 距離は？

2-2 設備設置による**製品への影響**
　排気熱を回収するため、炉内の高温空気を回収機に送ると、**炉内の温度不均一化**によるガラスと樹脂の接着不良の心配がある。このため、高温空気の排気を行ったときの、接着品質への影響を**調査する**。　◀ どうして不均一になる？　◀ 実験する？それともシミュレーション？

3．業務遂行手順、留意点・工夫点

3-1 業務遂行手順
① 省エネ化と設備導入、ランニングコストの計算
② 設備仕様の確定
③ 機器の設計
④ 見積もり、発注先の選定と発注
⑤ 設備製作と試運転
⑥ 設備導入部門への設備引渡し、稼働

●裏面は使用しないで下さい。　　●裏面に記載された解答は無効とします。　　24字×25行

令和4年度　技術士第二次試験答案用紙

受験番号	○:○:○:○:○:○:○:○	技術部門	機械　部門	※
問題番号	Ⅱ－2－1	選択科目	熱・動力エネルギー機器	
答案使用枚数	2枚目　2枚中	専門とする事項	ガラス生産設備	

○受験番号、問題番号、答案使用枚数、技術部門、選択科目及び専門とする事項の欄は必ず記入すること。
○解答欄の記入は、1マスにつき1文字とすること。（英数字及び図表を除く。）

3-2　バイナリー発電導入の留意点・工夫点
① 回収する排気熱の温度低下対策
　回収機器が設備から離れた場所に設置するため、発電機入口で空気温度が 150 ℃ 以上になるよう、配管の断熱を行う。　◀── どうして150℃以上？
② 設備設置による製品品質への影響
　高温空気を排気すると、炉内温度が均一とならず、接着品質が低下する。このため、炉内温度測定器と制御機器、ヒータを追加し、炉内温度が均一となるよう制御する。
4．関係者との調整方策
　本設備を使用する設備導入部門、および本設備の保全部門と仕様、および設備導入後の保全作業の内容について、計画段階から 協同 することが必要である。　◀── これは何をする？
　また、既存設備の改造が必要となるため、設備導入部門と改造内容を説明し、既存設備の停止期間の検討と生産と出荷への影響を調整する。
5．おわりに
　排気熱を回収し、発電を行うことで省エネ化によるコスト削減が期待できる。これにより、ガラス製造業の国際競争力を高めることができ、国内生産を維持することが可能となる。
　　　　　　　　　　　　　　　　　　　　　　以上

　　3. の説明を増やして、最終行まで埋めたい

●裏面は使用しないで下さい。　　●裏面に記載された解答は無効とします。　　24字×25行

2)－3　1,200字論文

■令和4年度　加工・生産システム・産業機械（答案用紙2枚1,200字）

> Ⅱ－2－1　オーバーハングした自由曲面のような複雑形状の加工を行う
> ために多軸加工機の導入を検討している。工具と工作物の接触に伴って
> これらの間に直列の力学的連鎖が形成されることを考えた場合、軸数の
> 増加に伴って運動自由度は増すものの多様な課題が想定される。この導
> 入業務の担当責任者に選ばれたとして、下記の内容を記述せよ。
> (1) 調査、検討すべき事項とその内容について説明せよ。
> (2) 業務を進める手順を列挙し、それぞれの項目ごとに留意すべき点、
> 　　工夫を要する点を述べよ。
> (3) 業務を効率的、効果的に進めるための関係者との調整方法について
> 　　述べよ。

【解説】

　この問題は多軸加工機の導入責任者の立場として記述していくことになりま
す。一見、多軸加工機の導入経験が無い受験者は解答しにくいと判断しがちな
設問です。しかし落ち着いて多軸加工機の長所、短所など基本的な専門知識を
土台として技術士に求められる設備導入の業務遂行手順がアピールできる論文
を書けるようにしてください。

【骨子】

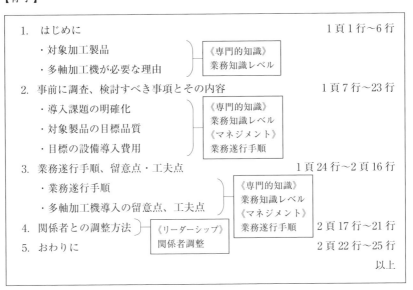

1.　はじめに　　　　　　　　　　　　　　　　　1頁1行～6行
　・対象加工製品　　　　　　《専門的知識》
　・多軸加工機が必要な理由　業務知識レベル
2.　事前に調査、検討すべき事項とその内容　　　1頁7行～23行
　・導入課題の明確化　　　　《専門的知識》
　　　　　　　　　　　　　　業務知識レベル
　・対象製品の目標品質
　　　　　　　　　　　　　　《マネジメント》
　・目標の設備導入費用　　　業務遂行手順
3.　業務遂行手順、留意点・工夫点　　　　　　　1頁24行～2頁16行
　・業務遂行手順　　　　　　《専門的知識》
　　　　　　　　　　　　　　業務知識レベル
　・多軸加工機導入の留意点、工夫点
　　　　　　　　　　　　　　《マネジメント》
4.　関係者との調整方法　　　業務遂行手順　　　2頁17行～21行
　　　　　　　　　　《リーダーシップ》
5.　おわりに　　　　　関係者調整　　　　　　　2頁22行～25行
　　　　　　　　　　　　　　　　　　　　　　　以上

【添削風論文】

令和4年度　技術士第二次試験答案用紙

受験番号	○○○○○○○○○	技術部門	機械 部門	※
問題番号	Ⅱ－2－1	選択科目	加工・生産システム・産業機械	
答案使用枚数	1 枚目　2 枚中	専門とする事項	プラスチック加工機	

○受験番号、問題番号、答案使用枚数、技術部門、選択科目及び専門とする事項の欄は必ず記入すること。
○解答欄の記入は、1マスにつき1文字とすること。（英数字及び図表を除く。）

1．はじめに
　自動車ヘッドランプ向け樹脂製厚肉レンズ金型加工
を目的とした多軸加工機導入業務を事例に記述する。　　← 設備の具体的用途を述べたほうが専門的学識をアピールしやすい。
多軸加工機は回転工具の姿勢を変えることによって最　　← 多軸加工機導入目的の記述があると良い。
適な切削条件が得られるためレンズ金型に求められる
形状精度と表面粗度を得ることができる。
2．調査、検討すべき事項とその内容
2-1 導入課題の明確化　　← この課題解決によって技術士目的である科学技術向上と国民経済発展に繋げられる課題提示が必要。
　汎用の3軸加工機と比較して多軸加工機は導入費用
が一般的に高額になる。また多軸加工機は軸数増加に
よる機械精度悪化や熱的影響による寸法精度悪化の恐
れがある。そのため3軸加工機と比較して投資費用に　　← 導入目的に対応した課題提示が必要。
応じた効果が得られるかが課題である。
2-2 その他導入の制約条件の明確化
　設備の必要な機能などを含む設備要求仕様、目標導　　← 実業務で必要な内容ではなく、提示した課題遂行に伴う記述に集中したほうが良い。
入コスト、希望納入時期、要求すべき安全対策や環境
対策についても導入部署や設備保全部署等に事前に確
認が必要である。
3．業務遂行手順、留意点・工夫点
3-1 業務遂行手順
①要求設備仕様と検収条件の確定　　← ここでは課題遂行のための手順が求められる。一般的な業務手順ではない。
②見積依頼・受領
③試作加工
④発注先の確定と発注
⑤設備導入と検収

●裏面は使用しないで下さい。　　●裏面に記載された解答は無効とします。　　24 字 ×25 行

令和4年度　技術士第二次試験答案用紙

受験番号	○○○○○○○○○	技術部門	**機械**	部門	※
問題番号	Ⅱ－2－1	選択科目	加工・生産システム・産業機械		
答案使用枚数	2枚目　2枚中	専門とする事項	プラスチック加工機		

○受験番号、問題番号、答案使用枚数、技術部門、選択科目及び専門とする事項の欄は必ず記入すること。
○解答欄の記入は、1マスにつき1文字とすること。（英数字及び図表を除く。）

⑥導入部門への設備引渡し

3-2 多軸加工機導入の留意点・工夫点

①振動対策

　多軸加工機設置場所の振動によって加工品質が悪化する。事前に設置場所の振動測定を行い、その結果に応じた振動対策が必要である。具体的には設備下に除震装置設置や周囲からの振動が伝わらないよう基礎を切り離す方法がある。

②耐久性について

　導入初期は要求品質が満足できても摩耗等により品質低下が無いか確認しておく必要がある。想定使用条件でどのくらいの期間品質が維持できるのか、また品質低下時には消耗品交換や設備再調整で復帰できるのか事前に確認が必要である。

4．関係者との調整方法

　導入後本設備を使用する導入部門、および本設備を維持管理する保全部門と導入後に揉めることの無いよう、仕様・発注先の確定、および導入後の設備検収は双方部門の同意を得ておくことが必要である。

5．おわりに

　多軸加工機は汎用設備と比較し高精度な加工ができる一方で高額な設備である。そのため設備の特性を理解し、機械性能を最大限に発揮した使用方法により競争力のある加工を行っていかなければならない。

以上

●裏面は使用しないで下さい。　　●裏面に記載された解答は無効とします。　　24字×25行

ここでは課題遂行のための手順が求められる。一般的な業務手順ではない。

ここでは多軸加工機に関する専門知識をアピールして欲しい。目的の阻害要因について導入段階で検討し、対策が必要である。

この設備導入を個人の知識・力量で進めるのではなく社内の利害関係者と協議・合意し、組織としての取組が求められる。

課題達成によって技術士の目的である科学技術向上と国民経済発展に繋がる記述ができると良い。

6．論文解答例

ここでは、600字論文、1,200字論文の解答例を挙げます。

1）-1　600字論文　【見本論文】

■令和4年度　機構ダイナミクス・制御Ⅱ-1-1

令和4年度　技術士第二次試験答案用紙

受験番号	○:○:○:○:○:○:○:○	技術部門	機械　　　部門	※
問題番号	Ⅱ-1-1	選択科目	機構ダイナミクス・制御	
答案使用枚数	1 枚目　1 枚中	専門とする事項	交通機械	

○受験番号、問題番号、答案使用枚数、技術部門、選択科目及び専門とする事項の欄は必ず記入すること。
○解答欄の記入は、1マスにつき1文字とすること。（英数字及び図表を除く。）

1．FFTの概要説明

　FFT（高速フーリエ変換）は連続信号を無限時間に渡って積分するフーリエ変換に対して、有限時間の信号を周期的に繰り返す仮定での信号変換を高速でおこなう手法である。時間依存信号を周波数依存の信号に短時間で変換でき、音や振動といった機械の周期的挙動と関係が深い技術分野で広く利用されている。

2．エイリアシングとその防止方法

　エイリアシングは、信号にサンプリング周波数の半分以上の振動成分がある場合に、サンプリング周波数の半分で折り返した周波数に実際にない低い周波数の信号が現れる事象である（図1）。

　基本的な対策はサンプリング周波数を振動成分の2倍以上にする事である。また、ダイナミックレンジ以下に折り返し成分が入るように設計したアンチエイリアシングフィルタの適用も有効である。　　　　　　　　　以上

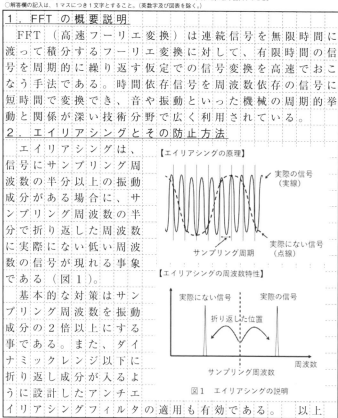

図1　エイリアシングの説明

●裏面は使用しないで下さい。　　　　●裏面に記載された解答は無効とします。　　　　24字×25行

1）-2　600字論文　【見本論文】

■令和4年度　材料強度・信頼性Ⅱ-1-4

令和4年度　技術士第二次試験答案用紙

受験番号	○:○:○:○:○:○:○:○	技術部門	機械	部門	※
問題番号	Ⅱ-1-4	選択科目	材料強度・信頼性		
答案使用枚数	1 枚目　1 枚中	専門とする事項	ひずみ速度依存性		

○受験番号、問題番号、答案使用枚数、技術部門、選択科目及び専門とする事項の欄は必ず記入すること。
○解答欄の記入は、1マスにつき1文字とすること。（英数字及び図表を除く。）

1．ひずみ速度依存性についての概要

　ひずみ速度依存性とは、材料の変形の挙動が、荷重の時間的変化に関わらず、荷重が加わった継続時間によってひずみや応力が変化する性質のことである。図1のように経過時間とともにひずみが増加することをクリープ現象と呼び、応力が徐々に低下することを応力緩和という。

図1 クリープと応力緩和

2．強度を評価する際の留意点

2.1　繰返し負荷

　粘弾性変形で応力 σ は、図2のばねとダッシュポットを直列にしたマクスウェルモデルなどを用いる。

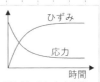
図2　マックスウェルモデル

$\sigma = E\varepsilon_0 \exp(-t/T_r)$ （ばねの弾性係数 E、ひずみ ε_0、時間 t、緩和時間 T_r）　非比例的繰返し負荷では、繰返し硬化が起き徐々に応力振幅が大きくなる可能性に留意すること。また、粘性による減衰効果と位相遅れによる振動周期の変化に留意すること。

2.2　衝撃荷重

　衝撃荷重での粘塑性変形では、ひずみ速度依存性がより増大するため上記で述べた速度非依存の塑性構成式が適さないことが多い。高速変形や高温でのクリープ変形では、統一型非弾性構成式を用いて、速度に依存しない塑性ひずみと粘性によるひずみを一括で扱うよう留意する。　　　　　　　　　　以上

●裏面は使用しないで下さい。　　　●裏面に記載された解答は無効とします。　　　24字×25行

1）－3　600字論文　【見本論文】
■令和4年度　流体機器Ⅱ－1－2

令和4年度　技術士第二次試験答案用紙

受験番号	○:○:○:○:○:○:○:○:○	技術部門	機械　　　　部門	※
問題番号	Ⅱ－1－2	選択科目	流体機器	
答案使用枚数	1枚目　1枚中	専門とする事項	流量制御装置	

○受験番号、問題番号、答案使用枚数、技術部門、選択科目及び専門とする事項の欄は必ず記入すること。
○解答欄の記入は、1マスにつき1文字とすること。（英数字及び図表を除く。）

1.風速測定に用いるピトー管とマノメータの測定原理

　図1にピトー管とマノメータの構成を示す。ピトー管はL字型で先端を流れ方向に平行に向けた鼻管と流れに垂直な柄管から構成されている。鼻管の先端には全圧測定孔、側面には静圧測定孔がある。非粘性流体でかつ摩擦は無視して考えると、水平方向に風速V_A、静圧P_Aの流れ（密度：ρ）が生じると全圧測定孔付近は流れがせき止められ、全圧P_B、風速$V_B=0$のよどみ点ができる。そのため、静圧P_Aと全圧P_Bには差圧が発生し、柄管から接続されたU字型マノメータ内の液体（密度ρ'）高さh'は変化する（エネルギー保存則）。つまり、ベルヌーイの定理が成立し運動エネルギーである動圧$P_B=\frac{1}{2}\rho V_A^2$と位置エネルギーである静圧$P_A$の総和は、一定（保存される）になる全圧$P'$から、風速$V_A$を求めることができる。

図1.構成図

2.計測特性に影響を及ぼす要因と留意点

　ここで、使用上の留意点として計測特性に影響を及ぼす因子を述べる。計測の流れ場は、定常流でかつ、平均圧力を計測するため応答性が遅くなることに留意する。また、鼻管は流れ場に平行でなければ、正確な動圧が計測できないため、設置環境も留意する。以上

2) -1　1,200字論文　【見本論文】

■令和4年度　機械設計Ⅱ-2-1

令和4年度　技術士第二次試験答案用紙

受験番号	○:○:○:○:○:○:○:○:○	技術部門	機械	部門	※
問題番号	Ⅱ-2-1	選択科目	機械設計		
答案使用枚数	1 枚目　2 枚中	専門とする事項	混合装置の設計		

○受験番号、問題番号、答案使用枚数、技術部門、選択科目及び専門とする事項の欄は必ず記入すること。
○解答欄の記入は、1マスにつき1文字とすること。(英数字及び図表を除く。)

1．複合領域設計と要求仕様を充足する製品設計

1.1 対象開発製品

図1に示す乳化装置（かくはんシステム）を対象とする。乳化装置は、①かくはん容器、②かくはん羽根で構成される。

図1　乳化装置の構造

1.2 複合領域の設計を進める理由

本設計の要求事項は、かくはん（循環）効率の向上とコストダウンである。一般に羽根の大径化により循環効率は向上するが、同時に重量増＝コストアップとなる。つまり両者はトレードオフの関係にある。そこで、流体解析（以下CFD）と構造解析（以下FEM）を効果的に実施してこれらの最適化を図る。

1.3 調査・評価すべき事項

①羽根と容器のすきま限界

すきまが狭いと微小渦による微粒化（品質向上）が期待できるが、同時にシャフトに大きな抗力が発生する。乳化品の要求品質、抗力とすきまの関係を品質工学を用いたテスト評価などで最適化し、評価対象から除外して問題を単純化する。

②解析結果の評価方法

構造系はシャフト径とコストの関係を、流体系は混合度の評価パラメーターを事前に調査しておき、両者掛け合わせた評価軸を解析で最適化していく。

●裏面は使用しないで下さい。　　●裏面に記載された解答は無効とします。　　24字×25行

令和4年度　技術士第二次試験答案用紙

受験番号	○:○:○:○:○:○:○:○	技術部門	機械　　　部門	※
問題番号	Ⅱ－2－1	選択科目	機械設計	
答案使用枚数	2枚目　2枚中	専門とする事項	混合装置の設計	

○受験番号、問題番号、答案使用枚数、技術部門、選択科目及び専門とする事項の欄は必ず記入すること。
○解答欄の記入は、1マスにつき1文字とすること。（英数字及び図表を除く。）

2．複合領域設計を進める上での留意点

2.1 CFDを中心とした設計プロセス

　詳細なCFD解析は高精度だが時間が掛かる。まず粗いCFD解析を行い羽根の位置、数量の方針を決める。次にFEM解析で構造の優劣から候補を絞り、再びCFD解析で羽根径を模索する。これを繰り返して徐々に詳細な検討へと進め羽根の大きさと形状を最適化する（図1）。CFDの手戻り回避と高精度確保が両立できる。

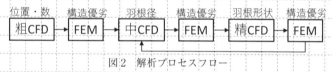

図2　解析プロセスフロー

2.2 V＆Vの実施

　最適化した結果は、複数の候補とともに実験確認してその優位性と解析精度の評価を行う。結果や精度が期待通りなら、他の設計への流用が可能になる。

3．関係者との調整方策

3.1 メンテナンス担当（以下メ担）

　羽根構造の決定には保全効率・安全性の検討も必要である。メ担へ類似の過去トラブル抽出や保全リスクアセスメントを依頼し、その結果も設計へ反映する。

3.2 ユーザーの生産技術部門（以下生技）

　解析を用いた複合領域設計では、設計要件変化が致命的な手戻りになりやすい。生技へ工程変更の可能性やその範囲を設計要件に盛り込むよう要請する。以上

●裏面は使用しないで下さい。　　●裏面に記載された解答は無効とします。　　24字×25行

2)-2 1,200字論文 【見本論文】

■令和4年度 熱・動力エネルギー機器Ⅱ-2-1

令和4年度 技術士第二次試験答案用紙

受験番号	○○○○○○○○○	技術部門	機械 部門	※
問題番号	Ⅱ-2-1	選択科目	熱・動力エネルギー機器	
答案使用枚数	1枚目 2枚中	専門とする事項	ガラス生産設備	

○受験番号、問題番号、答案使用枚数、技術部門、選択科目及び専門とする事項の欄は必ず記入すること。
○解答欄の記入は、1マスにつき1文字とすること。(英数字及び図表を除く。)

1．はじめに
　樹脂とガラスの接着工程において、加圧加温接着炉を使用する。乾燥工程で約300 ℃の排気熱が発生する。現在、未利用の排気熱を利用し、低沸点媒体を、加熱、蒸発させてタービンを回して発電するバイナリ発電設備を導入し、省エネ化を図る。
2．調査、検討すべき事項とその内容
2-1 排気熱の回収設備設置における制約条件
　排気熱の回収装置を既存設備の横に設置し、高温の排気熱を回収すると効率的だが、設置場所がない。このため、設備から50m離れた場所に装置を設置することになり、排気熱の温度低下を調査し発電に利用可能か検討する。
2-2 設備設置による製品への影響
　排気熱を回収するため、炉内の高温空気を回収機に送る配管が必要となる。このため、炉内の空気が急速に配管へ流れることで、炉内の温度が不均一となり、ガラスと樹脂の接着不良の心配がある。このため、高温空気の排気を行ったときの、接着品質への影響をシミュレーションにより解析する。
3．業務遂行手順と留意点・工夫点
3-1 業務遂行手順
①省エネ化と設備導入、ランニングコストの計算
②設備仕様の確定
③機器の設計

●裏面は使用しないで下さい。　　●裏面に記載された解答は無効とします。　　24字×25行

令和4年度　技術士第二次試験答案用紙

受験番号	○:○:○:○:○:○:○:○:○	技術部門	機械	部門	※
問題番号	Ⅱ－2－1	選択科目	熱・動力エネルギー機器		
答案使用枚数	2 枚目　2 枚中	専門とする事項	ガラス生産設備		

○受験番号、問題番号、答案使用枚数、技術部門、選択科目及び専門とする事項の欄は必ず記入すること。
○解答欄の記入は、1マスにつき1文字とすること。（英数字及び図表を除く。）

④見積もり、発注先の選定と発注
⑤設備製作と試運転
⑥設備導入部門への設備引渡し、稼働
3-2 バイナリー発電導入の留意点・工夫点
①回収する排気熱の温度低下対策
　回収機器が設備から離れた場所に設置する。このため、発電機入口で空気温度を、発電効率が最大となる150 ℃以上を確保できる配管の断熱を行う。
②設備設置による製品品質への影響
　高温空気を排気すると、炉内温度が均一とならず、接着品質が低下する。このため、炉内温度測定器と制御機器、ヒータを追加し、炉内温度が均一となるよう制御する。
4．関係者との調整方策
　本設備を使用する設備導入部門、および保全部門と、計画段階から、仕様、保全作業について、問題点などを共有し、解決策を検討することが必要である。
　また、既存設備の改造が必要となるため、設備導入部門と改造内容を説明し、既存設備の停止期間の検討と生産と出荷への影響を調整する。
5．おわりに
　排気熱を回収し、発電を行うことで省エネ化によるコスト削減が期待できる。これにより、ガラス製造業の国際競争力を高めることができ、国内生産を維持することが可能となる。　　　　　　　　　　以上

●裏面は使用しないで下さい。　　　●裏面に記載された解答は無効とします。　　24字×25行

2）－3　1,200字論文　【見本論文】
■令和4年度　加工・生産システム・産業機械Ⅱ－2－1

令和4年度　技術士第二次試験答案用紙

受験番号	○○○○○○○○○	技術部門	機械	部門	※
問題番号	Ⅱ－2－1	選択科目	加工・生産システム・産業機械		
答案使用枚数	1枚目　2枚中	専門とする事項	プラスチック加工機		

○受験番号、問題番号、答案使用枚数、技術部門、選択科目及び専門とする事項の欄は必ず記入すること。
○解答欄の記入は、1マスにつき1文字とすること。（英数字及び図表を除く。）

1．はじめに
　自動車ヘッドランプ向け樹脂製レンズ金型加工を目的とした多軸加工機導入業務を事例に記述する。多軸加工機は回転工具の姿勢角度に応じて切削速度など最適な切削条件で加工ができるため本金型に求められる高品質な形状精度と表面粗度を得ることができる。

2．調査、検討すべき事項とその内容
2-1 導入課題の明確化
　汎用加工機と比較し多軸加工機は導入費用が一般的に高額になる。また多軸加工機は軸数増加に伴い機械的な集積誤差や熱的影響による集積誤差によって寸法精度が悪化するケースがある。そのため設備導入費用に応じた加工精度を得ることが課題である。

2-2 課題遂行のために調査、検討すべき事項
①対象製品と目標品質
　設備性能を定量評価するには、対象レンズ金型を決めて加工品質の目標値を明確にしなければならない。本金型は光学面の輪郭精度0.03 mm以内、表面粗度Ra 10 nm以下とする。
②目標の設備導入費用
　本設備導入による売上計画や本事業で掛かる経費などを調査し、投資回収期間から目標の設備導入費用を決定する。

3．業務遂行手順、留意点・工夫点
3-1 業務遂行手順

●裏面は使用しないで下さい。　●裏面に記載された解答は無効とします。　24字×25行

令和4年度　技術士第二次試験答案用紙

受験番号	○○○○○○○○○	技術部門	機械　　　部門	※
問題番号	Ⅱ－2－1	選択科目	加工・生産システム・産業機械	
答案使用枚数	2枚目　2枚中	専門とする事項	プラスチック加工機	

○受験番号、問題番号、答案使用枚数、技術部門、選択科目及び専門とする事項の欄は必ず記入すること。
○解答欄の記入は、1マスにつき1文字とすること。（英数字及び図表を除く。）

①試作評価：軸数、切削条件、加工方法、構造の異なる加工設備など複数加工条件の組合せによる対象製品の試作加工を行い、定量的に加工品質を評価する。
②評価結果の分析：得られた評価結果と設備導入費用等をマトリックス表にし、最終評価を行うための加工条件を確定する。
③導入設備の確定：最終評価の結果、最も投資対効果の高い設備導入を決定する。

3-2 多軸加工機導入の留意点・工夫点

①振動対策：設置場所の振動によって加工品質が影響する。そのため事前に設置場所の振動測定を行い、振動対策が必要である。その対策は除震装置設置や周囲からの設置場所の基礎を切り離す方法がある。
②耐久性について：想定使用条件でどのくらいの期間品質が維持できるか、また品質低下時には消耗品交換や設備再調整で復帰できるか事前に確認が必要である。

4．関係者との調整方法

　本設備の目的、必要仕様の目標値は予め技術・生産・保全など社内関連部門と情報共有し設備要求仕様・導入時の設備検収条件について洩れなきよう十分な協議をしておかなければならない。

5．おわりに

　多軸加工機の特性を理解し、機械性能を最大限に活用した使用方法により競争力のある加工を行っていく必要がある。　　　　　　　　　　　　　　　　以上

●裏面は使用しないで下さい。　　　●裏面に記載された解答は無効とします。　　　24字×25行

7. 学習のポイント

① 選択科目（Ⅱ）の出題傾向をつかみましょう。

　・過去問題の分析をする

　・600字4題中1題、1,200字2題中1題を選択

　・選択科目によっては作図や計算問題も出題される

② 学習方針を決めましょう。

　・バランスのよい計画を立てる

　・情報収集を十分に行う

　・キーワード抽出とキーワード解説を作成してみる

　・キーワード学習を中心に行う

　・重要なキーワードは暗唱できるレベルにまで繰り返し学習する

　・作図、計算問題の出題も考慮に入れる

　・選択科目に関する課題を洗い出しておく

　・短時間で論文を書く

③ 内容が濃く、かつストーリー性のある論文を書きましょう。

　・600字論文は体系化された専門知識を準備しておき、その中から問わ
　　れている要点のみをコンパクトに記述する

　・1,200字論文は自身の業務経歴を活用した課題解決事例を準備してお
　　き、その中から設問に合わせて応用能力をアピールする

　・計算問題は最終の解答がわからなくても諦めない

● 第4章のレシピ（処方）●

素材チェック！

起	過去問題の分析。
承	キーワード抽出とキーワード解説。
転	キーワード学習を徹底的に行う。
結	問題を十分に把握して的確に答える。

第4章のポイント

1. 過去問題の分析を十分に行う。

2. キーワードを抽出し、キーワード解説を作成する。

3. キーワード学習を徹底的に行い使いこなす。

4. 問題文を短時間で読んで、出題の意図を正確に把握する。

5. 600字論文は短時間で要点のみ書く。

6. 1,200字論文は業務経歴の活用によって応用能力をアピールする。

7. 確固たる自分の意見（＝業務経験で培った自身の技術的な創意・工夫）を入れる。

かくし味（技術士の声）

論文はスピード重視！

● ネット座談会 Ⅱ

〈5月末、第二回ネット座談会を開催〉

師匠　筆記試験対策は『「機械部門」完全対策＆キーワード100』にまとめてる
　　　けど、もう読んだ？

宏　　はい、読みました。でも読んだときは「なるほど」って思うんですけど
　　　実際に論文を書いてみたら全然うまいこと書けませんねん。

涼子　そりゃ書いてるもん読むだけなんと、真っ白な原稿から書き上げるんと
　　　違って当たり前やわ。

慎吾　そうなんですか？　ぼくはなかなかいい論文が書けてますよ。

涼子　そうなん？　スゴイ！　意外やわあ。

宏　　慎吾君案外やるなあ。まさか君がそんなに進んでいるとは。

師匠　せやなあ。慎吾君に限って順調とは人生3つめの坂やな。

宏　　師匠、人生3つめってなんですか？

師匠　1つめは「上り坂」、2つめは「下り坂」、3つめは、「まさか」

199

慎吾　そこまで言われたらなんか腹立たしいですね。

師匠　まあまあ。それほど君が急成長しているってことやねん。

慎吾　そうならいいんですけど。

師匠　ほいじゃら慎吾君の論文見せてもらっていいかな？

慎吾　はいはい。問題文は令和4年度、機械部門、選択科目は「加工・生産システム・産業機械」の問題番号Ⅲ－2です。

師匠　どれどれ？

　　　（問題文は第5章選択科目Ⅲ、慎吾さんの論文は【添削風論文】「加工・生産システム・産業機械」を参照ください）

師匠　まずい、慎吾くん、これじゃあ合格できひんでえ。

慎吾　自分的にはうまいこと書けたと思ってたのにいったいどこがあかんのですか？

師匠　なんちゅうたらえんやろ。まずは、これ見てみよか。

| Ⅲ　選択科目 |

「選択科目」についての問題解決能力及び課題遂行能力に関するもの

記述式　600字×3枚以内［30点］【2問出題1問選択解答】

概　念	社会的なニーズや技術の進歩に伴い、社会や技術における様々な状況から、複合的な問題や課題を把握し、社会的利益や技術的優位性などの多様な視点からの調査・分析を経て、問題解決のための課題とその遂行について論理的かつ合理的に説明できる能力
出題内容	社会的なニーズや技術の進歩に伴う様々な状況において生じているエンジニアリング問題を対象として、「選択科目」に関わる観点から課題の抽出を行い、多様な視点からの分析によって問題解決のための手法を提示して、その遂行方策について提示できるかを問う。
評価項目	技術士に求められる資質能力（コンピテンシー）のうち、専門的学識、問題解決、評価、コミュニケーションの各項目

師匠　筆記試験のⅢ選択科目はこうゆう「概念」「出題内容」「評価項目」になってるんよ。

慎吾　ふむふむ。

師匠　問題文に「多面的な観点から3つの課題を抽出し」ってあるけど、慎吾くんの抽出した課題は自社の機械加工工場のことだけで多面的とは言い難

いなあ。

慎吾　せやかて、自分の仕事の範囲ってこんなもんなんですけど。

涼子　いや、視点が限定的ってことなんよ。技術士法は何の目的で制定されて
　　　ると思う？

慎吾　さあ。なんででしょうねえ。

宏　こないだあないに喋っとったやんか。

慎吾　あっ、「目的」第1条すね！　「科学技術の向上と国民経済の発展に資す
　　　る」ゆうの。

涼子　そこを見据えて普段の業務をしてたら一気に視野が広がるでしょう？

師匠　せや。資源の問題、環境汚染、CO_2問題、省エネ、安全、持続可能性
　　　等々、これぞ「出題内容」の「社会的なニーズに関するエンジニアリング
　　　問題」を対象として多面的な観点から課題を抽出するゆうこっちゃ。

涼子　筆記試験の解答論文がこの「出題内容」に合ってるほど加点が大きくな
　　　るわけね。

宏　なるほどね。

師匠　宏くん、知らんかったん？

宏　それは内緒です。

師匠　知らんかったんか。。。

慎吾　最初の課題抽出で間違えたらあとが全滅になってまいますねえ。

涼子　得てしてそやけど、この問題やったらまだいけるんちゃう？

師匠　ところが「最重要課題に対する複数の方策を専門用語を交えて示せ」の、
　　　慎吾君の解答がよろしくないねんなあ。

慎吾　ええーどのへんが良くないんですかあ？

師匠　解答内容のエアコンと輸送が慎吾くんの選択科目の内容から少し外れて
　　　んねんなあ。

　　　＊再掲《技術士第二次試験の技術部門・選択科目表》

1−6　加工・生産システム・産業機械	加工技術、生産システム、生産設備・産業用ロボット、産業機械、工場計画その他の加工・生産システム・産業機械に関する事項

慎吾　せやけど大事なことですし、実際効果もでてるんですけど。

師匠　どんなにすごい論文でも機械部門の加工・生産システム・産業機械で受験した以上はそこに合わせて解答したほうが加点は良くなるし、外れてると加点は減るでえ。

慎吾　なるほど。でも一体何点とったら合格なんでしょうかねえ。

師匠　それはこちら。

合格基準（令和4年1月17日、文部科学省公表）

筆記試験

試験科目	問題の種類等	合否決定基準
必須科目	「技術部門」全般にわたる専門知識、応用能力、問題解決能力及び課題遂行能力に関するもの	60％以上の得点
選択科目	「選択科目」についての専門知識及び応用能力に関するもの	60％以上の得点
	「選択科目」についての問題解決能力及び課題遂行能力に関するもの	

師匠　筆記試験ではこのとおり、60％以上の得点をしたら合格基準にのるわけやな。

宏　せやけど書いた論文で60％以上の得点しているってどうやってそのパーセントを算出してるんでしょうか。どうせ知らないおじさんが「この人こんなもんかな。ハイ25点」ゆう感じで採点してるんじゃないんですか。んで「あ、涼子さんや。かわいいから100点にしょ。ん？　これは慎吾か。慎吾はまだまだ甘ちゃんやから2点や！」って決めとんちゃうんですか。

師匠　んなわけないでしょ。

宏　えーほんまですか？

涼子　……　宏君的にはあたしって100点なん？

宏　あっ、それはなんとゆうか。。。

涼子　宏くんはあたしのこと、かわいいって思ってるのん？

宏　いっ!?　まあなんとなくそう思ったりしたりして

涼子　あたし、宏くんのこと、好きよ。

宏　うっ、急に胸が苦しくなってきた。

涼子　お友達として、ね。

宏　えっ、なんだか肩透かしやわあ。

涼子　今日いっしょに帰ろっか。

宏　おっ、やっぱし僕らいい感じ？

師匠　君らなんや出来上がってもおて、ぼくと慎吾君はすっかりおじゃま虫やなあ。

宏　そんなことないです！

師匠　しかもこれはネット座談会やで。一緒に帰るって君らすでに家やろ。

慎吾　しかし宏さん、うまいこと「あいうえお」でこたえましたね！

宏　いやあ、たまたまで

慎吾　タマタマ？

涼子　カタカナにせんといてえ。なんか変な感じやから。

師匠　せやからネット座談会のしゃべりにひらがなもカタカナもないで。

涼子　いや、なんかイントネーションが違うかったから

慎吾　そうですか？　ぼくは一緒のつもりやったんですけど涼子さんは何と思たんですか？

涼子　そんなん、内緒やわ

慎吾　タマタマをナニと思ったんですか？

涼子　だからカタカナにせんといてー！

師匠　慎吾くん、個人的には君を応援したいが、これは技術士の本やから論文に話を戻そうか。

宏　ぼくはもう少し余韻に浸りたかったんですけどしょうがないですね。

師匠　問題文の「(3) 前問 (2) で示したすべての解決策を実行して生じる波及効果と専門技術を踏まえた懸案事項への対応策を示せ。」やけども、それぞれの解決策を実行して共通する波及効果や懸案事項への対応策があるほうが解答は書きやすいな。

慎吾　最大の効果が期待できる方策を3つ示したからといってそれぞれに関連性があるとは限らないですよねえ。

師匠　多くの受験生がこの罠にはまるねん。問題文の (1) を解答してから (2) にいく人が多いけど、技術士の解答論文は最初から最後まで論理的にストーリー仕立てにせなあかん。そのためにはまず問題の全文に目を通して、各設問になにを解答するか見出しを書き出すと良いよ。そしたら後の問題

で「うわあ、拡散してまとまらへん」「さっき書いた内容と被ってまう」ってゆうことが防げる。

宏　最後のオチに合わせて前文を組み立てていってもいいんでしょうか。

師匠　かめへん。

宏　ええーそんなん、実際の業務と手順が逆じゃないですか。

師匠　そんなことはない。出来事に合わせて行き当たりばったりばっかしやったらオチに合わせて前段階を組み立てていくのは逆行するみたいにみえるけどゴールをしっかり見据えて逆算して最初にどうするべきか決めるのはむしろ良いことやで。

宏　なるほど。

慎吾　せやけど書けそうなこと自体が少なくてそんなん考えてられへんですわ。

師匠　実務経験証明書で勉強したり書きまとめた内容を生かせばいいよ。

宏　なるほど。技術士試験を意識して書いた実務経験証明書がベースやから選択科目から外れることもないし、技術士法を踏まえて高等の専門的応用能力、科学技術の向上と国民経済の発展にも留意してたから一石二鳥ですね。

師匠　せや。技術士試験の総意に合わへん解答をして不合格になる人が多い中で、そこを外さないだけで合格できる可能性は劇的に上がる。

慎吾　それは素晴らしいですね。なんとかまとめ直してみます。

師匠　みんな、次は合格できる内容の論文で頼むでえ。

宏・涼子・慎吾　わかりました！

　（慎吾さんの合格論文は第5章【見本論文】「加工・生産システム・産業機械」を参照ください）

第5章
選択科目（Ⅲ）対策

　令和元年度に移行した新制度において、選択科目（Ⅲ）では「選択科目についての問題解決能力及び課題遂行能力に関する問題」が出題されるようになりました。

　日本技術士会によると、本設問は、「選択科目」に関連する社会的なニーズや技術の進歩に伴うさまざまな状況において生じているエンジニアリング問題を対象として、「選択科目」に関わる観点から課題の抽出を行い、多様な視点からの分析によって問題解決のための手法を提示して、その遂行方策について提示できるかどうかを問う内容とする、とあります。

　言い換えると、問題に記載されている社会情勢や技術の変化に対して、あなたはどのような課題を設定し、どのように問題解決するのかを問われています。日頃から社会問題に興味を持ち、自身が培ってきた技術と専門性との関わりを意識していないと、この論文を書き上げることは難しいでしょう。

　以降、選択科目（Ⅲ）の出題傾向、学習方法について触れ、論文解答のポイントを説明していきます。

1．令和4年度　選択科目（Ⅲ）問題全文

❖❖❖❖❖❖❖❖❖❖❖❖❖❖❖❖❖❖❖❖❖❖❖❖❖❖❖❖

■機械設計

Ⅲ　次の2問題（Ⅲ－1、Ⅲ－2）のうち1問題を選び解答せよ。（<u>赤色</u>の<u>答案用紙に解答問題番号を明記し、答案用紙3枚を用いてまとめよ。</u>）

Ⅲ－1　グローバルレベルで製品＝モノがコモディティ化し、機能や性能で差異化しづらく、製品の収益性低下を招いている。また、顧客はモノよりも購入前や購入後の顧客体験価値＝コトを重視し、所有から利用へ価値がシフトして来ている。このような背景から、従来の良い製品を作れば売れるという時代から、顧客との関係性を強化して継続的なサービス提供を行う循環型ビジネスの時代へ転換が進んでいる。

　消費者ニーズの変化に伴い、機械設計の分野においてもアフターサービスや従量制サービス、定額制サービスなどへの適応が可能となるような製品設計への思想の転換が求められている。

(1) このような時代において、サービスへ適応させた製品を設計する際の課題を、機械設計技術者の立場で、具体的な製品設計事例を挙げて、多面的な観点から3つ抽出し、それぞれの観点を明記したうえで、課題の内容を示せ。

(2) 抽出した課題のうち最も重要と考える課題を1つ挙げ、最も重要と考えた理由とその課題に対する複数の解決策を示せ。

(3) 全ての解決策を実行しても新たに生じるリスクとそれへの対策について、専門技術を踏まえた考えを示せ。

Ⅲ－2　環境汚染による地球温暖化により、気温や海水温が上昇し、熱波・大雨・干ばつの増加など、様々な気候の変化が起きている。その影響は、生物活動の変化や、水資源や農作物への影響など、自然生態系や人間社会に対して大きな問題となっている。

　これを解決するために、環境汚染や気候混乱をさせる廃棄物を排出しない再生可能なエネルギーの適用や、エンジン・モーター製品の高効率化への取組などにより、「ゼロエミッション」の実現が急務となっている。

　ゼロエミッションとは、これまでの3Rに代表される環境配慮設計に留まらない、人間の活動から発生する排出物を限りなくゼロにすることを目指す、あるいは最大限の資源活用を図り、持続可能な経済活動や生産活動を展開する理念と方法のことで、機械設計の分野でもゼロエミッションの思想を取り入れた製品設計が求められている。

(1) 新しく開発する機械製品を具体的に示し、その設計を担当する技術者の立場で、ゼロエミッションを実現するための具体的な課題を多面的な観点から3つ抽出し、それぞれの観点を明記した上で、課題の内容を示せ。

(2) 抽出した課題のうち最も重要と考える課題を1つ挙げ、最も重要と考えた理由とその課題に対する複数の解決策を示せ。

(3) 全ての解決策を実行しても新たに生じるリスクとそれへの対策について、専門技術を踏まえた考えを示せ。

■材料強度・信頼性

Ⅲ　次の2問題（Ⅲ－1、Ⅲ－2）のうち1問題を選び解答せよ。（赤色の答案用紙に解答問題番号を明記し、答案用紙3枚を用いてまとめよ。）

　Ⅲ－1　地球環境問題への取組の重要性が増している。ものづくりにおいても、製品の直接的な省エネルギやCO_2排出削減対策だけでなく、環境配慮設計の取組が進んでいる。環境配慮設計は、環境負荷低減策を、製品の開発や設計の段階で、製品ライフサイクル全般にわたって考慮する取組である。この取組には材料強度・信頼性に関わる事項も多く、製品の安全性や信頼性の担保が重要である。

(1) 具体的な機器や部品などを想定して、環境配慮設計を目的とした取組を行ううえでの課題を、技術者としての立場で多面的な観点から3つ抽出し、それぞれの観点を明記したうえで、その課題の内容を示せ。

(2) 抽出した課題のうち、材料強度・信頼性分野において最も重要と考える課題を1つ挙げ、その課題に対する解決策を3つ示せ。

(3) 前問（2）で示した解決策を実行した際に生じ得る懸念事項を挙げ、それに対する対応策を示せ。

Ⅲ－2　機械設備の安全性の向上及び保全費用の軽減を目的として、従来の時間基準保全からリスク情報に基づく設備保全へ変更を図ることとなった。リスク情報に基づく設備保全の導入を担当する技術者の立場から、次の問いに答えよ。

(1) 具体的な設備を想定して着目するリスクを示し、そのリスク情報に基づく設備保全の導入における課題を3つ抽出し、それぞれの観点を明記したうえで、その課題の内容を示せ。

(2) 前問の（1）で抽出した課題の中で最も重要と考える課題を1つ挙げ、その課題に対する解決策を2つ以上示せ。

(3) 専門技術を踏まえて、リスク情報に基づく設備保全に移行した場合の懸念事項を示せ。

■機構ダイナミクス・制御

Ⅲ　次の2問題（Ⅲ－1、Ⅲ－2）のうち1問題を選び解答せよ。（赤色の答案用紙に解答問題番号を明記し、答案用紙3枚を用いてまとめよ。）

Ⅲ－1　自動車の自動運転は事故防止、交通流の改善、環境負荷の低減などの観点から大きな効果が期待され、開発が進められている。下表は官民ITS構想で示されたロードマップ2019より抜粋した自動運転のレベル分けである。同表のように、レベル4は特定の条件下においてシステムが全ての運転タスクを実施する完全自動運転であるのに対して、レベル3は通常の動作はレベル4と同様であるが、システムの対応が困難な場合はドライバーに対応を委ねるものである。現在はレベル3の実用化が始まった段階といえるが、この技術を発展させ、レベル4に進めることについて以下の問いに答えよ。

(1) レベル4の自動運転の開発について、技術者の立場から多面的に検討し、レベル3との比較において難度が高いと考えられる課題を3つ挙げよ。

(2) 上記（1）の課題のうち、最も重要と考える技術的課題を1つ挙げ、取り上げた理由と具体的な解決策を複数示せ。

(3) 前問（2）で示したすべての解決策を実行しても新たに生じうる問題と対策について、専門技術を踏まえた考えを示せ。

自動運転のレベル分け

レベル 5	【完全自動運転】
レベル 4	【特定条件下 (注1) での完全自動運転】 ・特定の条件下においてシステムが全ての運転タスクを実施 ・システムが周辺監視（アイズオフ可）(注2)
レベル 3	【特定条件下 (注1) での自動運転】 ・特定の条件化においてシステムが全ての運転タスクを実施。ただし、システムの対応が困難な場合はドライバーが対応 ・システムが周辺監視（アイズオフ可）(注2)
レベル 2	【高度な運転支援】　　　（自動の追い越し支援等） ・ドライバーが周辺監視（アイズオフ不可）(注2)
レベル 1	【運転支援】　　　　　（衝突被害軽減ブレーキ等） ・ドライバーが周辺監視（アイズオフ不可）(注2)

（注1）場所（高速道路のみ等）、天候（晴れのみ等）、速度など自動運転が可能になる条件であり、この条件はシステムの性能によって異なる。

（注2）アイズオフ：運転中に前方から目を離しても良い技術。

Ⅲ－2　製品開発におけるフロントローディングとは、要件定義や基本設計など開発の上流工程に予算や人材を多く投入して設計の品質・精度を高め、下流工程にて発生する問題・不具合を減らし、全体として開発のスピード向上とコスト削減を図る手法である。自動車、船舶、OA 機器、工作機械など音や振動を伴う工業製品は多く、また、設計意図から外れた有害な音や振動が製品性能を劣化させ開発遅延やコスト増大を招く事が多い。機械の音・振動問題に特有の共振現象は、開発初期での性能の見積りや開発後期での問題解決を困難にする大きな原因となる。このような状況を考慮して、以下の問いに答えよ。

(1) 音・振動設計のフロントローディングを進めるに当たって、技術者としての立場で多面的な観点から3つの課題を抽出し、それぞれの観点を明記したうえで、その課題の内容を示せ。

(2) 前問で抽出した課題のうち最も重要と考える課題を1つ挙げ、その課題に対する複数の解決策を専門技術用語を交えて示せ。

(3) 前問（2）で示したすべての解決策を実行しても新たに生じうる問題

とそれへの対策について、専門技術を踏まえた考えを示せ。

■熱・動力エネルギー機器

Ⅲ　次の2問題（Ⅲ−1、Ⅲ−2）のうち1問題を選び解答せよ。（赤色の答案
用紙に解答問題番号を明記し、答案用紙3枚を用いてまとめよ。）

Ⅲ−1　地球温暖化問題の議論が高まる中、社会活動での人為的炭酸ガスの
排出を将来、実質0とするネットゼロへの対応が各企業や事業所にも求め
られている。我が国の郊外都市のある機械部品加工の製造事業所は電力主
体のエネルギー需要であり、比較的新しい都市ガス焚き3MWの自家発を
有している。この度、事業所内及び約10haの周辺遊休地に太陽光発電設
備を設置し、まずは電力自給率を最大化しつつ将来はネットゼロ達成を目
指すことになった。あなたが設備計画の企画チームの技術責任者に任命さ
れたと想定し、下記の内容について記述せよ。なお、本工場の夜間休日負
荷は概ね昼間の1/10程度の電力需要と仮定せよ。

(1)　太陽光発電設備の設置だけでは事業所のネットゼロの達成は困難であ
る。時間軸を考慮した計画の遂行に当たり、負荷パターンなどを例示し
たうえで、留意するべき技術的事項について、熱・動力エネルギー分野
の技術者の立場で、確保するべき太陽光発電設備の容量を示せ。さらに
多面的な観点から課題を3つ抽出し、その内容を観点とともに定量的に
示せ。

(2)　前問（1）で抽出した課題のうち最も重要と考える課題を1つ挙げ、
重要な理由とその課題に対する複数の解決策を、専門技術用語を交えて
示せ。

(3)　前問（2）で示したすべての解決策を実行して生じる波及効果と専門
技術を踏まえた懸念事項への対応策を示せ。

Ⅲ−2　IoTやAI技術の進歩に伴い、火力発電分野においてもデジタル化を
進めることで、制御の自動化やデジタル化には留まらない新たな運用方
法・サービスの創出が始まっている。特に近年注目されているデジタルツ
インにより火力発電所をバーチャルに再現し、運転の予測・最適化等を行
うことで、現在火力発電が直面している様々な問題を解決する事例が出て

きている。一方で、デジタル化に必要な人材の不足など、その導入に当たっては様々な課題がある。火力発電所のデジタル化を進める技術者として、以下の問いに答えよ。

(1) 火力発電所のデジタル化の導入事例を複数列挙せよ。今後新たにデジタル化による火力発電所の問題解決を図るに当たり、技術者として多面的な観点から課題を3つ抽出し、それぞれの観点を明記したうえで、その課題の内容を示せ。

(2) 前問（1）で抽出した課題のうち最も重要と考える課題を1つ挙げ、その課題に対する複数の解決策を、専門技術用語を交えて示せ。

(3) 前問（2）で示したすべての解決策を実行して生じる波及効果と専門技術を踏まえた懸念事項への対応策を示せ。

■流体機器

Ⅲ　次の2問題（Ⅲ－1、Ⅲ－2）のうち1問題を選び解答せよ。（赤色の答案用紙に解答問題番号を明記し、答案用紙3枚を用いてまとめよ。）

Ⅲ－1　既設の流体機器の維持管理向上のためにIoTの活用が進められている。IoT化を進めるためには対象となる流体機器から維持管理に必要な情報を抽出する必要があるが、そのためにはさまざまなセンサを含む計測機器を用いて現地データを測定する必要がある。このような状況を踏まえて、流体機器分野の専門技術者としての立場で、以下の問いに答えよ。

(1) IoT化の対象となる既設の流体機器を1つ挙げ、センサを含む計測機器を新たに取り付けて、現地測定データを取得するうえでの課題を技術者としての多面的な観点から3つ抽出し、その内容を観点とともに示せ。

(2) 前問（1）で抽出した課題のうち最も重要と考える課題を1つ挙げ、重要と考えた理由を述べ、その課題の解決策を複数示せ。

(3) 前問（2）で示したすべての解決策を実行したうえで生じる懸念事項への専門技術を踏まえた対応策と、生じる波及効果を示せ。

Ⅲ－2　カーボンニュートラルに向けた再生可能エネルギーの大量導入には、電力系統の需給変動を補償、調整する電源の設置が不可欠である。調整電源には、系統周波数の上昇／低下を抑止、回復する機能や、他の多様な電

源との組合せによる需給バランス調整を持続する機能が求められ、運用される電源機器はそれを実現する必要がある。

(1) 再生可能エネルギー中心の電力供給網において系統調整を担う方式のうち、流体機械を用いた方式を1つ挙げ、期待される調整力の機能と流体機械運用上の課題を、専門技術者としての多面的な観点から3つ抽出し、その内容を観点とともに示せ。

(2) 前問（1）で抽出した課題のうち最も重要と考える課題を1つ挙げ、重要と考えた理由を述べ、その課題の解決策を複数示せ。

(3) 前問（2）で示したすべての解決策を実行したうえで生じる懸念事項に対する専門技術を踏まえた対応策と、生じる波及効果を示せ。

■加工・生産システム・産業機械

Ⅲ　次の2問題（Ⅲ－1、Ⅲ－2）のうち1問題を選び解答せよ。（赤色の答案用紙に解答問題番号を明記し、答案用紙3枚を用いてまとめよ。）

Ⅲ－1　エンジニアリングチェーンマネージメントとは、研究、設計、生産、流通、販売、安全、環境部門などが新製品の開発、生産、販売に当たり、製品品質の確保や生産準備期間の短縮を目的として全体最適の仕組みを作る取組と言われている。この最適化に必要なエンジニアリングチェーンにおける技術情報やデジタルデータの共有について以下の問いに答えよ。

(1) 生産部門の技術者の立場で多面的な観点から課題を3つ抽出し、それぞれの観点を明記したうえで、その課題の内容を示せ。

(2) 前問（1）で抽出した課題のうち最も重要と考える課題を1つ挙げ、その課題の解決策を3つ、専門技術用語を交えて示せ。

(3) 前問（2）で示したすべての解決策を実行して生じる波及効果と専門技術を踏まえた懸念事項への対応策を示せ。

Ⅲ－2　持続可能な社会の実現に向けて、より少ない資源とエネルギーで、かつ可能な限り廃棄を減らした循環型生産システムへの変革が強く求められている。二酸化炭素排出量実質ゼロを達成するには、新品の原材料である、いわゆるバージン材の使用量を最小にすることが必要であり、これまでの3R（リデュース、リユース、リサイクル）の取組を超えた、製品から

回収した再生材料や再生部品を最大限活用する生産を想定することまで考えなければならない。このような状況を踏まえ、以下の問いに答えよ。

(1) 生産技術者としての立場で多面的な観点から3つの課題を抽出し、それぞれの観点を明記したうえで、その課題の内容を示せ。

(2) 抽出した課題のうち最も重要と考える課題を1つ挙げ、その課題に対する複数の方策を、専門技術用語を交えて示せ。

(3) 前問（2）で示したすべての解決策を実行して生じる波及効果と専門技術を踏まえた懸案事項への対応策を示せ。

2. 出題形式と特徴

1）出題形式

表5.1に選択科目（Ⅲ）の出題形式に関する情報をまとめて示しています。第2章の解説のとおり、論文を書く前に設問に沿って筋が通るように章立てし、キーワードを交えて構成する準備時間が20〜30分程必要です。また、解答枚数は600字詰解答用紙3枚以内、合計1,800字以内となっており、試験時間は「Ⅱ選択科目についての専門知識及び応用能力に関するもの」と合わせて3時間30分です。単純計算では1枚平均35分ですが、上述の準備時間を考えると論文解答にかけられる時間は25分程度とみておいたほうが無難です。

表5.1　技術士第二次試験の形式

科目	試験時間	問題番号	解答数	出題数	解答枚数	配点	合否決定基準
選択科目	3時間30分	Ⅱ-1	1問	4問	600字詰1枚	30点	60%以上の得点
		Ⅱ-2	1問	2問	600字詰2枚		
		Ⅲ	1問	2問	600字詰3枚	30点	

出典：令和4年度　技術士第二次試験受験申込み案内

2）出題の特徴

選択科目（Ⅲ）では「選択科目」についての問題解決能力及び課題遂行能力が問われます。出題内容には、『社会的なニーズや技術の進歩に伴う様々な状

況において生じているエンジニアリング問題を対象として、「選択科目」に関わる観点から課題の抽出を行い、多様な視点からの分析によって問題解決のための手法を提示して、その遂行方策について提示できるかを問う。』と明記されています。よって、近年どのような社会的ニーズや技術の進歩が問題文に包含されているか、そして生じているエンジニアリング問題とは何を指示しているのかを読み取る必要があります。この能力は、一朝一夕で向上できるものではありません。日頃から「選択科目」に関連する最新の社会的ニーズや技術について情報を収集し、自身の業務へ取り入れた場合を想定して課題と解決策を考える習慣をつけることが論文をスラスラ書くためのコツです。

表5.2　選択科目（Ⅲ）

技術士に求められる資質能力		選択科目Ⅲ
コミュニケーション	・業務履行上、口頭や文書等の方法を通じて、雇用者、上司や同僚、クライアントやユーザー等多様な関係者との間で、明確かつ効果的な意思疎通を行うこと。 ・海外における業務に携わる際は、一定の語学力による業務上必要な意思疎通に加え、現地の社会的文化の多様性を理解し関係者との間で可能な限り協調すること。	的確表現
専門的学識	技術士が専門とする技術分野（技術部門）の業務に必要な、技術部門全般にわたる専門知識及び選択科目に関する専門知識を理解し応用すること。	基本知識理解
問題解決	業務遂行上直面する複合的な問題に対して、これらの内容を明確にし、調査し、これらの背景に潜在する問題発生要因や制約要因を抽出し分析すること。	課題抽出
	複合的な問題に関して、相反する要求事項（必要性、機能性、技術的実現性、安全性、経済性等）、それらによって及ぼされる影響の重要度を考慮した上、複数の選択肢を提起し、これらを踏まえた解決策を合理的に提案し、又は改善すること。	方策提起
評価	業務遂行上の各段階における結果、最終的に得られる成果やその波及効果を評価し、次段階や別の業務の改善に資すること。	対策の評価

「試験部会第28回参考7」参照

　また、表5.2に技術士に求められる資質能力として選択科目（Ⅲ）で確認される評価項目をまとめています。選択科目（Ⅲ）では設問者の意図を汲み取って正しく問題を読み取り、ポイントを外さずにわかりやすく解答するコミュニ

ケーション能力、技術者が組織的に取り組むべきテーマである課題を抽出する
課題の抽出能力、機械部門全般にわたる専門知識及び選択した科目に関する専
門知識を用いて実現可能かつ有用な解決に導く応用能力、解決によって得られ
る結果を評価し、今後にどのように生かすかを考える評価能力が求められてい
ることを念頭において解答しましょう。

3. 出題の傾向

近年の設問では以下のテーマが多く取り上げられています。
・少子高齢化と生産年齢人口減への対応
・国際競争力の強化
・事故、安全
・インフラ設備の維持管理
・デジタル技術
・地球環境問題

このような出題傾向は、選択科目Ⅲの出題内容が「社会的なニーズや技術の
進歩に伴う様々な状況において生じているエンジニアリング問題を対象」（技術
士試験の概要より抜粋）としていることから、今後も継続すると考えられます。
　また、地球温暖化対策や少子高齢化、持続可能性のように近年、関心が高
まっている社会的ニーズについて、科目の視点で課題の抽出と解決策の提案を
求められています。この対策には専門分野の勉強に加え、「機械分野の技術士
として、自分なら何ができるか」を常に考える姿勢が重要です。新聞などで時
事情報をチェックし、生じている問題に対して、多面的な観点から課題を抽出
し、科目の視点で解決策を提案する習慣をつけることが選択科目（Ⅲ）の対策
として有効です。
　そして、業務においても上記の出題テーマに当てはまる、もしくはなんらか
の形で繋がっている技術が多々あるはずです。自分の業務を社会的ニーズや技
術の進歩に伴って進めることを意識すれば、設問に応じて実体験を参考にして、
技術士らしい課題や解決策を引き出して解答しやすくなり、リアリティと独自

性のある論文を書くことができるようになるでしょう。

　なお、表5.3に令和3年度と令和4年度の科目別の専門用語キーワードを掲載しています。選択科目Ⅲでどのような問題が出題されるかを予想して日頃の業務、勉強に取り組むことが合格への近道になります。

表5.3　選択科目（Ⅲ）

選択科目	令和3年度	令和4年度
機械設計	少子高齢化、生産年齢人口減少、IoT、AI、デジタル技術、設備状態監視、生産品質管理、異常検知、故障予測、無人化、設計の外注化、外部技術リソースの有効活用	コモディティ対策、顧客体験価値、アフターサービス、従量・定額制サービス、環境汚染、地球温暖化、自然災害、生態系への影響、再生可能エネルギー、環境配慮設計、ゼロエミッション、持続可能性
材料強度・信頼性	数値シミュレーション、限界状態を設定した安全性確保、疲労破壊	地球環境問題、CO_2排出削減、環境配慮設計、製品ライフサイクル、安全性向上、時間基準保全、リスクベースメンテナンス
機構ダイナミクス・制御	持続可能な社会、高齢化、労働人口減少、自然災害、社会システム、路面電車、自動運転、機械学習、マスカスタマイゼーション、産業用ロボット	自動運転、共振、フロントローディング
熱・動力エネルギー機器	カーボンニュートラル、自動車EV化、電力シフト、水素活用、グリーン成長戦略、再生可能エネルギー、電力脱炭素、化石代替燃料、調整電源	地球温暖化、CO_2ネットゼロ、ガス焚き自家発、太陽光発電、電力自給率、火力発電所のデジタル化、サービスの創出、デジタルツイン、デジタル人材不足
流体機器	地球温暖化、CO_2回収・有効利用・貯留、CCUS、数値計算技術、モデルベース開発	IoT、維持管理、センシング、カーボンニュートラル、再生エネルギー、調整電源、電力需給バランス、系統調整
加工・生産システム・産業機械	マルチマテリアル、サプライチェーンマネジメント、情報共有化	エンジニアリングチェーンマネジメント、デジタルデータ共有、持続可能な社会、バージン材使用量最小化、3R、再生材料、再生部品、省資源、省エネルギー、循環型生産システム、CO_2実質ゼロ

4. 専門用語キーワードの収集と情報整理

本節では、選択科目（Ⅲ）を攻略するために必要となる専門用語キーワード、及び補強のための情報収集方法と集めた情報の整理法について解説します。なお、情報収集と整理に関して、科目共通のポイントは第2章の論文の書き方で解説しておりますので、本節とあわせてご参照ください。

1）過去問題に出題された専門用語キーワードの抽出

まずは、令和に出題された過去問題を中心にキーワード抽出を行います。

表5.3に令和3年度〜令和4年度の「専門用語キーワード」を掲載しましたので参考にしてください。

出題された「専門用語キーワード」は、近年、話題になっている社会的ニーズや、注目されている技術及び、その技術と関連した事柄と考えられますので確実に押さえておきましょう。

2）情報収集によるキーワードの追加

1）で収集した専門用語キーワードを手掛かりにして、より広く足りない知識を穴埋めするように、背景、特徴、問題点や適用例などから関連するキーワードを収集します。選択科目（Ⅲ）では、社会的問題について、あるべき社会の姿を捉えて検討することが重要となります。そのためには今の社会が抱えているさまざまな問題について自分で広く情報収集する必要があります。有用な情報源として、中央省庁が編集した白書、展示会情報、業界・専門誌（機械設計、日経ものづくりなど）、技術論文（技報）が挙げられます。

まずは、選択科目（Ⅲ）の設問テーマを押さえるため、機械部門の関係する白書（ものづくり白書、国土交通白書、高齢社会白書、エネルギー白書、環境白書・循環型社会白書・生物多様性白書など）について、その過去3年程度の内容を把握しておくようにしましょう。令和4年度の選択科目（Ⅲ）では「カーボンニュートラル」「IoT、AI技術の活用」に関する出題がされていますが、ともにものづくり白書や環境白書で触れられている重要テーマです。

　また、事故や品質偽装、安全に関するニュースは技術士に求められる倫理的視点から重要ですので、日ごろから社会の出来事にもアンテナを張っておく必要があります。

　また、今後の社会を変える最新技術のメガトレンドは選択科目（Ⅲ）を解答するにあたり必要な情報です。学術論文集、学会誌や工業新聞、専門誌などから最先端の技術動向を把握しておきましょう。

　さらに社会的問題から抽出した技術課題を科目の視点で解決するためには、業務経験に加えて選択科目の専門的技術知識も必要になります。JSMEテキストシリーズや機械工学便覧等を活用し、自分が専門とする技術分野全般について学習してください。

　4項に参考図書を記載しましたので学習の参考としてください。

3）キーワードに関する情報の整理

　収集したキーワードの情報を整理することでキーワード同士の関係性を体系化できます。各々の関係性が理解できると課題の抽出や解決策の立案がしやすくなります。また、キーワードに関する背景、特徴、問題点や適用例などの観点でまとめておくと、他のキーワードとの関連がより明確になります。例えば、社会ニーズに関するキーワードの問題点と専門技術に関するキーワードの特徴は、問題と課題、あるいは課題と解決策の関係となります。

　体系化したキーワードと関連する情報、及び受験者の専門性や経験を駆使して、過去問題や白書で取り上げられるような重要な社会問題に対して、課題抽出、解決策の提案、リスク評価を行う練習を行いましょう。

　なお、選択科目（Ⅲ）では表5.2にある4つの視点で論文を評価しますので、その練習の参考にしてください。

① 　基本知識

　　選択科目に関わる最新の技術情報、特に自身の業務に関わる技術やその周辺の専門知識を理解し、応用できるように体系的に知識を整理しましょう。

② 課題抽出能力

　「社会的問題の解決を目指して、自分が専門とする技術分野でできること、しなければならないことは何か？」という視点、及び国の考えをまとめた白書に沿う形で課題を抽出することが求められます。

③ 方策（解決策）提起

　「社会の広い課題を、科目のキーワードを中心とした機械部門の専門的学識を応用して解決する視点」での方策（解決策）の提案を求められます。課題遂行のボトルネックとなっている原因・真因等を機械部門、科目の専門家として抽出し、それを解決するための提案が求められます。

④ 対策の評価

　解決策を実行した際の影響（リスク、波及効果）の評価が求められます。影響とは例えば、経済、環境、人的リソース、国際条約や法令などがあります。

4) 参考図書等

① 『日刊工業新聞』

　最新の話題になる記事を切り抜いて保存すると役に立ちます。

② 『機械設計』（日刊工業新聞社）

　技術士が書いている記事が多く、論理的な文章の参考になります。

③ 『日経ものづくり』（日経BP）

　論文のネタになる情報が多く掲載されています。

④ 『日本機械学会誌』（日本機械学会）

　日本機械学会誌では、毎年8月号に「機械工学年鑑」が掲載されます。機械工学年鑑では、専門分野別の技術動向が簡潔にまとめられています。この中には専門分野のキーワードが網羅されています。

⑤ 『第7章　選択科目別キーワード100』（本書）

　専門分野別の最重要キーワードが掲載されています。

⑥ 『技術士第一次試験「基礎・適性」科目キーワード700』（日刊工業新聞社）

　　技術士第一次試験対策としてキーワードがまとめられています。技術士第二次試験対策として基礎の学習に活用できる内容となっていますので参考にしてください。

⑦　『技術論文作成のための機械分野キーワード100解説集』（日刊工業新聞社）

　　技術士第二次試験対策としてキーワードがまとめられています。

⑧　『JSMEテキストシリーズ』（日本機械学会）

　　機械工学の入門から必須科目修得までが対象とされ、「機械工学の標準的内容」となっています。機械技術者認定制度に対応する教科書として企画されています。技術士試験の選択科目に沿った分類となっており、内容もかなり充実しています。

⑨　『機械工学便覧』（日本機械学会）

　　α：基礎編、β：デザイン編、γ：応用システム編の3編構成となっています。いわば日本の機械工学の粋が結集された存在です。ボリュームも豊富で価格も高価ですので、関連する事項から目を通すと良いでしょう。

⑩　『実際の設計』（畑村洋太郎著　日刊工業新聞社）

　　具体的な設計技法から上流の事業企画まで設計業務に関して幅広く、体系的に学べます。

⑪　『設計製図リストブック』（山田学著　日刊工業新聞社）

　　設計に関するキーワードがわかりやすくまとめられています。

⑫　『白書』

　　・『製造基盤白書〈ものづくり白書〉』（経済産業省、厚生労働省、文部科学省）

　　・『環境白書・循環型社会白書・生物多様性白書』（環境省）

　　・『エネルギー白書』（経済産業省）

　　・『科学技術白書』（文部科学省）

　　・『高齢社会白書』（内閣府）

5. 論文骨子の作成方法

論文を書き出す前に論文の骨子を作成します。骨子は設問に対応した章立てを行い論文の道筋を大まかに決めるものです。選択科目Ⅲは3枚を約2時間で作成しますが、書くことに集中するあまり、先に書いた内容を忘れて論理が矛盾したり、問題提議と違う結論を導いたりしがちです。骨子の作成により、論文の全体像（ストーリー）を縛ることでこれらを防止します。また、問題用紙の余白に骨子を記載しておけば、再現論文の作成にも役立ちます。

令和に入ってからは問題文は定型化されているため、各設問における文章の配分量はあらかじめ決めてから論文作成の練習をすることを推奨します。A評価をもらうには、課題抽出、解決策、リスク評価の各項目のすべてで良い評点をもらう必要があり、そのためには文章量のバランスをとる必要があるからです。また、配分量を定型化するとタイムマネジメントもしやすくなります。

表5.4に配分量の目安と論文作成のポイントを解説しましたので、これを参考にして論文作成の練習をしてください。

表5.4　論文骨子の作成手引き

項　目	解　説	配分の目安
1．序文 　　・具体例の設定、説明 　┌──────────────┐ 　│課題の提案数 　│　課題は多様な視点をアピール 　│するために3点抽出することを 　│推奨します。 　└──────────────┘	製品や方策などの具体例を挙げる場合は、<u>題意に沿った例を業務経歴から選定</u>すると良いです。なお、事前に論文に応用しやすい製品、方策を2～3例選定しておくことを推奨します。 　構造・機構の説明は冗長になりやすいため、<u>図表を使って簡潔に説明</u>する練習をしてください。	6行
1.1　課題1　○○（△△の観点） 　　・問題提起 　　・課題設定の理由 　　・具体例	課題設定は異なる複数の観点から行い、<u>多様な視点からの調査、分析能力</u>があることを伝えてください。	6行
1.2　課題2……	例えば品質やサービスの向上、生産性向上、技術者教育、安全性の確保、環境保全などがあります。	6行
1.3　課題3…… 　── ここまで1ページ ──		6行

表5.4　論文骨子の作成手引き（つづき）

項　目	解　説	配分の目安
2．最も重要な課題 ・選定した課題 ・選定した理由の説明	課題の選定基準（観点）を明確にして、優先度や重要度から判断してください。 　選定基準は題意や与条件に矛盾しないよう留意ください。	6行
2.1　解決策1　○○ ・解決策の説明、理由 ・具体例	解決策の立案とその論述展開を行うにあたり、以下の3点に留意してください。 ①科目のキーワードを用いた技術的提案であること。 　科目の専門家の立場でユーザーの困りごとを解決するように技術的な提案をしてください。	12行
2.2　解決策2……	②合理的かつ平易な説明をすること。 　課題遂行可能であることはもちろん、題意である問題点を解決できるような論述展開としてください。 　また専門家ではないユーザーが理解できる程度に平易な表現を用いてください。	12行
── ここまで2と1/4ページ ── ┌──────────────────┐ 解決策の提案数について 　複数の解決策は技術的な提案の合理性や専門性をアピールするため、2点の提案に留めてその内容を充実させることを推奨します。 　例えば、複数のアイデアを組合せて解決策の実効性や独自性を補強するなど。 　また、次項では解決策に共通して発生するリスクについて問われるケースが多く、3点以上提案すると、より提案が困難になります。 └──────────────────┘	③業務経験や自身のアイデアを織り交ぜた解決策であること。 　ご自身の経験を元にすると、実効性や独自性に優れた提案になりやすいです。 　読み手は経験を積んだあなたにしかできない提案を期待しています。	

表5.4　論文骨子の作成手引き（つづき）

項　目	解　説	配分の目安
3．新たに生じるリスクと対策 3.1　リスクと対策 　　・リスク評価、問題提起 　　・解決策の説明、理由 　　・具体例 　　　　　　　　　　以上 ———— ここまで3ページ ———— 波及効果について 　波及効果は解決策を行った成果を他の業務や次の工程へ展開した結果、生じる効果でこれはプラスの効果とマイナスの効果があります。題意に応じて使い分けてください。 リスクとデメリットについて ①リスク　解決策を実行すると不都合が発生する場合がある。 ②デメリット　解決策を実行すると必ず不都合が生じる。 　コストアップや長納期化は追加の解決策を提案した時点で発生することが多く、デメリットになります。 　これらを混同しないように留意してください。	解決策の実行によって、不具合が起こりうる状況やその可能性と、起きた場合の影響について評価します。 　3枚目になると問題解決に対する意識が薄れてきます。リスクが題意である問題と同義であったり、リスクの解決策を実行した結果、問題が解決できないなどの矛盾が生じないように前項を確認してから着手してください。 　解決策の記載方法については2.と同様です。 　共通のリスクには以下2つのパターンがあるので注意してください。 ①解決策に共通して生じるリスク 　解決策を実行中、もしくは実行完了後に不具合が生じる可能性があるもの。 ②すべての解決策を実行して生じるリスク 　すべての解決策を実行完了後に初めて不具合が生じる可能性があるもの。	残り

問題と課題について

【Column】　　　　　　　　　　　　　　　機械部門技術士【Column】

　技術士に求められる問題分析能力とは問題の背景・要因・原因を明確にし、いろいろな角度から背景・要因・原因を調査・分析することで、問題を解決するためになすべき課題を適切に設定することです。

　問題とは、あるべき姿（目標）と現状とのギャップ（差異）と定義します。

　　問題　　＝　目標値－現状値
　　課題　　＝　現状値→目標値にするために遂行すべきこと
　　解決策　＝　課題を遂行するための具体的な方策

　課題設定のためには、まずあるべき姿を明確にして現状とのギャップ、つまり問題を明確化することが重要です。あるべき姿や現状は筆記試験の問題文中では明確に定義されていません。

　そして技術士試験では複合的な問題を取り扱うので、観点によってはあるべき姿も現状も違います。受験者が設定した課題を試験官に正しく理解・認識してもらうためにも、論文の冒頭部にてどのような観点で何を問題として捉えたかを明確化しましょう。

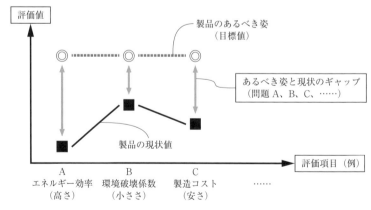

出典：修習技術者のための修習ガイドブック p.17

図　複合的な問題の例

6. 論文解答法（6例）

1）はじめに

論文解答って、どんなことを、どう書けばいいのだろうか？　初めて論文を作成する受験者の頭の中は疑問だらけだと思います。過去問題に対する論文解答の構成例を挙げてみましたので、これらの例から論文解答を構成していくコツをつかんでください。

なお、令和元年度から試験の評価項目として技術士に求められる資質能力（コンピテンシー）が明示されています。選択科目Ⅲでは、専門的学識、問題解決、評価、コミュニケーションが評価対象となっています。表5.2を参照してこれらの評価項目を意識しながら論文を構成してください。

2）論文構成例

■令和4年度　機械設計（答案用紙3枚1,800字）

Ⅲ-2　環境汚染による地球温暖化により、気温や海水温が上昇し、熱波・大雨・干ばつの増加など、様々な気候の変化が起きている。その影響は、生物活動の変化や、水資源や農作物への影響など、自然生態系や人間社会に対して大きな問題となっている。

　これを解決するために、環境汚染や気候混乱をさせる廃棄物を排出しない再生可能なエネルギーの適用や、エンジン・モーター製品の高効率化への取組などにより、「ゼロエミッション」の実現が急務となっている。

　ゼロエミッションとは、これまでの3Rに代表される環境配慮設計に留まらない、人間の活動から発生する排出物を限りなくゼロにすることを目指す、あるいは最大限の資源活用を図り、持続可能な経済活動や生産活動を展開する理念と方法のことで、機械設計の分野でもゼロエミッションの思想を取り入れた製品設計が求められている。

（1）新しく開発する機械製品を具体的に示し、その設計を担当する技術者の立場で、ゼロエミッションを実現するための具体的な課題を多面

的な観点から3つを抽出し、それぞれの観点を明記した上で、課題の
内容を示せ。

(2) 抽出した課題のうち最も重要と考える課題を1つ挙げ、最も重要と
考えた理由とその課題に対する複数の解決策を示せ。

(3) 全ての解決策を実行しても新たに生じるリスクとそれへの対策につ
いて、専門技術を踏まえた考えを示せ。

【解説】

　近年の地球温暖化、環境汚染低減のため、世界的な課題となっているものづ
くりの際に生み出される廃棄物の利活用に関する技術的課題、問題意識を問う
問題です。社会の技術動向を踏まえた問題であり、総合力が問われます。普段
から話題となっている技術、社会情勢に広くアンテナを張ると同時に、ご自身
が携わる製品や技術に対して理解を深めておき、これらを関係させたときどの
ようなことが考えられるかを準備しておきましょう。

　骨子の作り方は、まず例に挙げる製品を設定します。ご自身が携わる製品を
利用するのが書きやすいでしょう。次に設定した製品から出てくる廃棄物の再
利用をしたときに起こり得る重要課題を抽出します。この問題では「多面的な
観点から3つを抽出」とあるため、必ず3つの課題提示をしましょう。また、
課題の解決策は「複数」提示することが求められているため、少なくとも2つ
提示します。そして、その解決策によって共通で生じる新しいリスクとその対
策方針をそれぞれ幅広い視野で述べる必要があります。最後に将来展望を記述
するようにしましょう。

■令和4年度　機械設計Ⅲ－2　論文構成

1. はじめに
 ・社会的背景
 ・与えられた問い
 ・どのような方向でこの論述を展開していくのか
 ・例として挙げる具体的な製品の簡単な説明
2. ゼロエミッション実現に関する課題（設問（1））
 ・選定理由
 ・具体的な製品を標準化したときの課題
　(1) 課題1
　(2) 課題2
　(3) 課題3
　この後、どの課題を焦点に当てて論述するのかを宣言する。
3. 抽出した課題の解決策（設問（2））
 ・解決策
　(1) 解決策1
　(2) 解決策2
4. 新たに生じる共通のリスクと対策（設問（3））
 ※考えられるリスクの例
　(1) 新たな方法を用いたことで発生する再利用化への不具合点
　　対策：
　(2) 国内の特有事情への対応の低下
　　対策：
　(3) これまで標準とされてきた機器や寸法の利用不能
　　対策：
5. おわりに
　挙げた課題が、ほかの製品分野や社会的課題に同様な解決策を、取り巻く情勢を踏まえたさらなる応用で、考えうる展望に繋がり、日本の経済的社会的発展に貢献する。

■令和4年度　材料強度・信頼性（答案用紙3枚1,800字）

Ⅲ－1　地球環境問題への取組の重要性が増している。ものづくりにおい
　　ても、製品の直接的な省エネルギやCO₂排出削減対策だけでなく、環境
　　配慮設計の取組が進んでいる。環境配慮設計は、環境負荷低減策を、製
　　品の開発や設計の段階で、製品ライフサイクル全般にわたって考慮する
　　取組である。この取組には材料強度・信頼性に関わる事項も多く、製品
　　の安全性や信頼性の担保が重要である。

（1）具体的な機器や部品などを想定して、環境配慮設計を目的とした取
　　　組を行ううえでの課題を、技術者としての立場で多面的な観点から
　　　3つ抽出し、それぞれの観点を明記したうえで、その課題の内容を示せ。

（2）抽出した課題のうち、材料強度・信頼性分野において最も重要と考
　　　える課題を1つ挙げ、その課題に対する解決策を3つ示せ。

（3）前問（2）で示した解決策を実行した際に生じ得る懸念事項を挙げ、
　　　それに対する対応策を示せ。

【解説】

　環境対策は比較的出題されやすいジャンルです。環境対策というと省エネル
ギーやCO₂排出削減対策をイメージしやすいと思いますが、本出題では出題文
に、省エネルギーやCO₂排出削減対策「だけではなく」と記載されているため、
「省エネルギー」と「CO₂排出削減対策」以外の要素を解答する必要があること
に注意してください。解答例は、3R（リデュース、リユース、リサイクル）に
フォーカスして論文を構成しています。3Rについては、単に3Rの内容を記載
するだけではなく、材料強度・信頼性に関わる内容を解答してください。材料
強度・信頼性の専門家としてスキルをアピールするよう意識しましょう。

【骨子】

1 環境配慮設計への課題
　1.1 環境負荷物質制限手法の展開
　　　　観点：材料選定
　　　　課題：環境負荷物質の制限手法の水平展開
　1.2 3Rの実現
　　　　観点：部品設計
　　　　概要：ライフサイクルの各段階で3Rの更なる推進
　1.3 運搬・運転の効率化
　　　　観点：作業効率向上
　　　　概要：軽量化およびコンパクト設計
2 最重要課題
　　　　3Rの実現
　2.1 リデュース
　　　　概要：製品資源の減量化、長寿命化
　　　　内容：軽量材料の採用、ホロー構造断面採用、疲労限度を加味し
　　　　　　　た設計
　2.2 リユース
　　　　概要：部品の再利用
　　　　内容：モジュール設計及び機器の規格化・標準化
　2.3 リサイクル
　　　　概要：材料の再資源化
　　　　内容：廃棄時に再資源化可能な部品材料のリサイクル
3 懸念事項と対応策
　3.1 設計が困難
　　　　懸念事項：リサイクル材料の強度低下
　　　　対応策　：評価基準の定量化
　3.2 分離・分解が困難
　　　　懸念事項：部品や材料の抽出困難
　　　　対応策　：一般工具での分離・分解、部品を単一材料で構成
　　　　　　　　　　　　　　　　　　　　　　　　　　　　　　以上

■令和4年度　加工・生産システム・産業機械（答案用紙3枚1,800字）

Ⅲ－2　持続可能な社会の実現に向けて、より少ない資源とエネルギーで、かつ可能な限り廃棄を減らした循環型生産システムへの変革が強く求められている。二酸化炭素排出量実質ゼロを達成するには、新品の原材料である、いわゆるバージン材の使用量を最小にすることが必要であり、これまでの3R（リデュース、リユース、リサイクル）の取組を超えた、製品から回収した再生材料や再生部品を最大限活用する生産を想定することまで考えなければならない。このような状況を踏まえ、以下の問いに答えよ。

(1) 生産技術者としての立場で多面的な観点から3つの課題を抽出し、それぞれの観点を明記したうえで、その課題の内容を示せ。

(2) 抽出した課題のうち最も重要と考える課題を1つ挙げ、その課題に対する複数の方策を、専門技術用語を交えて示せ。

(3) 前問（2）で示したすべての解決策を実行して生じる波及効果と専門技術を踏まえた懸案事項への対応策を示せ。

■令和4年度　加工・生産システム・産業機械Ⅲ－2　論文骨子作成

(1) 序文　CO_2の影響
(2) 生産技術者としての立場で多面的な観点での課題抽出
　　①観点：再生製品による事故防止　　内容：非破壊検査、AEセンサ
　　　課題：再生部品の安全性の確保
　　②観点：再生コスト抑制　　　　　　内容：現有ラインを逆行させる
　　　課題：製品解体にかかるコストを抑制する
　　③観点：再生製品の性能確保　　　　内容：公差内で強制加工、矯正
　　　課題：再生部品の精度確保

　　観点は問題趣旨に沿わせる。課題は「生産技術者の立場」だからこそ挙げられるものを選びます。そして記述前に（2）最重要課題をどれにするか、その理由、複数の解決策と（3）各解決策を実行して生じる共通の波及効果と懸案事項まで、記述する内容を確定しておく。近年この「共通事項」を解答させる事例が頻出しています。「3つ以上の解決策に共通していること」を記述するのが難しい場合は解決策を2つに留めておくのも一法です。
(3) 最重要課題：再生部品の精度の確保
　　理由：再生部品は経年で変形している恐れがあり、ノギスやマイクロ
　　　　メータなど汎用測定器では計測しにくい幾何公差を外れている可能
　　　　性がある。幾何公差不良は製品性能を大きく損なう。
　　方策：3-1) 変形の有無にかかわらず公差内で再仕上げ加工をする
　　　　　3-2) 再仕上代の無い部品の形状を矯正する
　　※使用する専門技術用語：データム、同軸度、位置度、JIS B 0401
(4) すべての解決策を実行して生じる波及効果と懸案事項への対応
　　波及効果：リビルドパーツ、故障部品の回収と再生
　　懸案事項：再生部品の余寿命
　　専門技術：バスタブカーブ
(5) おわりに　産業部門のCO_2 34％、生産技術者の重要性
　　　　　　　技術士法第1条

以上

■令和3年度　熱・動力エネルギー機器（答案用紙3枚1,800字）

Ⅲ－1　カーボンニュートラルへの世界的な動きが活発化する中、自動車のEV化など、需要側でのエネルギーの電力シフトが予想される。一方、需要側の熱利用に対しては、CO_2排出量が少ない化石燃料として天然ガスが積極的に活用されてきたが、今後は熱利用でもCO_2排出量の削減が求められる。その要請を受け、既存熱供給インフラとして敷設済みの都市ガス網を活かしつつ、CO_2排出量の削減を実現する方法として、水素混入等の燃料転換も検討されている。熱・動力エネルギー分野の技術者として、以下の問いに答えよ。

(1) 天然資源では確保できない水素混入等の燃料転換によるCO_2排出量の削減に当たって留意すべき技術的事項について、サプライチェーンを含む多面的な観点から課題を3つ抽出し、その内容を観点とともに示せ。

(2) 抽出した課題のうち最も重要と考える課題を1つ挙げ、その課題に対する複数の解決策を示せ。

(3) 前問（2）で示したすべての解決策を実行したうえで生じる波及効果と専門技術を踏まえた懸念事項への対応策を示せ。

【解説】

　2020年10月、政府は2050年までに温室効果ガスの排出を全体としてゼロにする、カーボンニュートラルを目指すことを宣言しました。この目標を達成するために必要なエネルギーに関連した技術課題を問う問題です。選択科目（Ⅲ）では、社会の技術動向にマッチした問題が出題され、専門知識が問われます。話題となっている技術については、想定問題を作って、解答を準備しておきましょう。

　まず、2050年の目標達成を捉えて課題を設定します。次に設定した技術分野の重要課題に対して課題遂行の障壁となる問題の発生要因や制約要因を抽出・分析し、広い視点で複数の解決策を合理的に提案します。そしてそれら解決策の成果や波及効果を評価し、新たに生じうるリスクとその対策方針をそれぞれ

幅広い視野で述べる必要があります。

この問題の構成は、一例として次のように考えます。

■令和3年度　熱・エネルギー機器科目Ⅲ−2　論文構成

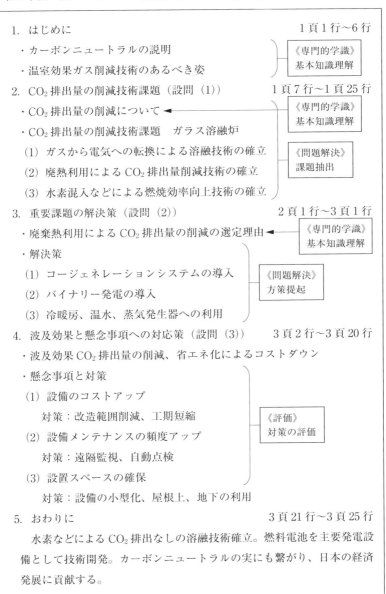

1. はじめに　　　　　　　　　　　　　　　　1頁1行〜6行
・カーボンニュートラルの説明　　　　　　　　《専門的学識》基本知識理解
・温室効果ガス削減技術のあるべき姿

2. CO$_2$排出量の削減技術課題（設問（1））　　1頁7行〜1頁25行
・CO$_2$排出量の削減について　　　　　　　　《専門的学識》基本知識理解
・CO$_2$排出量の削減技術課題　ガラス溶融炉
（1）ガスから電気への転換による溶融技術の確立　　《問題解決》課題抽出
（2）廃熱利用によるCO$_2$排出量削減技術の確立
（3）水素混入などによる燃焼効率向上技術の確立

3. 重要課題の解決策（設問（2））　　　　　　2頁1行〜3頁1行
・廃棄熱利用によるCO$_2$排出量の削減の選定理由　《専門的学識》基本知識理解
・解決策
（1）コージェネレーションシステムの導入　　《問題解決》方策提起
（2）バイナリー発電の導入
（3）冷暖房、温水、蒸気発生器への利用

4. 波及効果と懸念事項への対応策（設問（3））　3頁2行〜3頁20行
・波及効果 CO$_2$排出量の削減、省エネ化によるコストダウン
・懸念事項と対策
（1）設備のコストアップ
　　対策：改造範囲削減、工期短縮　　　　　《評価》対策の評価
（2）設備メンテナンスの頻度アップ
　　対策：遠隔監視、自動点検
（3）設置スペースの確保
　　対策：設備の小型化、屋根上、地下の利用

5. おわりに　　　　　　　　　　　　　　　　3頁21行〜3頁25行
　　水素などによるCO$_2$排出なしの溶融技術確立。燃料電池を主要発電設備として技術開発。カーボンニュートラルの実にも繋がり、日本の経済発展に貢献する。

■令和4年度　流体機器（答案用紙3枚1,800字）

> Ⅲ－1　既設の流体機器の維持管理向上のためにIoTの活用が進められて
> いる。IoT化を進めるためには対象となる流体機器から維持管理に必要
> な情報を抽出する必要があるが、そのためにはさまざまなセンサを含む
> 計測機器を用いて現地データを測定する必要がある。このような状況を
> 踏まえて、流体機器分野の専門技術者としての立場で、以下の問いに答
> えよ。
>
> (1) IoT化の対象となる既設の流体機器を1つ挙げ、センサを含む計測
> 機器を新たに取り付けて、現地測定データを取得するうえでの課題を
> 技術者としての多面的な観点から3つ抽出し、その内容を観点ととも
> に示せ。
>
> (2) 前問（1）で抽出した課題のうち最も重要と考える課題を1つ挙げ、
> 重要と考えた理由を述べ、その課題の解決策を複数示せ。
>
> (3) 前問（2）で示したすべての解決策を実行したうえで生じる懸念事
> 項への専門技術を踏まえた対応策と、生じる波及効果を示せ。

【解説】

　今ある流体機器の維持管理について、IoT機器を追加して現地測定データを
取得するうえでの技術課題を問う問題です。流体機器は、機械関連装置やイン
フラ設備といった広い分野での利用がされる重要な機器です。そのため流体機
器の維持管理のQCDSEの向上には、センサ等、用いたIoTといったデジタル
監視問題が頻出問題となっています。

　この問題は、「IoTによる現地測定データを取得」について流体機器のどんな
情報を得て維持管理する必要があるのかといった前提条件である、背景（使用
状況など）と現状および目的、技術目標と現状とのギャップ（問題）を具体的
に設定し課題を多面的に導くようにしましょう。

　この問題の構成は、一例として以下のように考えます。

【骨子】

<u>1．対象となる既設の流体機器の概要と維持管理条件</u>

（1）事例と概要

事例：中小水力発電に用いる横型フランシス水車

概要：流量調整できる機構（ガイドベーン）

　　　ガイドベーンの駆動装置

　　　流量調整用の遠隔制御装置

　　　振動・流量流速・温度センサを含む計測

　　　機器・ネットワークの追加

　　　（IoT化の目的）異常予知検出精度向上

《専門的学識》
基本知識理解

（2）維持管理条件：日常監視・事故発生保護・遠隔
　　　　　　　　　　安全復旧・災害監視・伝送・分
　　　　　　　　　　析自動化・現場支援

2．IoT化してデータ取得するうえでの課題（3つ）分析

（1）課題①　AIによる異常値検出閾値の設定

観点：設備異常の早期発見

技術目標：振動・温度・流量の連続データ監視

ギャップ：ビッグデータ分析

（2）課題②　技術・ノウハウの継承、暗黙知の見える化

観点：作業効率向上

技術目標：データトレンドと技能の融合による標
　　　　　準化

《問題解決》
課題抽出

ギャップ：デジタルデバイド

（3）課題③　通信設備の信頼性の高い無線化

観点：防災・減災・自然災害

技術目標：監視データの遠隔情報共有

ギャップ：高信頼性広域インフラ整備コスト増

【骨子】（つづき）

3. 最重要課題の設定・その理由と２つの解決策

(1) 最重要課題の設定とその理由

　　最重要課題：課題①　AIによる異常値検出閾値の設定

　　その理由（目的に対する比較）：課題①＞②＞③
　　　　　　　　　　　　　　　　データ利活用の根幹

《専門的学識》
基本知識理解

(2) ２つの解決策

　　解決策①：水圧バランスを均一化する
　　　課題遂行時の問題：水スラスト検知が困難
　　　原因：羽根車の水圧不均一による不均一振動を
　　　　　外乱として検知
　　　方策提起：発生防止　均圧管、均圧穴の追加
　　解決策②：水量・流速制御
　　　課題遂行時の問題：流量変化時のキャビテー
　　　　　　　　ション発生
　　　原因：水量・流速低下による圧力低下
　　　方策提起：発生防止　ガイドベーン角度変更制御

《問題解決》
方策提起

4. 生じる懸念事項への対応策・波及効果

(1) 生じる懸念事項とその専門技術を踏まえた対応策
　　懸念事項①　機構増による共振点変化で発生する
　　　　　　　新たな振動
　　　　　　　CFD事前予測による振動センサの検
　　　　　　　討と運転制御のフィードバック
　　懸念事項②　メンテナンス性低下
　　　　　　　センサ位置をCFDで事前検討後、
　　　　　　　実測データを基にカバーやセンサ設
　　　　　　　置設計を行う。

《評価》
対策の評価・
波及効果

(2) 生じる波及効果

　　波及効果①　多様な条件下にある設備の最適設計
　　波及効果②　類似運転データの機械学習によるさ
　　　　　　　らなる精度向上
　　波及効果③　技術・ノウハウ等暗黙知の見える化

以上

■令和4年度　機構ダイナミクス・制御（答案用紙3枚1,800字）

Ⅲ－2　製品開発におけるフロントローディングとは、要件定義や基本設計など開発の上流工程に予算や人材を多く投入して設計の品質・精度を高め、下流工程にて発生する問題・不具合を減らし、全体として開発のスピード向上とコスト削減を図る手法である。自動車、船舶、OA機器、工作機械など音や振動を伴う工業製品は多く、また、設計意図から外れた有害な音や振動が製品性能を劣化させ開発遅延やコスト増大を招く事が多い。機械の音・振動問題に特有の共振現象は、開発初期での性能の見積りや開発後期での問題解決を困難にする大きな原因となる。このような状況を考慮して、以下の問いに答えよ。

（1）音・振動設計のフロントローディングを進めるに当たって、技術者としての立場で多面的な観点から3つの課題を抽出し、それぞれの観点を明記したうえで、その課題の内容を示せ。

（2）前問で抽出した課題のうち最も重要と考える課題を1つ挙げ、その課題に対する複数の解決策を専門技術用語を交えて示せ。

（3）前問（2）で示したすべての解決策を実行しても新たに生じうる問題とそれへの対策について、専門技術を踏まえた考えを示せ。

【解説】

　本設問では振動騒音課題のフロントローディングについて問われています。フロントローディングでの対応を問われている時点で背景となる問題は容易に絞られますが、課題の抽出に際して後々の問で振動騒音の課題解決に向けての対策を述べる必要がありますので、構成の段階でその内容についても決めておく必要がある点に留意が必要です。

　この問題の構成は、一例として以下のように考えます。

【骨子】

1. 音・振動設計におけるフロントローディングの課題
   振動騒音の抑制設計で考慮すべき稼働状態の観点から課題を抽出する
   課題（1）振動・騒音源の抽出：網羅的な抽出で影響を漏れなく加味
   　　例：内部のアクチュエーターや外部からの伝播も考慮
   課題（2）環境要因の考慮：
   　　振動騒音は設置環境による影響を受けるため留意が必要
   　　例：暗騒音、建物との共振、乗り心地について利用者の嗜好性
   課題（3）発生事象の特定：
   　　様々なシステム構成があり振動騒音事象もそれぞれ異なる
   　　→　振動騒音入力と環境条件を考慮した場合どのような振動騒音事
   　　　象が生じるのか予測が必要
2. 最重要課題と課題に対する解決策
   （1）最重要課題の抽出
   　　課題（3）が最重要課題
   　　∵振動騒音事象の特定を誤る事で問題につながる事が多い
   （2）課題に対する解決策
   　　①伝達関数モデルによる対策設計：振動源を入力、評価したい部分を
   　　　出力とする
   　　　→　ボード線図の活用
   　　②マルチボディダイナミクスモデルによる対策設計：システム構成を
   　　　質点に分割したモデルでの設計
   　　　→伝達関数に比べて、多入力の扱いが容易
   　　　→モデル質点の分割数や分割方法が計算負荷と評価できる振動モー
   　　　　ドに影響
   　　③FEMモデルによる対策設計：有限要素の集合体としてモデル化
   　　　→より複雑かつ高精度な挙動予測が可能
   　　　→構造モデルと空間伝播モデルの連成も可能
   　　　→計算負荷が大きいため必要な精度に応じたモデル調整が必要
3. 解決策実行後の新たな問題とそれへの対策
   問題：効果的なフロントローディング設計には解析精度の担保が必須
   対策：モデル検証（ハンマリング試験、加速度センサーピックアップ
   　　　による振動モード特性同定試験）

以上

受験体験記Ⅲ

　技術士第二次試験において、私の受験経験は5回あります。機械部門─流体工学で2回、機械部門─機械設計で1回。さらには、総合技術監理部門で2回のプロ受験生です。受験を決意した年齢は39歳。第一次試験受験に必要な知識はかなり忘れていたため、思い出すための訓練としてひたすら過去問題を解き、暗記してなんとか1回で合格しました。その勢いのまま、技術士になると第二次試験の受験を決意しましたが、3年かかりました。

　1年目はキーワード集246個を約5か月かけて作るだけで、精一杯な状況でした。7月までに書いた論文は、必須科目2問と選択科目1問のみ。7月に模擬試験を受験しましたが、結果は散々でした。どうすればよいかもわからず、8月（当時）に受験しました。結果は不合格。

　2年目は、「専門知識不足」と「合格論文数不足」と考え、4月までの6か月間で277個のキーワードをブラッシュアップしました。1年目は、インターネットのコピー＆ペーストがほとんどで、理解が不十分と分析したからです。4月から7月までは、キーワード集を基にして、600文字論文63問を作りました。その間、並行して必須論文11問と選択科目6問を作り添削を受けました。この論文は、1論文の添削回数をほぼ無制限でA判定になるまでブラッシュアップしてくださった師匠（Net−P.E.JpのS講師）のおかげで、A判定論文をたくさん作れました。結果、7月に受験した模擬試験ではB判定がほとんど、他の講座で受験した必須論文のみがギリギリA判定（63点）という結果でした。1年目とは大きな違いがあり、自信をもって受験しましたが、結果必須科目はC判定、選択科目はB判定と前年の成績を下回りました。

　さすがに何が悪いのか？　を導き出せず筆記試験不合格のあとは、受験断念も考えながらさまざまな方に相談しました。導き出した分析結果は、必須科目は現状分析が不十分であり、技術士の目的である科学技術の向上と国民経済発展に資することが論文で示せていなかったこと。選択科目は、高等の専門的応用能力を発揮するには、実務でどんな課題や問題に対してどの切り口で解決提案してきたか？　という点が明確でなかったこと、と分析しました。少しモヤが晴れたような

気になり、私は再度受験することとしました。

　この分析から、具体的に足りないことはなにか？　を中心に、11月から技術士法と白書を読み、現状とその国が目指す目的とのギャップを想定し、課題設定する訓練を「骨子」づくり30題で鍛えました。また、選択科目は、機械設計への変更を決意。理由は、技術業務の論理的な解決策を導いた経験は、機械設計の設計プロセスだったと確認できたためです。流体工学の知識を使い、それ以外の熱流体、材料力学や金属材料等の知識を補完して課題遂行していたためです。

　選択科目のキーワードは一から作る必要があります。しかし、業務に忙殺されたことや家庭事情が重なり、十分な時間は取れません。そこで、150文字でまとめることに注力して、2年分のキーワード蓄積を含めて隙間時間で合計330個まとめました。時間が取れない中でも、今の時間内での論文作成の実力確認をすべく模擬試験は1回受けました。前年とあまり判定は変わりませんでしたが、なぜか自信はありました。

　そして受験日当日。午前中にあった必須科目は、それなりに書けたと思います。しかし、「よし！　いける」と思ったとき、選択科目の問題の傾向が変わっていたため会場内がざわついたことを覚えています。私も「やばい」と思いましたが、ふと「機械設計科目」の試験だよな？　と何か他人事のように思え、淡々と機械設計の専門家の立場で解答しました。

　結果、筆記試験合格。しかしここでもまた試練です。80％以上の合格率の口頭試験では、厳しい質問が45分（平成24年当時）ありました。本当に80％の合格率か？　と思えるぐらい厳しいと感じました。

　ただ、「技術士とは何か？」を主体に377問の口頭想定問題を作り、繰り返して体に染みつけ挑んだ結果なんとか、技術士の名称を名乗ることができました。

　技術士試験は、筆記試験と口頭試験があります。両方とも「技術士とは？」という視点がなければ、技術士という名称を得ることができなかったと思います。それに気づくのに3年を要しました。また、それに気づくことはなかなか簡単ではないと思います。私は他者の助言や意見と真摯に向き合えたことで、合格ができたと思っています。皆さんもあきらめずになりたい自分をイメージして、技術士という名称を得て社会に貢献してくださることを願っております。

7. 論文解答事例

前節の「論文解答法」により論文の骨子を作るイメージをお伝えしました。本節では、600字3枚の解答用紙にどのように記述していけばよいかを、機械部門科目ごとの解答事例を紹介します。また、書いた論文の良し悪しを理解していただくために、添削風論文を用意しました。これらの論文例を参考に合格論文の書き方をマスターしてください。

1-1）令和4年度　機械設計Ⅲ-2

【添削風論文】

令和4年度　技術士第二次試験答案用紙

受験番号	○○○○○○○○	技術部門	機械 部門	※
問題番号	Ⅲ-2	選択科目	機械設計	
答案使用枚数	1 枚目　3 枚中	専門とする事項	製本機械	

○受験番号、問題番号、答案使用枚数、技術部門、選択科目及び専門とする事項の欄は必ず記入すること。
○解答欄の記入は、1マスにつき1文字とすること。（英数字及び図表を除く。）

1．ゼロエミッションを実現するための課題
　私の専門である製本用中綴じ機（以下中綴じ機）を具体例として説明する。
1．1　分解性
　中綴じ機は、作動時の反力や衝撃が大きい。各部品は、強度確保のため重量があり、さらに各部品を組む際にリベットや接着や圧入を行うことで機能を維持している箇所も多数あることから一度組み立ててしまうと、やり直しが出来ない。このため失敗した時は分解が可能な箇所で取り外して新しい部品を組み直し、取り外した部品は廃棄する。リサイクルをするためには分解できなければならないため、リサイクル時の分解性の観点から分解を容易にしなければならない。
1．2　異種材料で構成された部品
　中綴じ機は、用紙を中綴じした後、機械の外側に排出するようになっている。排出するために内部には搬送するためのゴムローラーが並んでいて、初めに用紙と接触するゴムローラーはモーターで回転させている。このゴムローラーを固定している回転軸はフレームに圧入された固体潤滑材組み込みブッシュで支えられており、○○を使用している。このブッシュは黄銅の中空材に固体潤滑材チップを埋め込んでいるものである。このブッシュを黄銅部と潤滑材チップ部に分けることはブッシュ材の材料メーカーが行っているため出来ない。このため材料分別の観点から問題がある。

●裏面は使用しないで下さい。　　●裏面に記載された解答は無効とします。　　24字×25行

これからどのようなお題に対して論述しようとしているのかわからない

中綴じ機がどのようなものか簡単な説明が必要

なぜこの論述を始めるのかわからない。

中綴じ機の内部機構の説明が長すぎる。

令和4年度　技術士第二次試験答案用紙

受験番号	○○○○○○○○○	技術部門	機械	部門	※
問題番号	Ⅲ－2	選択科目	機械設計		
答案使用枚数	2 枚目 3 枚中	専門とする事項	製本機械		

○受験番号、問題番号、答案使用枚数、技術部門、選択科目及び専門とする事項の欄は必ず記入すること。
○解答欄の記入は、1マスにつき1文字とすること。(英数字及び図表を除く。)

1.3　梱包材が多い
　製品完成後納入までの間の移動において、傷や落下の衝撃による損傷を防ぐために発泡スチロールで梱包して箱に収めている。また、ステープルの確認窓が透明プラスチックのため傷がつきやすいことから透明ビニール製の保護シートが張り付けていることや、中折用ブレードが落ちてこないようにフレームとの間に緩衝材を挟んでいる。これらは、箱に入っている時だけに使用されるもので、設置後ははがしたり取ったりするため廃棄物になる。廃棄物低減の観点から、梱包材、保護材、緩衝材の低減は課題である。

2.　最も重要な課題として選んだ理由と解決策
　分解性が最も重要と考える。その理由として、中綴じ機は、壊れたら買い替えることが多いため、長期間修理せずに稼働できることが求められている。そのため頑強に組み立てることが優先され、保全はステープルの補充のみ、調整も中央の調整だけで動かせるようにしている。寿命が長いため、壊れる時は新製品に置換わっていて、機能が向上していることから買い替えた方が費用対効果が高い。壊れた機械は専門業者がスクラップにする。環境負荷を考えるとスクラップするにしても分解できた方が良いので分解できるようにすることが必要である。分解の結果まだ使えそうな部品があれば、再利用も可能だからである。これを実現するため解決策として下記する。

現状の説明が長すぎる。

マス目を埋めることが目的化している。説明が長すぎる。

●裏面は使用しないで下さい。　　●裏面に記載された解答は無効とします。　　24字×25行

令和 4 年度　技術士第二次試験答案用紙

受験番号	○:○:○:○:○:○:○:○	技術部門	機械　　　　部門	※
問題番号	Ⅲ－2	選択科目	機械設計	
答案使用枚数	3 枚目　3 枚中	専門とする事項	製本機械	

○受験番号、問題番号、答案使用枚数、技術部門、選択科目及び専門とする事項の欄は必ず記入すること。
○解答欄の記入は、1マスにつき1文字とすること。（英数字及び図表を除く。）

2.1　モジュール化
　全ての部品を頑強に組み付ける必要はないため、部品を機能ごとに分けた後、通常の組付部分と頑強に組付ける部分に分けて、頑強な組付が必要は部分をモジュールとしてまとめ、モジュール自体の取り付けは通常の組付で行えるようにする。
2.2　分解不能な組付方法を変更する。
　頑強さを求めるために組付にリベットや接着、圧入を使用している箇所は、ねじ止めに変更する。ねじ止めだけでは使用中に緩む可能性がある箇所には、ねじロック剤を併用してねじが緩まないようにする。
3.　解決策の実行による新たなリスクとその対策
　解決策を実行すると、固定するための空間が必要になり筐体寸法がこれまで以上に大きくなり、コストが上がるリスクがある。解決策として、VA／VEにより例えば保安カバーを除く外装パネルの厚みや材質、塗装の簡易化にコストダウンを図ることで解決は可能である。

> 廃棄物低減方策実行に伴うリスクとしてあまり適切とは言えない指摘。

> 対策が、廃棄物低減に繋がっていない。

> 最後は「以上」で締める。

> これだけのスペースがあればもっと論述できる。

●裏面は使用しないで下さい。　　　●裏面に記載された解答は無効とします。　　　24 字 ×25 行

1-2) 令和4年度　材料強度・信頼性Ⅲ－1

【添削風論文】

令和4年度　技術士第二次試験答案用紙

受験番号	○○○○○○○○○	技術部門	機械　　部門	※
問題番号	Ⅲ－1	選択科目	材料強度・信頼性	
答案使用枚数	1枚目　3枚中	専門とする事項	環境配慮設計	

◯受験番号、問題番号、答案使用枚数、技術部門、選択科目及び専門とする事項の欄は必ず記入すること。
◯解答欄の記入は、1マスにつき1文字とすること。(英数字及び図表を除く。)

はじめに
　環境にやさしい環境配慮設計は大切であるため、たとえコストがかかっても積極的に取り入れていかなくてはならない。これから環境配慮設計について3つの課題を述べる。

> コストはかかっても放置か？　他人事である。

1 省資源化への取り組み課題
1.1 将来の資源不足
　日本は資源がなくて困っている。このまま大量に資源を消費し続けることで資源不足が続くと、新たにものを作ることが困難になり、産業基盤が崩れ、経済が成り立たなくなってしまうことが課題である。

> 問題提起しか記載がない。
> 観点が明記できていない。

> 1文が長い。問題を課題と述べている。課題を述べていない。

1.2 取組の停滞
　省資源化への取り組みがわからず、停滞してしまう可能性がある。
　CO_2 の排出量も削減できるように配慮が必要である。

> リスクを述べているみたい。

1.3 リサイクル
　環境に配慮した地球にやさしい取り組みを行うために、リサイクルの活動が重要である。廃棄する際には機器を回収して、次の生産に有効な形に変えて使用する。

> 課題かどうかわかりにくい表現。抽象的でわかりにくい。

2 最重要課題
　私はこれまで資源の使用量低減や再利用について業務を行ってきた経験がないため、本論文では製品の再利用について述べる。
2.1 モジュール設計

> 理由が自分本位の提案になってしまっている。

●裏面は使用しないで下さい。　　　●裏面に記載された解答は無効とします。　　　24字×25行

令和4年度　技術士第二次試験答案用紙

受験番号	○○○○○○○○○○	技術部門	機械　　部門	※
問題番号	Ⅲ−1	選択科目	材料強度・信頼性	
答案使用枚数	2枚目　3枚中	専門とする事項	環境配慮設計	

○受験番号、問題番号、答案使用枚数、技術部門、選択科目及び専門とする事項の欄は必ず記入すること。
○解答欄の記入は、1マスにつき1文字とすること。（英数字及び図表を除く。）

　リユースを促進するため、各機構部品をユニット単位でまとまった部品構成にして、使いやすくする。製品が違っても、モジュール単位である一定のまとまった機能を持たせることで、モジュールごとに交換できるように設計する。

2.2 強度計算の標準化

　リユースしあう部品同士で耐荷重等の仕様の認識を合わせておく必要がある。リユースを円滑に行うために、強度計算を標準化する必要がある。双方で同じ強度計算を行うことで、モジュール化された部品を交換して対応する。
　どんな状態になるとどの程度の耐力になるのか判断方法を標準化する。

2.3 クリーニングや補修

　中古の部品は汚れや損傷があるため、交換前にモジュールのクリーニングや補修を行う必要がある。定期的に補修を行い、リユースの効果を向上させるよう配慮する。

3 懸念事項と対応策

3.1 懸念事項

①リユースで設置しようとするさい取りつかない懸念がある。
②見落とした損傷が原因で、想定以上に耐力が低下している懸念がある。
③補強やクリーニングでかえって余計なコストがかか

> 抽象的で何が言いたいのかわからない。

●裏面は使用しないで下さい。　　●裏面に記載された解答は無効とします。　　24字×25行

令和 4 年度　技術士第二次試験答案用紙

受験番号	○○○○○○○○○○	技術部門	機械　　部門	※
問題番号	Ⅲ－1	選択科目	材料強度・信頼性	
答案使用枚数	3 枚目　3 枚中	専門とする事項	環境配慮設計	

○受験番号、問題番号、答案使用枚数、技術部門、選択科目及び専門とする事項の欄は必ず記入すること。
○解答欄の記入は、1 マスにつき 1 文字とすること。(英数字及び図表を除く。)

る懸念がある。

3.2　対応策

① 部品の互換性が正しく出るようにしっかりと設計を行う。

② 損傷の見落としがないように確実に目視検査を行う。

③ コストが高くならないように、入念な値引き交渉を行う。

> 抽象的なので結局何をするのかがわからない。

おわりに

　このように、ライフサイクルの各段階で3Rを実施することで環境配慮設計を積極的に推進し、製品の安全性や信頼性を確保していく所存である。

以上

> これだけのスペースがあればもっと論述できる。

●裏面は使用しないで下さい。　　　●裏面に記載された解答は無効とします。

24 字 ×25 行

1-3）令和4年度　加工・生産システム・産業機械Ⅲ－2

【添削風論文】

令和4年度　技術士第二次試験答案用紙

受験番号	○○○○○○○○○	技術部門	機械　部門	※
問題番号	Ⅲ－2	選択科目	加工・生産システム・産業機械	
答案使用枚数	1枚目　3枚中	専門とする事項	機械加工	

○受験番号、問題番号、答案使用枚数、技術部門、選択科目及び専門とする事項の欄は必ず記入すること。
○解答欄の記入は、1マスにつき1文字とすること。（英数字及び図表を除く。）

1）はじめに
　持続可能な社会の実現に向けて、循環型生産システムへの変革が強く求められている。二酸化炭素排出実質ゼロを達成するために、バージン材の使用量を最小にすることが必要であり、これまでの3Rの取組を超えた、製品から回収した再生材料や再生部品を最大限活用する生産を想定することまで考えなければならない。
2）当社の機械加工工場における課題
2-1）システム化
　システム化にはIoT化とデジタル化によるスマート化が必要である。その結果、初期費用と管理費用が既存より30％upする。課題はシステム効率30％向上である。
2-2）リードタイム短縮
　私の考えでは検査工程のシステム化によりリードタイムを短縮することが課題である。一方でデバイスや通信系の機器点数の増加により故障が多発する恐れがあるため、部品点数の削減と故障抑制に留意する必要がある。
2-3）コストダウン
　低コストで工場を運営するためには電力や資源の使用を最小限にすることが有効である。コストを抑えて原価を低減すれば会社として持続可能性を高めることができるようになる。

●裏面は使用しないで下さい。　　●裏面に記載された解答は無効とします。　　24字×25行

- 問題文そのまま写しただけ。問題文の背景や自分の考えを述べる。
- 自分の領域に引き込みたいあまり、前振りなく自社の前提で記述し狭く不自然になっている。
- 30％が唐突で数値の根拠も不明。
- 「スマート化」は意味が広すぎて何のことかわかりにくい。
- 自分の論文なので「私の考えでは」は不要。
- ここでは問題文のとおり「観点を明記」すべき。
- 2-1）システム化と被っている。問題文の「持続可能な社会の実現」に直結していない。
- 目的・内容が問題から外れている。課題がなにかわからない文になっている。
- 途中に空白行を作らない。詰めて記載する。

令和4年度　技術士第二次試験答案用紙

受験番号	○○○○○○○○○○	技術部門	機械	部門	※
問題番号	Ⅲ−2	選択科目	加工・生産システム・産業機械		
答案使用枚数	2 枚目　3 枚中	専門とする事項	機械加工		

○受験番号、問題番号、答案使用枚数、技術部門、選択科目及び専門とする事項の欄は必ず記入すること。
○解答欄の記入は、1マスにつき1文字とすること。(英数字及び図表を除く。)

3) 最重要課題と解決策
　　最重要課題は「コストダウン」である。以下にこの
課題の解決策を示す。
3-1) 解決策その1
　　3次元画像認識と追跡技術の融合を行う。具体的に
は検査工程でデジタル技術を駆使し、限定的AI技術を
用い3次元で画像認識させ、不良品を追跡する。型式
違いにおける誤認識はニュートラルネットワークを用
いた機械学習により削減する。
3-2) 解決策その2
　　電力使用量の削減を行う。エアコンは各所で使用し
ているが、環境省で推奨されている夏季28℃、冬期20
℃を守っていないことが多い。そこでIoTで温度をク
ラウドにアップし、誰でもどこからでも監視できるよ
うにする。さらに推奨温度を遵守しない場合、強制的
に推奨温度を超えて設定できないようにエアコンを改
善する。
3-3) 解決策その3
　　輸送に関わる燃料使用量を低減する。そのために商
品の軽量化を図る。例えば金属材料を積極的に生分解
性のポリ乳酸プラスチックへの切換えを行い、重量を
軽減し、輸送とともに製造、商品のライフサイクルま
で考慮した環境への負荷軽減を両立する。
4) 解決策実行による波及効果と懸案事項への対応策
4-1) 波及効果

●裏面は使用しないで下さい。　　●裏面に記載された解答は無効とします。　　24字×25行

最重要とした理由を記述する。

問題からずれた課題を選ぶと後の解答もずれてゆく。

内容に導くタイトルを書く。
3-1) の文は具体性がなく説得力に欠ける。

どうコストが低減できるのか最後まで不明。

なぜ電力に着目したのか理由を書く。工場で使用されるエネルギーとCO_2排出量が最も大きいのは電力である等。

PLAは高温多湿な環境では分解されるが、通常の土壌環境や水環境では分解されにくいことを理解しておくこと。

令和4年度　技術士第二次試験答案用紙

受験番号	○○○○○○○○○	技術部門	機械　　部門	※
問題番号	Ⅲ−2	選択科目	加工・生産システム・産業機械	
答案使用枚数	3 枚目　3 枚中	専門とする事項	機械加工	

○受験番号、問題番号、答案使用枚数、技術部門、選択科目及び専門とする事項の欄は必ず記入すること。
○解答欄の記入は、1マスにつき1文字とすること。（英数字及び図表を除く。）

　デジタル・IoT を経験することで他工程へ同様の改善を展開しやすくなる。また、本改善を起点に生分解性プラスチックの活用を広く浸透させることによって大量の廃棄物を比較的短時間に自然に戻すことができ、環境負荷を低減できる。
4-2）懸案事項
　デジタル・IoT に関する懸案事項に作業者がデジタル機器を使いこなせないことが挙げられる。高齢者やアナログ人間では理解ができず、実用できない。生分解性プラスチック化を進める場合は、分解性が良い反面、長期間の使用に伴う劣化と強度の低さから製品寿命が短くなる懸念がある。
4-3）懸案事項への対応策
　デジタル・IoT の懸念についてはリテラシーを向上すべく教育を実施する。作業しながら経験することで能力を向上する以前に、作業そのものができない可能性があるので、外部教育委託を視野にオフジョブトレーニングを行う。生分解性プラスチックの懸念については製品に求められる寿命に影響しない箇所での使用に限定したり、高負荷の耐久試験で検証する。
5）おわりに
　科学技術の向上が進むにつれて、さまざまな技術製品が生み出されるので、それらを活用し、より便利で使い勝手のよい改善を行い、作業者にとって身体的負担の少ない現場作りを実現していきたいと考えます。

●裏面は使用しないで下さい。　　●裏面に記載された解答は無効とします。　　24 字 ×25 行

波及効果のまとまりが悪く、個別説明になってしまっている。

あたりまえで特段、高度な対応策ではない。

自分が科学技術を向上する主役ではなく、周囲で科学技術が向上することに頼っているように見受けられる。

自業務の狭い範囲での記述でもったいない。「おわりに」で技術士法第1条に繋げる意図を示しておくと技術士としての能力ありと判定しやすくなる。

1-4) 令和4年度　機構ダイナミクス・制御Ⅲ－2

【添削風論文】

令和4年度　技術士第二次試験答案用紙

受験番号	○○○○○○○○○	技術部門	機械	部門	※
問題番号	Ⅲ－2	選択科目	機構ダイナミクス・制御	
答案使用枚数	1枚目　3枚中	専門とする事項	交通機械	

○受験番号、問題番号、答案使用枚数、技術部門、選択科目及び専門とする事項の欄は必ず記入すること。
○解答欄の記入は、1マスにつき1文字とすること。（英数字及び図表を除く。）

1.フロントローディングの課題
　フロントローディングとはモノづくりの下流で発生する課題を予測し、その課題に対して主に上流の開発設計で予め解消するプロセスを入れ込むことである。後工程で課題が発生してそれに対応する事には手間と時間が大きくかかるため、それを出来るだけ上流の前工程側で対処する事ができれば、モノづくりのプロセス全体で見た時の負荷を小さく抑えられる効果があるため、これを狙った手法である。
課題（1）振動・騒音源の抽出：可能性のある振動騒音の発生源を網羅的に抽出する事で、その影響を加味した対策設計が可能となる。機械機器内部のアクチュエーターも振動騒音源となるが、外部からの入力も伝達経路を含めて検討しておく必要がある。伝達経路は振動が構造物を伝う固体伝播に加えて、特に騒音では空間伝播の可能性にも配慮した設計が必要である。
課題（2）環境要因の考慮：振動騒音は設置環境による影響を受けるため、留意が必要である。暗騒音が低いために小さい騒音が問題となる事や、建物内に設置する機械機器は建物との共振が問題となる事もある。特に、交通機械で人が感じる振動騒音は人によって感じ方が異なるため、利用者の嗜好性も環境を求める外的要因として考慮して設計する事が必要である。
課題（3）発生事象の特定：機械機器は異なる機能用途と様々なシステム構成を備えており、問題となる振動

●裏面は使用しないで下さい。　　●裏面に記載された解答は無効とします。　　24字×25行

> 振動・音のフロントローディングが問われていることです。ポイントを押さえて端的に導入し、そのあとに繋がるように問われている観点についても簡単に触れましょう。

令和4年度　技術士第二次試験答案用紙

受験番号	○○○○○○○○○	技術部門	機械　部門	※
問題番号	Ⅲ－2	選択科目	機構ダイナミクス・制御	
答案使用枚数	2枚目　3枚中	専門とする事項	交通機械	

○受験番号、問題番号、答案使用枚数、技術部門、選択科目及び専門とする事項の欄は必ず記入すること。
○解答欄の記入は、1マスにつき1文字とすること。（英数字及び図表を除く。）

騒音の発生事象もそれぞれ異なる。振動騒音源からの入力に対して、想定する環境要因を考慮した場合どのような振動騒音事象が問題となるのか、システム構成に基づいて予測して設計をする事が必要である。

2. 課題に対する解決策

　課題（3）発生事象の特定が最重要課題であるため、その課題に対する解決策を述べる。

①伝達関数モデルによる対策設計：システム構成に基づいて振動の入出力関係を伝達関数に定めて設計に活用する。設計に活用できるように、振動源を入力とし、評価したい部分を出力として伝達関数を定める必要がある。伝達特性はボード線図に整理する事で入出力関係におけるゲインと位相変化を確認する事ができ、これにより振動モードを予測して問題となりえる振動騒音事象への対策を検討する事ができる。

②マルチボディダイナミクスモデルによる対策設計：システム構成を質点に分割し、質点間に剛性特性と減衰特性を作用させて全体を離散系のモデルとして定める事で、振動挙動を評価する。単純な伝達関数の利用に比べると多入力に対応でき挙動全体を把握する事も容易である。このモデルは質点分割数が大きいほど計算負荷が大きくなり、分割数や分割のやり方で評価できる振動モードが決まる側面がある。そのため、予め評価したい挙動や周波数を見定めて、システム及びそれを構成する機器ごとに、分割数や分割方法を設定し

論文に説得力を持たせるためには、理由付けが大変重要です。特に、流れを決める判断を示すときには、理由付けがないことは大きな減点になります。

●裏面は使用しないで下さい。　　　●裏面に記載された解答は無効とします。　　　24字×25行

令和4年度　技術士第二次試験答案用紙

受験番号	○○○○○○○○○	技術部門	機械	部門	※
問題番号	Ⅲ－2	選択科目	機構ダイナミクス・制御		
答案使用枚数	3枚目　3枚中	専門とする事項	交通機械		

○受験番号、問題番号、答案使用枚数、技術部門、選択科目及び専門とする事項の欄は必ず記入すること。
○解答欄の記入は、1マスにつき1文字とすること。（英数字及び図表を除く。）

てモデル化する必要がある。
③FEMモデルによる対策設計：システム構成を機械構造の有限要素の集合体としてモデル化し、具体的な振動騒音の挙動を予測して設計に活用する。前述した他の手法に比べて、より複雑かつ高精度な挙動予測が可能であるため効果的な対策検討が容易である。また、構造モデルと空間伝播モデルを連成する事で、振動入力に対する騒音出力の評価も可能である。ただし、FEM解析は計算負荷が大きい解析手法であるため、必要な評価精度に応じた有限要素のサイズを設定して計算時間を極力短縮する検討も実用面では重要である。

3.解決策実行後の新たな問題とそれへの対策
　いずれの提案もデータ解析の知識が必要となるため、機械技術分野の専門家をいかにそろえるかという事が考える事となる。いわゆる高度なIT人材はAIを使いこなし幅広いデータ解析をおこなう事ができるが、そのような人材はビッグデータが存在する企業に集中する事が知られている。そのため、ビッグデータを取集する事がデータ解析の知識をもった人材登用につながる有効な対策となる。
　また、そのためには多くの投資が必要となるため、フロントローディングを早めに投入して全体の効率を上げる事で収益を改善し、新しいデータ収集施策等への投資に回すことが対策として必要である。
以上

●裏面は使用しないで下さい。　　●裏面に記載された解答は無効とします。　　24字×25行

> ピントがずれた解答となってます。ここでは専門技術を踏まえた考えが問われています。一般論では不十分である点にも注視し、技術分野に関して問われている音・振動の観点から述べましょう。

2-1）令和4年度　機械設計Ⅲ-2

【見本論文】

令和 4 年度　技術士第二次試験答案用紙

受験番号	○○○○○○○○○	技術部門	機械	部門	※
問題番号	Ⅲ-2	選択科目	機械設計		
答案使用枚数	1 枚目　3 枚中	専門とする事項	製本機械		

○受験番号、問題番号、答案使用枚数、技術部門、選択科目及び専門とする事項の欄は必ず記入すること。
○解答欄の記入は、1マスにつき1文字とすること。（英数字及び図表を除く。）

1．はじめに
　近年、地球温暖化による影響が生態系や生活に問題を引き起こしている。これを解決方法の一つとして廃棄物を限りなく発生させない、又は利活用する取り組み（ゼロエミッション以下ゼロエミ）が始まっている。ここで、私の専門である製本用中綴じ機（以下中綴じ機）を例に新製品設計におけるゼロエミを実現させるための課題を多面的に挙げ、その中でも特に重要な課題について挙げた理由と複数の解決策、及び新たに生じるリスクとその対策について述べる。
　中綴じ機とは、複数枚重ねた印刷された用紙の中央にステープルで綴じた後二つ折りにする機械で、製本の際に使用される。
2．ゼロエミを実現するための課題
2.1　分解性
　中綴じ機は、紙の貫通と折るため作動時に反力や衝撃が発生することから、強度確保のため各部品の重量があり、各部品を組む際の締め付けトルクも高い。このため、リサイクル時の分解性の観点から分解容易性と組付強度確保の両立に課題がある。
2.2　異種材料で構成された部品
　中綴じ機には、用紙排出用のゴムローラーや回転軸を支える固体潤滑剤組み込みブッシュ等を使用している。これら部品は異種材料を接着、圧着されているため材料分別が難しい。このため材料分別の観点から製

●裏面は使用しないで下さい。　　　●裏面に記載された解答は無効とします。　　24字×25行

令和4年度　技術士第二次試験答案用紙

受験番号	○:○:○:○:○:○:○:○:○	技術部門	機械	部門	※
問題番号	Ⅲ－2	選択科目	機械設計		
答案使用枚数	2枚目 3枚中	専門とする事項	製本機械		

○受験番号、問題番号、答案使用枚数、技術部門、選択科目及び専門とする事項の欄は必ず記入すること。
○解答欄の記入は、1マスにつき1文字とすること。(英数字及び図表を除く。)

品機能の確保と材料分別の両立に課題がある。
2.3　梱包材が多い
　製品完成後納入までの間、移動で生じる傷や損傷を
防ぐ梱包材の他に、確認窓の傷防止用保護シートや、
重量のある中折用ブレードの垂れ下がり防止用緩衝材
を使用している。これらは、設置後全て廃棄物となる。
廃棄物低減の観点から、梱包材、保護材、緩衝材の低
減に課題がある。
　上記課題のうち、特に重要と考える2.1　分解性の
課題について以下に述べる。
3.　分解性向上の解決策
　中綴じ機は壊れたら買い替えることが多いため、頑
強に組み立てることを優先し、修理や保全容易性はあ
まり考慮していない。このため、壊れた時は製品ごと
廃棄していた。しかし、壊れたのは一部の部品である
ことから、壊れた部品の交換により再び問題なく稼働
できる可能性は十分にある。また再稼働できなかった
としても、壊れた部品は新しい部品の材料として、壊
れていない部品はそのまま再利用が可能となる。まず
は、分解容易性を確保して製品廃棄低減を始めること
が中綴じ機におけるゼロエミの第一歩と考える。
　これを実現するため解決策を述べる。
3.1　モジュール化
　全ての部品を頑強に組み付ける必要はないため、通
常の組付部分と頑強に組付ける部分を機能ごと分け、

●裏面は使用しないで下さい。　　●裏面に記載された解答は無効とします。　　24字×25行

令和4年度　技術士第二次試験答案用紙

受験番号	◯:◯:◯:◯:◯:◯:◯:◯	技術部門	機械 部門	※
問題番号	Ⅲ－2	選択科目	機械設計	
答案使用枚数	3 枚目　3 枚中	専門とする事項	製本機械	

○受験番号、問題番号、答案使用枚数、技術部門、選択科目及び専門とする事項の欄は必ず記入すること。
○解答欄の記入は、1マスにつき1文字とすること。（英数字及び図表を除く。）

頑強な組付が必要は部分をモジュールにし、モジュール自体の取り付けは通常の組付で行えるようにする。これにより、壊れたモジュールの交換だけで再稼働が可能となり、製品廃棄が低減できる。

3.2　分解不能な組付方法を変更する。

　頑強さを求めるために組付にリベットや焼き嵌めを使用している箇所がある。これら締結部材を使用すると分解に手間と時間がかかるうえ、分解中に部品が変形、損傷して使えなくなることも考えられる。このため、代替としてねじとねじロック剤を併用することで分解容易性と頑強な組みつけを両立させる。

4.　解決策の実行による新たなリスクとその対策

　解決策を実行しても、モジュール内の部品分解や塗布されたねじロック剤分離の難易度が高くなり結果的に廃棄物低減が進まないリスクがある。対策として、リサイクル性設計（DfR）の解体効率の算出を利用して、効率の悪い箇所、部分を割り出し、最も効率の悪いところから代替方法の検討、採用を行うことで分解、分離容易性の確保、及び廃棄物低減は可能と考える。

5.　最後に

　これまでの設計では、製品廃棄方法の考慮が重要視されていなかった。しかし、廃棄物も再利用すれば有用な資源であり、環境負荷も抑えられる。そのため製品設計時から廃棄方法や再利用方法を考慮することで社会生活の向上と環境保全の両立に努めたい。　　以上

●裏面は使用しないで下さい。　　　●裏面に記載された解答は無効とします。　　24字×25行

2-2) 令和4年度　材料強度・信頼性Ⅲ－1

【見本論文】

令和4年度　技術士第二次試験答案用紙

受験番号	○:○:○:○:○:○:○:○	技術部門	機械　　　部門	※
問題番号	Ⅲ－1	選択科目	材料強度・信頼性	
答案使用枚数	1枚目　3枚中	専門とする事項	環境配慮設計	

○受験番号、問題番号、答案使用枚数、技術部門、選択科目及び専門とする事項の欄は必ず記入すること。
○解答欄の記入は、1マスにつき1文字とすること。（英数字及び図表を除く。）

はじめに　過去の大量生産・大量廃棄の時代から、現在は循環型社会への変革が求められている。機械構造物に対してライフサイクルを加味して3Rを主体とした環境配慮設計の取り組みについて述べる。

1 環境配慮設計への課題

1.1 環境負荷物質制限手法の展開（材料選定の観点）

地球環境を改善するには環境負荷物質の制限が重要である。自動車業界等の一部の業界では環境負荷物質（カドミウム、水銀、鉛、六価クロム等）の使用制限及び禁止が進んでいるが、対応が遅れている業界も多い。そこで、環境負荷物質の制限手法を機械分野全域に水平展開し、中小企業も含めて業界全体で環境負荷物質を削減できるよう情報共有することが課題である。

1.2 3Rの実現（部品設計の観点）

資源が乏しい我が国においては、部品を構成する貴重な材料を効率よく使用することが必要である。そこでライフサイクルの各段階で3Rの更なる推進が課題である。材料を無駄なく繰り返し使用できるようになるため、環境に配慮した設計が可能となる。

1.3 運搬・運転の効率化（作業効率向上の観点）

機器の運搬時や運転時にも環境負荷物質を排出している問題がある。そのため、軽量化およびコンパクト設計を行い、輸送時及び運転時の作業効率を向上することが課題である。たとえば、高強度鋼の採用や、比較的軽量であるアルミニウムやGFRPなどの材料に変更

●裏面は使用しないで下さい。　　●裏面に記載された解答は無効とします。　　24字×25行

令和4年度　技術士第二次試験答案用紙

受験番号	○○○○○○○○○	技術部門	機械　　部門	※
問題番号	Ⅲ−1	選択科目	材料強度・信頼性	
答案使用枚数	2 枚目　3 枚中	専門とする事項	環境配慮設計	

○受験番号、問題番号、答案使用枚数、技術部門、選択科目及び専門とする事項の欄は必ず記入すること。
○解答欄の記入は、1マスにつき1文字とすること。（英数字及び図表を除く。）

することで、環境に配慮した高効率な運転が可能。
2 最重要課題と解決策
　環境負荷低減策としての環境面だけでなく、製品の安全性や信頼性の向上にもつながる「3Rの実現」が最も重要な対策と考える。
2.1 リデュース：製品資源の減量化、長寿命化
　製品資源の減量化及び長寿命化を推進する。たとえば、押出成形が可能なアルミニウム材に変更し、形状の断面をホロー構造とする。少ない体積で目標とする断面係数やひずみ量を達成できるため、材料の省資源化が可能である。また、長寿命化を目的として、採用する材料のSN線図（図1）と該当製品の使用状況を照らし合わせて設計に反映する。疲労限度に到達しない荷重に制限する、または振動の繰返し回数を制限することで長寿命化を図り材料の消費を低減する。
2.2 リユース：部品の再利用

図1 SN線図

　モジュール設計及び機器の規格化・標準化を推進する。モジュール設計を行うことで、異なるラインナップや次機種でも、同様の機能であれば同じモジュールを採用できる。そのため、本体が寿命でも一部の部品は他の製品にモジュール単位で交換可能となり（図2）、部品の信頼性も高く維持できる。
2.3 リサイクル：材料の再資源化
　廃棄時に再資源化可能な部品材料の

図2 モジュール化での共有

●裏面は使用しないで下さい。　　●裏面に記載された解答は無効とします。　　24字×25行

令和4年度　技術士第二次試験答案用紙

受験番号	○:○:○:○:○:○:○:○	技術部門	機械 　　部門	※
問題番号	Ⅲ－1	選択科目	材料強度・信頼性	
答案使用枚数	3枚目　3枚中	専門とする事項	環境配慮設計	

○受験番号、問題番号、答案使用枚数、技術部門、選択科目及び専門とする事項の欄は必ず記入すること。
○解答欄の記入は、1マスにつき1文字とすること。（英数字及び図表を除く。）

リサイクルを推進する。上記のリデュースやリユースができなかった部品に対して材料をリサイクルすることによって、貴重な資源を無駄にせず繰り返し利用できる。（表1）

表1　リサイクルの種類
・マテリアル：材料の再生利用
・ケミカル　：ガス化油化利用
・サーマル　：　焼却熱の活用

3 懸念事項と対応策
3.1 設計が困難
　たとえばGFRPなどのように、リサイクルした材料は、材料内の構造が変化してしまい、元の材料よりも強度が低下している懸念がある。また、リユース品に損傷があった場合、傷や疲労によって寿命が短くなっていることが懸念事項である。
　そこで、強度に関わる評価基準を定量化するよう対応策を取る。評価結果に従い、材料の耐力低下を見越した設計を行い、次の製品へはより耐荷重性能が低くてよい箇所へ採用するなど設計配慮を行う。
3.2 分離・分解が困難
　部材の構造が複雑だと、廃棄や交換の際に目的の部品や材料が抽出できない懸念がある。
　そこで、一般工具で分離・分解できるよう、たとえば接合部でスナップフィットを採用するなど設計配慮を行う。また、そもそも部品が単一材料で構成される設計を対応策とする。
おわりに　このように、ライフサイクルの各段階で3Rを実施することで環境配慮設計を積極的に推進し、製品の安全性や信頼性を確保していく所存である。以上

●裏面は使用しないで下さい。　　　●裏面に記載された解答は無効とします。　　24字×25行

2-3）令和4年度　加工・生産システム・産業機械Ⅲ-2
【見本論文】

令和4年度　技術士第二次試験答案用紙

受験番号	○○:○:○:○:○:○:○	技術部門	機械	※
問題番号	Ⅲ-2	選択科目	加工・生産システム・産業機械	
答案使用枚数	1枚目　3枚中	専門とする事項	機械加工	

○受験番号、問題番号、答案使用枚数、技術部門、選択科目及び専門とする事項の欄は必ず記入すること。
○解答欄の記入は、1マスにつき1文字とすること。（英数字及び図表を除く。）

1）はじめに
　大気中のCO_2濃度は410ppmに到達し、気温の上昇に伴う気象災害が激甚化している。以下に製造業のCO_2排出量削減に効果が期待される、再生材料、再生部品の活用について述べる。
2）生産技術者として多面的観点から抽出する課題
2-1）再生部品の安全性の確保
　再生部品は使用履歴が不明なため、予期せぬ使用方法により重篤な問題が内在している可能性がある。製品に組み込んだ場合に、故障したり事故に発展する危険を防止する観点より、再生部品の安全性を確保することが課題となる。具体的には塑性変形による材料本来の強度の喪失、外観検査ではわかりにくい微少な疲労亀裂の発生などに注意が必要である。非破壊検査やAEセンサによる弾性波測定を行うことに留意する。
2-2）製品解体にかかるコストを抑制する
　一般的に製品から再生部品を取り出す作業は人による地道な手作業が多く、人件費が増大し、原価が上昇する傾向にある。製品としての市場競争力を損なわない観点から、製品解体にかかるコストを抑制することが課題である。例えば、新品製造時は効率の良い組み立てラインを構築する。圧着・接着部の分離など解体ならではの工程を追加し、逆行させれば設備投資を抑えた効率の良い解体ラインとなりうる。
2-3）再生部品の精度確保

●裏面は使用しないで下さい。　　　●裏面に記載された解答は無効とします。　　　24字×25行

令和 4 年度　技術士第二次試験答案用紙

受験番号	○○○○○○○○○	技術部門	機械	※
問題番号	Ⅲ－2	選択科目	加工・生産システム・産業機械	
答案使用枚数	2 枚目　3 枚中	専門とする事項	機械加工	

○受験番号、問題番号、答案使用枚数、技術部門、選択科目及び専門とする事項の欄は必ず記入すること。
○解答欄の記入は、1マスにつき1文字とすること。（英数字及び図表を除く。）

　再生部品は使用に伴い、精度を損なっている可能性がある。精度不良による製品性能の未達を防止する観点から、再生部品の精度確保が課題となる。特に滑り軸受や可動部の構成部品は摩耗し易く、繰り返し熱負荷を受けたり、重荷重を受ける部品は微少な変形により精度を損なっている場合がある。
3）最重要課題を「再生部品の精度確保」とする
　平面度や同軸度など幾何公差の精度不良はノギスやマイクロメータ等の汎用測定器では測定が難しい。また、これらの精度不良は回転振動や異常摩耗を引き起こし易く、製品性能を著しく損なうことが理由である。
3-1)方策1：変形の有無にかかわらず再仕上加工する
　ランダムに変形した形状をくまなく測定し、変形場所や変形量に応じた再生加工を行うと膨大な手間がかかる。大抵の部品は軸芯など基準（データム）に対する同軸度や位置度を確保すれば回転機能や可動機能等安定した性能を発揮する。このことから変形の有無にかかわらず主要な嵌合部を再仕上加工することで測定や再生方法の検討を省き再生部品の精度を確保する。
3-2)方策2：部品の矯正
　回転・伝達機構で多用される軸部品は使用に伴い微少に曲がることがある。回転軸は、はめあいの寸法許容差（JIS B 0401）のg6やh7等厳しい公差で製作されることが多く、追加工する余肉がない。この場合はプレス等による曲がり矯正で修正が可能である。

●裏面は使用しないで下さい。　　　　●裏面に記載された解答は無効とします。　　　　24字×25行

令和4年度　技術士第二次試験答案用紙

受験番号	○:○:○:○:○:○:○:○
問題番号	Ⅲ－2
答案使用枚数	3 枚目 3 枚中

技術部門	機械
選択科目	加工・生産システム・産業機械
専門とする事項	機械加工

※

○受験番号、問題番号、答案使用枚数、技術部門、選択科目及び専門とする事項の欄は必ず記入すること。
○解答欄の記入は、1マスにつき1文字とすること。（英数字及び図表を除く。）

4）解決策実行に伴う波及効果と懸案事項への対応策
4-1）波及効果
　再仕上加工や矯正した部品はリビルドパーツとして在庫することで製品故障時に修理部品として使用できるようになる。また、故障部品を回収することでリビルドパーツとして再生し、安価に部品供給ができる波及効果がある。
4-2）専門技術を踏まえた懸案事項への対応策
　再生した部品は、新品に比べて公差限界に近い寸法になっていたり、矯正により内部応力が残存し、やや寿命が短くなる懸念がある。通常、製品の故障率はバスタブ曲線で表される。即ち、初期に多くトラブルを発生した後、長期にわたり偶発的な故障に留まり、寿命と共に故障率が上昇する。しかし、リビルドパーツで修理した場合、基本的に当該の部品以外は変更がないので初期トラブルはリビルドパーツ周辺に原因があると考えられる。修理後の振動、電流、異音等で初期運転状況を確認することで対応することが可能である。
5）おわりに
　産業部門のCO_2排出量は全体の34％にのぼる。そして生産現場で使用される資源やエネルギー、CO_2排出量は非生産部門に比べて圧倒的に多い。このことから持続可能な社会の実現において生産技術者の役割は大きい。製品・部品の再生を通じて省資源、省エネとCO_2削減を果たし、国民経済の発展に寄与する。　　　以上

●裏面は使用しないで下さい。　　●裏面に記載された解答は無効とします。　　24字×25行

262

2-4) 令和4年度　機構ダイナミクス・制御Ⅲ－2
【見本論文】

令和4年度　技術士第二次試験答案用紙

受験番号	○○○○○○○○○	技術部門	機械	部門	※
問題番号	Ⅲ－2	選択科目	機構ダイナミクス・制御		
答案使用枚数	1 枚目　3 枚中	専門とする事項	交通機械		

○受験番号、問題番号、答案使用枚数、技術部門、選択科目及び専門とする事項の欄は必ず記入すること。
○解答欄の記入は、1マスにつき1文字とすること。(英数字及び図表を除く。)

1. 音・振動設計におけるフロントローディングの課題
　フロントローディングにより、問題となる機械機器の振動騒音を効果的に抑制するには、稼働時の状態に対応した設計が必要である。以下、設計で考慮すべき稼働状態をおさえる観点から課題を抽出する。
課題(1)振動・騒音源の抽出：可能性のある振動騒音の発生源を網羅的に抽出する事で、その影響を加味した対策設計が可能となる。機械機器内部のアクチュエーターも振動騒音源となるが、外部からの入力も伝達経路を含めて検討しておく必要がある。伝達経路は振動が構造物を伝う固体伝播に加えて、特に騒音では空間伝播の可能性にも配慮した設計が必要である。
課題(2)環境要因の考慮：振動騒音は設置環境による影響を受けるため、留意が必要である。暗騒音が低いために小さい騒音が問題となる事や、建物内に設置する機械機器は建物との共振が問題となる事もある。特に、交通機械で人が感じる振動騒音は人によって感じ方が異なるため、利用者の嗜好性も環境を求める外的要因として考慮して設計する事が必要である。
課題(3)発生事象の特定：機械機器は異なる機能用途と様々なシステム構成を備えており、問題となる振動騒音の発生事象もそれぞれ異なる。振動騒音源からの入力に対して、想定する環境要因を考慮した場合どのような振動騒音事象が問題となるのか、システム構成に基づいて予測して設計をする事が必要である。

●裏面は使用しないで下さい。　　　●裏面に記載された解答は無効とします。　　　24字×25行

令和 4 年度　技術士第二次試験答案用紙

受験番号	○:○:○:○:○:○:○	技術部門	機械　　　部門	※
問題番号	Ⅲ－2	選択科目	機構ダイナミクス・制御	
答案使用枚数	2 枚目 3 枚中	専門とする事項	交通機械	

○受験番号、問題番号、答案使用枚数、技術部門、選択科目及び専門とする事項の欄は必ず記入すること。
○解答欄の記入は、1 マスにつき 1 文字とすること。(英数字及び図表を除く。)

2. 最重要課題と課題に対する解決策
　(1) 最重要課題の抽出
　課題（3）発生事象の特定が最重要課題であると判断する。振動騒音源や環境要因の影響は大きくそれらを考慮する事は必要であるが、振動騒音事象の特定を誤る事で、大きな振動騒音の問題につながる事が多いからである。
　(2) 課題に対する解決策
①伝達関数モデルによる対策設計：システム構成に基づいて振動の入出力関係を伝達関数に定めて設計に活用する。設計に活用できるように、振動源を入力とし、評価したい部分を出力として伝達関数を定める必要がある。伝達特性はボード線図に整理する事で入出力関係におけるゲインと位相変化を確認する事ができ、これにより振動モードを予測して問題となりえる振動騒音事象への対策を検討する事ができる。
②マルチボディダイナミクスモデルによる対策設計：システム構成を質点に分割し、質点間に剛性特性と減衰特性を作用させて全体を離散系のモデルとして定める事で、振動挙動を評価する。単純な伝達関数の利用に比べると多入力に対応でき挙動全体を把握する事も容易である。このモデルは質点分割数が大きいほど計算負荷が大きくなり、分割数や分割のやり方で評価できる振動モードが決まる側面がある。そのため、予め評価したい挙動や周波数を見定めて、システム及びそ

●裏面は使用しないで下さい。　　　●裏面に記載された解答は無効とします。　　　24 字 ×25 行

令和4年度　技術士第二次試験答案用紙

受験番号	○:○:○:○:○:○:○:○	技術部門	機械　　　　部門	※
問題番号	Ⅲ－2	選択科目	機構ダイナミクス・制御	
答案使用枚数	3 枚目 3 枚中	専門とする事項	交通機械	

○受験番号、問題番号、答案使用枚数、技術部門、選択科目及び専門とする事項の欄は必ず記入すること。
○解答欄の記入は、1マスにつき1文字とすること。（英数字及び図表を除く。）

れを構成する機器ごとに、分割数や分割方法を設定してモデル化する必要がある。
③FEMモデルによる対策設計：システム構成を機械構造の有限要素の集合体としてモデル化し、具体的な振動騒音の挙動を予測して設計に活用する。前述した他の手法に比べて、より複雑かつ高精度な挙動予測が可能であるため効果的な対策検討が容易である。また、構造モデルと空間伝播モデルを連成する事で、振動入力に対する騒音出力の評価も可能である。ただし、FEM解析は計算負荷が大きい解析手法であるため、必要な評価精度に応じた有限要素のサイズを設定して計算時間を極力短縮する検討も実用面では重要である。

3. 解決策実行後の新たな問題とそれへの対策

　提案の解決策によって、システム構成と目的に応じた振動騒音の発生事象を予測する事が可能である。しかし、機械システムの構造仕様をそのままモデル化するだけでは実際の振動騒音を再現するのが難しく、効果的なフロントローディングが実現できない問題がある。対策として、各解析モデルと実験の結果比較によるモデル検証を行う事で、モデルに対して挙動再現に必要な構造を追加したり詳細化する事でモデルによる挙動再現性を高める事ができる。具体的なモデル検証方法として、ハンマリング試験や振動源と評価部の加速度評価試験で実際の入出力関係を特定して、モデルの入出力関係と比較する事が考えられる。　　　以上

●裏面は使用しないで下さい。　　　●裏面に記載された解答は無効とします。　　　24字×25行

8. 学習のポイント

① 選択科目（Ⅲ）の出題傾向をつかむ。

・過去問題を手掛かりにして論文解答に必要なキーワードやその周辺情報を収集する。

・出題パターンを理解する。

・1,800字以内。2題中1題を選択。

② 社会問題と国の施策、技術トレンドを意識する。

・白書3年分と最新白書をチェックして社会問題と国の施策をつかむ。

・社会問題をあるべき姿にするための課題を考察する。

・課題を専門とする技術分野の解決策へ落とし込む。

・重要なキーワードは具体的なデータまで覚えておく。

③ 解答のポイント

・社会的問題を科目の視点で技術的な解決策に変換すること。

・専門知識だけでは不十分。知識や業務経験の応用を意識して解答する。

・課題抽出、分析、解決策の提案、リスク評価の論旨を意識する。

・論文骨子の作成練習で解答のパターンを身に付ける。

● 第5章のレシピ（処方）●

✗ ✗ ✗ ✗ ✗ 素材チェック！ ✗ ✗ ✗ ✗ ✗

起	社会的ニーズ、最新技術の動向に関する情報を収集・整理する。
承	多面的な観点から課題抽出を行い、科目の視点で技術的な解決策に変換する。
転	論文骨子の練習で、解答パターンを身に付ける。
結	社会問題から問題解決までのプロセスを矛盾なく、論理的に説明する。

✗ ✗ ✗ ✗ ✗ 第5章のポイント ✗ ✗ ✗ ✗ ✗

1. 社会的変化、技術的動向の情報を収集する。

2. 広い視点で自分の専門分野の課題を抽出する。

3. 多様な視点から解決を試み、論理的に解決方法を導出する。

4. 社会的変化から課題解決までのプロセスを矛盾なく、論理的に
   説明できるようにする。

かくし味（技術士の声）
　日頃から社会問題を自分（技術士）ごととして課題や解決策
について考察する。

第6章

口頭試験対策

学習のポイント

　機械部門の最大の特徴は、なんといってもこの口頭試験の合格率の低さです。厳しい筆記試験を乗り越えたはずの受験者が、機械部門全体で4人に1人、科目によっては3人に1人が、不合格になるという厳しい状況です。機械部門の受験者は、気を緩めず、最後の関門に向けてしっかり準備を行いましょう。

　口頭試験は、さまざまな背景を持つ試験官が担当し、さまざまな観点から受験者の業務や行動を深掘りしてくるため、すべての試問に対する完璧な準備はできません。ポイントは、どのような質問に対しても技術士らしい回答や振舞いを意識することです（本章の内容を参照）。日々の業務での行動や対応が試験準備につながります。そして、試験官は受験者の回答だけではなく振る舞いも評価しています。今日から「受験する科目」の技術士らしく日々の業務を行いましょう。

　ここでも、受験する選択科目を意識しましょう。機械部門では「科目の不適合」が不合格となる主な要因のひとつです。受験科目のキーワードを再度確認したうえで試験の準備を始めてください。

　本章では、過去の事例を踏まえて口頭試験の概要、試問例や注意点について説明します。

1. 筆記試験から口頭試験合格までの流れ

【日程は令和 4 年度を例示】

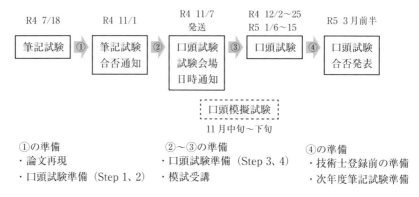

図6.1　筆記試験から技術士登録までのフロー図

　筆記試験から口頭試験までは約 4 〜 6 か月あります。しかし、筆記試験の合格発表から口頭試験までは最短で約 4 週間しかありません。口頭試験の準備は 1 か月でも不可能ではありませんが、前述のとおり機械部門の口頭試験合格率は高くありませんから、早めの準備開始が合格のカギとなります。

　また、口頭模擬試験がさまざまな団体で行われていますが、概ね筆記試験合格発表後、1 か月以内に行われることが多いです。

　つまり、筆記試験の合格から慌てて準備を始めても、口頭模擬試験までに十分な準備ができない可能性が高いと言えます。よって、早めの準備着手を推奨します。

　口頭試験の準備ではコンピテンシーと自身の業務との関係をより深く見つめ直す必要があります。これは合格して技術士となった場合に必要な技術士の心構えを備えるだけでなく、不合格となった場合に次年度以降に受験する際の実務経験証明書の作成や、筆記試験に有効な業務内容の詳細の活用に繋がります。筆記試験後の合否不明な状態では、口頭試験の準備に身を入れるのは一苦労かと思いますが、合格でも不合格でも必要な準備ですので、怠らずに取り組みましょう。

　筆記試験後には、いつまでに口頭試験の準備計画を立案するか？　だけ決め
てから、休養に入ってリフレッシュすることを推奨します。

　望ましくは、筆記試験合格発表の1か月前までに試験準備を開始することを
お勧めします。その後順次開催される口頭模擬試験までは少なくとも1か月以
上あるため、口頭試験に関する情報収集と口頭試験の想定問答集の作成を余裕
をもってできるからです。

2.　再現論文の作成

　筆記試験後は自分の解答を再現しておきましょう。口頭試験では筆記試験の
答案についても試問の対象となっています。（図6.2参照）。試験官に「あなた
が筆記試験で提案した方法についてお尋ねします。」と問われたとき、自分が
解答した内容を把握してなければ、文字どおり話になりません。

（2）口頭試験

①　口頭試験は、筆記試験の合格者に対してのみ行う。

②　口頭試験は、技術士としての適格性を判定することに主眼をおき、
　筆記試験における記述式問題の答案及び業務経歴を踏まえ実施するも
　のとし、筆記試験の繰り返しにならないよう留意する。

③　試問事項及び試験時間は、次のとおりとする。なお、試問時間を
　10分程度延長することを可能とするなど受験者の能力を十分確認でき
　るよう留意する。

図6.2　技術士第二次試験実施大綱（令和4年12月）より

　筆記試験が終わったら、3日以内の早いうち、すなわち、内容を忘れないうち
に、解答した全問の論文を復元しましょう。極力詳細に復元することが望まし
いですが、不明瞭な点は要旨だけでも構いません。筆記試験では途中で退席し
なければ問題用紙を持ち帰ることができるので、問題用紙に骨子やキーワード
だけでも転記しておくと、試験後の再現論文作成が容易になります。

　口頭試験は、「筆記試験における記述式問題の答案及び業務経歴を踏まえて

実施する」とされています。筆記試験での解答に対して「何か補足したい点がありますか？」「なぜこの課題・解決策・リスクを選択したのですか？」などの試問が考えられますので、再現論文を熟読して、特に筆記試験でB判定があった解答は必ず見直しておきましょう。

　再現論文は口頭試験対策だけでなく、筆記試験が不合格だった場合には次回受験時の有力な手掛かりにもなります。必ず作成するようにしましょう。

3. 口頭試験の準備

口頭試験の準備方法の一例を以下に示します。

Step 1　情報収集と試験準備計画

　この段階では必要な情報を収集・整理して、口頭試験の準備計画を立てることを目標とします。

　まずは、口頭試験の日程と目的、過去の試問例や試験結果を確認して口頭試験のイメージをつかみましょう。

　そして、以下のStep 2～4で準備する内容を把握してToDoリストを作成します。各項目の準備に必要な時間を算出したのちに、ご自身が試験準備に割り当てできる時間と比較してスケジュール表を作成します。いったん、目標とスケジュールが定まれば、あとはそれらを実行するのみなので、不安なく試験準備に集中することができます。

Step 2　技術士に関連する基本的知識のおさらい

　次に、技術士に関連する基本的知識について再確認します。技術士として活躍するうえで必要な基本的な知識とはコンピテンシー、技術士制度、技術士法、技術者倫理、継続研さんと技術士CPDです。技術士はこれらを念頭に行動することを求められますので、口頭試験もこれを理解している前提で試問が行われます。これらを深く理解することで、口頭試験における試験官の評価軸も理解できるようになります。これらの基本的な知識については下記を参考にして準備することをお勧めします。

①技術士ビジョン21

②技術士制度について

③修習技術者のための修習ガイドブック

④技術士倫理綱領の解説

⑤技術者倫理事例集

⑥技術士CPDガイドライン

⑦技術士法（第一章、第四章）

①～⑥は日本技術士会発行

　技術者倫理については技術士第一次試験における適性科目のおさらいを行っておくことも有用です。また、継続研さんについてはご自身のCPDの実施状況を技術士CPD制度に則って整理してみるとイメージしやすいと思います。技術士が科学技術の発展に伴い、その資質能力を向上させるために必要な推奨CPD時間は50 CPD時間 / 年とされています。これを達成するためには、常日頃から意識してCPDを行う必要があることがわかると思います。

Step 3　口頭試験シナリオの準備

この段階では、口頭試験を受けるために必要なシナリオを準備します。

①実務経験証明書のプレゼンテーション

　口頭試験の冒頭で実務経験証明書の補足を目的としたプレゼンテーションを求められるケースが多いです。対象や時間の指定は試験官によりさまざまです。

　　対象：業務経歴のみ、業務内容の詳細のみ、その両方

　　時間：1分、2分、3分、5分

いかなる指示があっても対応できるようにプレゼンテーションを用意しておきましょう。スピードは300字 / 分を目安に調整すると良いです。また、プレゼンテーション作成のポイントを以下に示します。

　a）業務経歴

　　業務1～5を通じて修習し成長してきた過程を意識して説明してください。例えば業務1、2ではリーダーの補佐により業務や技術を理解・学習し、

業務4、5ではそれらの知見を活かし、リーダーとして技術士にふさわしい業務を行う感じです。それぞれの業務においてどのような立場で何を身に付けたのかを説明すると良いです。

b) 業務内容の詳細

特にわかりやすさを意識して内容の補正を検討します。試験官は事前にこれを読んではいますが、特に機械部門の場合は業務内容を正確にイメージできていない可能性が高いです。技術士らしい業務を行っていたとしても試験官に正しく理解されなければ不合格となってしまいます。

また高等の専門的応用能力を活かした問題解決を行った点を強調して、技術士らしさをアピールしましょう。具体的には科目のキーワードや業務経験を活かした技術的な見解を用いると良いでしょう。さらに高等の専門的応用能力を発揮できる立場・役割であったことも、プレゼンテーションで強調するようにしましょう。最後にもう一度プレゼンテーション原稿を見返して理解しやすい平易な表現に変換しておくことも忘れずに。

実務経験証明書のプレゼンテーションではコンピテンシーについて意識的に触れる必要はありません。特にわかりにくいと言われる業務内容に注力して説明してください。コンピテンシーに関しては、もれなく後の試問で試験官が確認してくれます。

②想定問答集

過去の試問例を参考にして、コンピテンシーで整理して問答集を作成します。回答は実務経験証明書に記載した業務を用いて説明することをお勧めします。一夜漬けで記憶した思い付きではなく、普段からコンピテンシーを意識して業務を行っていることをアピールできます。また試験官は受験者の実務経験証明書を事前に読み込んでいるため、その行動の背景を理解しやすい点でも有利になります。

また、過去の試問例では、コミュニケーションとリーダーシップ、マネジメントと技術者倫理など複数のコンピテンシーを組合せした試問も見受けられま

す。例えば、「リーダーシップを発揮するにあたり、コミュニケーションを工夫した事例を挙げてください。」、「コストと安全のトレードオフに関して、工夫した点はありますか?」などが挙げられます。

これらに対応するためにも、改めて実務経験証明書に記載した業務を棚卸してコンピテンシーの観点で再度整理することをお勧めします。また、すべての回答において公益の確保を最優先に意識することを忘れずに。

Step 4　口頭模擬試験など対面問答を通じたシナリオ(プレゼンテーションと想定問答集)のブラッシュアップ

これまで作成したシナリオはまだ完璧ではありません。プレゼンテーションが抽象的過ぎて技術的ポイントがぼやけていたり、問答にもボタンの掛け違えが生じている場合もあるでしょう。他者の目を通してチェックして、これらのほころびを一つ一つ丁寧に修正し、シナリオを改善し続けることが肝要です。

具体的には、模擬試験などで他者から問題点を指摘(フィードバック)してもらい、ご自身でのその修正(ブラッシュアップ)を行います。また、模擬試験は振り返って問題点を修正することに意味があります。受けっぱなしは厳禁です。

そしてフィードバックとブラッシュアップのサイクルを回すことで、本番でも通用するシナリオに仕上げていきます。模擬試験を重ねてシナリオを改善していけば、模擬試験官の反応も良化します。受験者の自信も高まっていきますので、この状態で本番の試験に臨むことを目標にしましょう。

〈模擬試験について〉

対面問答の練習は各団体が行う口頭模擬試験をお勧めします。口頭試験の雰囲気や緊張感を体感できる点、他の受講生の対面問答を聞くことで、現在の実力確認やシナリオや回答の仕方を修正できる点で優れています。ただし、概ね筆記試験合格発表後の1か月以内に開催されることが多く、定員締め切りがある場合もありますのでご注意ください。Net-P.E.Jpでも関東、中部、近畿の各支部にて実施しています。

また、シナリオを直接技術士の方に見てもらい改善点を指摘してもらうことも有効です。

さらに、フィードバックとブラッシュアップのサイクルを回すことで、マンネリ化や試験準備の停滞を防ぐこともできます。図6.3に口頭試験準備のイメージを示します。

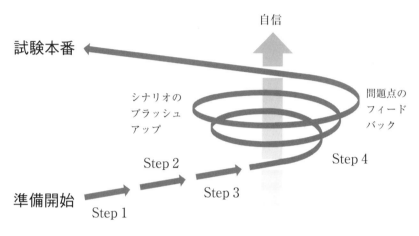

図6.3　口頭試験準備のイメージ

口頭試験の勉強事例

【Column】　　　　　　　　　　　　　機械部門技術士【Column】

　私の場合はまずネットの情報を参考に質問リストと回答集を作成しました。そして何回も暗唱してスラスラと答えられるようにしました。しかし、一人で練習していたので不安に思い、Net-P.E.Jpのセミナーで知り合った技術士の方に模擬面談をしてもらったところ、非常に加点されにくい答え方だと指摘を頂きました。そしてもっと要点を抑えて効果的に加点されやすい返答をすべきと言われました。

　具体的には、

・返答は端的にこたえられているか。

・機械部門か、加工・生産システム・産業機械に見合う内容か。

・問われたことから1mmもずれた返答をせず、ど真ん中で答える。

・科学技術の向上と国民経済の発展に資しているか。

・実業務でのいらぬことを思い出して話がそれていないか。
等々に注意するように言われました。

　このことは筆記試験のときから求められていることとほぼ同じでしたが、よどみなく受け答えできることに注力してしまいました。結局、大きく修正することになり、大事な時期に結構なタイムロスをしてしまいました。

　受験される皆様には「想定質問回答集を作り、メール等で早めに技術士の方に見てもらう」ことをお勧めします。

　なお、自分で勉強するうえで、「声に出して答える」「録音する」のは良かったと思います。録音した自分の声を聞くのはかなり違和感がありますが、それが相手に聞こえる自分の声です。気持ち悪くても自分のダメさを知るためにもぜひやってみましょう。

　そして抜群の効き目があったのは口頭模擬試験に参加することでした。これは回数を重ねるほど洗練されていきました。回数的な感覚では、

　　1回目　驚くほどうまく答えられない。
　　2回目　少しマシになるが会話が成立する程度。
　　3回目　よくなるが効果的に加点できる回答には及ばない。
　　4回目　加点できるようになるが変化球にはまだ対応しきれない。
　　5回目　少々の変化球でも経験で対応できるようになる。

という感じです。模擬試験の機会がなければ個別に技術士に相談するのも一法です。Net-P.E.Jpでは定期的にセミナーを開催し、筆記及び口頭模擬試験を実施しています。

　職場の同僚に協力してもらうのもよいのですが、内情を知っており説明が少々粗くてもわかってもらえるため、初見の面接官に対する訓練としては不十分かもしれません。意外に自分の業務を他人にわかってもらうのは大変です。そういう意味では友人や、奥様に頼むのも良いでしょう。

　皆様の効率の良い勉強と合格を祈願しております。

4. 口頭試験の目的と評価項目

　技術士試験では、技術士に求められる資質能力（コンピテンシー）を受験者が備えていることを確認しています。そのうち、筆記試験では判断が難しい「コミュニケーション、リーダーシップ、評価、マネジメント」の4つの実務能力と、技術士としての適格性として「技術者倫理、継続研さん」の2項目を主に口頭試験にて確認しています。

　受験申込み案内には「業務経歴等の内容を確認することがありますが、試問の意図を考え簡潔明瞭にご回答ください。」とあります。これは以下を口頭試験にて追加で確認する可能性があることを示唆しています。①本人が行った業務や経歴であること。②技術士法にふさわしい立場や役割を果たしていること。③業務において高等の専門的応用能力を用いて問題解決をしていること。④受験者の専門性、業務プロセスや成果と社会の発展や公益の確保との関連性。⑤業務における技術課題や解決策と受験科目が一致していること。⑥試問の意図を正確に捉え、端的にわかりやすく回答できること。

　口頭試験は試問に対して臨機応変に対応しなければならないため緊張しますし、試験日が近づくにつれて不安も募ります。しかし、事前に十分な対策や準備を行えば、自然と心の余裕が生まれ技術士らしい自信に満ちた態度で当日試験に臨むことができます。事前に計画を立てて余裕をもって臨みましょう。

表6.1　口頭試験における試問事項と時間

試問事項［配点］	試問時間
I　技術士としての実務能力 　①コミュニケーション、リーダーシップ　［30点］ 　②評価、マネジメント　［30点］	20分 （10分程度延長の 場合もあり）
II　技術士としての適格性 　③技術者倫理　［20点］ 　④継続研さん　［20点］	

出典：令和4年度　技術士第二次試験受験申込み案内

日本技術士会が発表している技術士試験合否判定基準によれば、①、②、③、④の得点がそれぞれ60%以上で合格となります。また、それぞれの項目に関して合格水準であれば60%以上の得点（成績：○）、そうでなければ60%未満の得点（成績：×）です。よって、各項目に偏りなく準備することが肝要です。

5. 過去の口頭試験の結果

過去の合格率を表6.2に示します。全20部門の口頭試験平均合格率が90%を超えているのに対して機械部門の合格率は70%前後と非常に厳しくなっております。筆記試験に受かったからと言って浮かれることなく気を引き締めて口頭試験に臨んでください。

表6.2　選択科目における過去の試験結果

選択科目	年度	受験者数	筆記試験合格者数	口頭試験合格者数	筆記試験合格率	口頭試験合格率
機械設計	R3	291	73	55	25.1%	75.3%
	R2	231	65	51	28.1%	78.5%
	R1	283	77	63	27.2%	81.8%
材料強度・信頼性	R3	134	35	21	26.1%	60.0%
	R2	123	31	22	25.2%	71.0%
	R1	174	50	33	28.7%	66.0%
機構ダイナミクス・制御	R3	105	24	15	22.9%	62.5%
	R2	118	28	21	23.7%	75.0%
	R1	173	42	28	24.3%	66.7%
熱・動力エネルギー機器	R3	142	11	7	7.7%	63.6%
	R2	122	21	16	17.2%	76.2%
	R1	150	38	32	25.3%	84.2%
流体機器	R3	104	6	4	5.8%	66.7%
	R2	101	13	13	12.9%	100.0%
	R1	118	18	15	15.3%	83.3%
加工・生産システム・産業機械	R3	95	25	19	26.3%	76.0%
	R2	71	27	19	38.0%	70.4%
	R1	82	26	19	31.7%	73.1%
機械部門合計	R3	871	174	121	20.0%	69.5%
	R2	766	185	142	24.2%	76.8%
	R1	980	251	190	25.6%	75.7%

出典：技術士第二次試験統計情報（日本技術士会）

6. 口頭試験事例

3つの口頭試験再現事例を紹介します。いずれも合格事例です。試験官の試問と受験者の回答の流れをつかんでください。

〈再現事例1〉

・令和元年度　材料強度・信頼性　試験官：3人　試験時間：18分

コミュニケーションについて、今までの業務の中でどのようにとってきましたか。　　　　　　　　　《コミュニケーション》

お客様とは、要求事項を具現化し、方向性を共有しています。
上司や部下とはホウレンソウを通じて意志の疎通を図っています。

関連部署とのコミュニケーションはいかがですか？
　　　　　　　　　　　　　　　　　　《コミュニケーション》

詳細FEMを委託している社内別部門がありますが、図面のやり取りや要求事項を書面やメールにてやりとりし、電話でフォローするようにしています。

材料を変えたとのことですが、どのようなプロセスでそうなったのでしょうか？

スパン長が長くなったことによる剛性不足を材料の厚さで補った結果、重量オーバーとなりました。そこで、軸力のみを受け持つ部分の断面積を減らし応力を上げて、その部分を高張力鋼へ置き換えることで軽量化を図りました。

その判断の決定者はどなたでしょうか？　　《リーダーシップ》

私です。この業務では設計管理者としてまとめる立場でもありました。

なかなか、材料を変えるのは難しいけどね。よく変えたね。
《リーダーシップ》

材料を変える必要性を上司にも説明して、理解いただきました。

材料を変えたプロセスを聞きたかったのかも。

材料の取り間違いなどの懸念はありませんでしたか？

もちろんありました。材料選定において物理的に同形状の異材は混同の原因となるため、形状を変えています。CADデータで連携するなど、解析においても間違いを防止するように配慮しました。

一般的に（製品）は価格が安いですが、この製品に開発費をかけて回収できる見込みはあったのですか。　　《マネジメント》

詳細の最後に記載しておりますように、点検工程を4日間短縮しております。（ユーザーの事業場）では1日の代替え運転で費用が＊＊＊万円かかります。したがって、工程短縮の見込みがあるこの製品は開発に値すると判断しました。

マネジメントについて、今までの業務の中でどのようにとってきましたか。　　　　　　　　　　　　　　　　　《マネジメント》

　エンジニアリングスケジュールと予算書を作成して、必要な人員、設備、費用に関する情報を上司と共有しました。これにより山積みも同時に管理でき、いつどこで何が必要になるのかを明確にしました。

　評価について、今までの業務の中でどのようにとってきましたか。　　　　　　　　　　　　　　　　　　　　　　　《評価》

　（製品）設計において、FEM解析でのたわみ量と、実際の荷重試験時のたわみ量に差がありました。精査したところ、仕様と比較して実測が少し厚いためと判明しました。このデータで再度FEM解析したところ、実際と近い値を示しました。

　この成果を水平展開しています。全国の（ユーザーの事業場）を調査した所、他所でも同様に開口部が狭く導入ができていないところもありました。そこで、開口部、炉幅などに項目を分けて製品を標準化しました。その結果、2箇所の（ユーザーの事業場）に配備していただくとともに、無形効果として社内ノウハウが充実したため、以後の設計速度が向上しました。

　特許などはありますか。　　　　　　　　　《評価・継続研さん》

　特許はありません。この（製品）は、基本特許を既に取得済みです。今回は構造変更までででしたので、社内ノウハウとして活用することにしました。

倫理について、今までの業務の中でどのようにとってきましたか。 《技術者倫理》

　公益の確保を優先にしてきました。現在は◇◇部門に携わっています。保全を怠ると設備故障となり発電できません。発電できなければ、停電となり域内の利益を損なうおそれがあります。また、代替機は環境負荷の高い老朽機ですので、環境の保全の面でも影響出てきます。

不正はどうしておきると思いますか。 《技術者倫理》

　私益と品質はトレードオフになっています。○○会社の品質データ改ざんなどは、経営の悪化により品質より私益が優先された結果だと思います。

どのようにすればいいと思いますか。 《技術者倫理》

　自律と他律と仕組みづくりが必要だと思います。
　自律とはコンプライアンス教育で、他律とは罰則規定です。また、仕組みづくりとは人の介在しないシステムです。現在は肉厚検査業務に携わっています。測定データを転記することがあり、記入ミスが見受けられます。測定器から自動でデータ転送するなど、人の介在しないシステムづくりも有効だと考えます。

　CPDについて、今までの業務の中ではどのように行ってきましたか。 《継続研さん》

知識を広める活動として、講演会や公聴会などへ参加しました。また、知識を深める活動として、5行目の経歴にて論文発表しました。さらに、得た知識を配布する活動として、社内教育資料の作成と後進育成、OJTを行ってきました。

今後のCPDはどのようにしていきますか？　　《継続研さん》

　CPDを積み上げる必要もありますので、技術士会に入会して継続研鑽していきたいと考えています。

（製品）にはどのような危険性がありますか。　　《技術者倫理》

　人が使用するものなので、荷重オーバーや片荷重が考えられます。一番の懸念は（製品）の崩壊で大事故に繋がることです。安全率を高めに設定するなどの検討が必要だと考えています。

疲労による亀裂などの回答を期待していたのかも。

これにて試験を終了します。

【試験の所感】
・特に議論などもなく、終始和やかな雰囲気でした。
・抽象的な質問のため、試験官に納得のいく回答ができたのか、不安が残りました。
・プレゼンテーションタイムや志望動機はなく、あらかじめ準備された質問リストによる「コンピテンシーを確認する作業」のような感じでした。

〈再現事例2〉

・令和3年度　機械設計　試験官：2名　試験時間：23分

業務経歴の詳細を2分で説明してください。

業務の目的は○○で、要求事項は△△でした。技術的な工夫点は◇◇の方法を新たに考案したことです。

ユーザーや同僚とどのようなコミュニケーションを図っていますか？　　　　　　　　　　　　《コミュニケーション》

業務5において、営業担当のメンバーに技術的な説明をする場合に、生活実感がわくような実例を交えてわかりやすく説明しました。（以下実例……）

社長や他の経営者とはどのようなコミュニケーションを図っていますか？　　　　　　　　　　　《コミュニケーション》

業務4において、製品デザインはトップダウンで進めたほうがよいため、デザインプロジェクトに参加要請しました。

経営者とのコミュニケーションにおける留意点を聞きたかったのかも。

業務内容の詳細について、なぜ3ステップで妥当性評価を行ったのでしょうか？

目的は○○を高精度かつ簡易に設定することでした。そのために実験とCAEを交えた3ステップで実現することにしました。（以下3ステップの概要を説明……）ポイントは試験機のモデルをFEMで再現して剥離応力のしきい値を決めたことです。

どのような経緯でその着想に至ったのでしょうか？

　試験機モデルをシミュレーションで再現してその精度検証を行っている事例を学会で見たことがあり、対象や手法は違うが応用できると考えました。

過去の業務でリーダーシップをとった事例について説明してください。　　　　　　　　　　　　　　　　　《リーダーシップ》

　業務5において、△△を樹脂製にする提案を行いました。実績がないので他のメンバーはこのアイデアに否定的でしたが、味見テストや試験機関の一般データ、及び施工業者の実例を調査して可能であることを主張しました。そして、試作から始める同意を得ることができました。

過去の業務でマネジメントを発揮した事例について説明してください。　　　　　　　　　　　　　　　　　《マネジメント》

　業務5において、欧州規格対応で△のコストが大幅アップすることに対して、LCCの削減を提案しました。具体的には、欧州でのメンテナンス費用が高額なので、◇◇の寿命を5倍にして、

かつユーザー自身で消耗部品を交換できるようにしてLCCを低減する提案です。

 過去の業務において経験した内容を改善したり、それを生かした事例があれば説明してください。　　　　　　　　《評価》

 業務3において、製品の出荷後にチェーンやカップリング等の駆動部品が短時間で破損する事例がありました。調査の結果、回転体のアンバランスが原因と判明したため、調査結果からしきい値を決めて製品の出荷前検査へ反映しています。

技術的な追加質問はなかったが、内容を理解いただけただろうか？

 成功例だけではなく、失敗例はありますか？　　　　《評価》

 業務2において、設計DR用の資料を図面から3Dに変更し、他部署が構造を把握しやすくしました。しかし、そこに注力しすぎて他の検討が疎かになり、試作品にて不具合が多発しました。以降網羅的な検討を忘らないようにしています。

 ここからは技術者倫理について質問します。　《技術者倫理》
技術者倫理をどのように考えて業務に取り組んでいますか？

 科学技術の向上のためには、公衆の安全と環境の保全を第一に考えて、主業務である技術開発に取り組んでいます。

社会への影響に関してはどのように考えていますか？
《技術者倫理》

　国民経済の発展に寄与すること、公序良俗に反しないことを意識して業務に取り組んでいます。業務5ではユーザーの増産要求に対して、DXを活用した迅速な対応により、間接的に国民経済の発展に寄与していると考えています。

技術士法第1条の観点で回答したが、倫理違反による社会的影響を求めていたかも

回転体を取り扱っていますが、安全についてはどのように取り組んでいますか？
《技術者倫理》

　回転体に固定している○○が外れて飛び出すと、人命に関わりますので、設計時にリスクアセスメントを行っています。その残留リスクは取説へ記載し、合わせてFAT時にユーザーへの説明も行っています。

環境の保全で心掛けていることはありますか？　《技術者倫理》

　常に3Rを意識して業務を行っています。例えば部品点数を減らす、共通化とオプション化で多様なニーズに対応する。などがあります。

これまでの自己研さんについて説明してください。
《継続研さん》

主にセミナーや書籍で勉強し、業務を通じてブラッシュアップしています。その成果は知財権利化や社内外での発表で展開しています。

技術士資格を習得後にどのように継続研さんを行っていきますか？　　　　　　　　　　　　　　　　　　　　《継続研さん》

業務課題の解決を主眼に、課題設定して研さんしていきます。現在はDXを活用した設備管理が課題ですので、AIに関する資格取得や勉強で準備を行い、業務への展開を始めています。

部下の指導や技術伝承はどのように行っていますか？　　　　　　　　　　　　　　　　　　　　　　　　　《継続研さん》

部下の専門性を延ばすよう意識して課題の振り分けを行っています。例えば部下Aは業務調整に長けているので、複数部署が関わる課題を与えており、部下Bは新技術の取り入れが上手なので、大学との共同研究を担当させています。

なぜ技術士資格が必要ですか？　技術士でなければできないことは何でしょうか？

技術士には3義務2責務があるため、社会的責任と引き換えに信用が得やすいメリットがあります。

資格取得以外の具体的な目的を聞きたかったのかも。

以上で試験を終わります。

【試験の所感】

・業務経歴を活用した回答をすることで思い付きではなく、日常的に取り組んでいることをアピールしました。

・会場に時計があったので、時間を意識しながら回答しました。評価までの試問に13分掛かって残り時間が気になりましたが、試問が技術者倫理へ移ったときに気持ちがホッとしました。

・口頭模試で私の業務経歴の詳細の不明瞭な点がわかっていたので、それを上書きするようにプレゼンテーションを行いました。技術的な試問が少なかったのは、それが功を奏したのかもしれません。

　次の事例は、平成25年度～平成30年度まで行われていた旧制度での事例です。新制度と旧制度の違いは以下の表のとおりです。

表6.3　口頭試験方法の新旧対照表

改正前〈～平成30年度〉			改正後〈平成31年（2019）年度～〉		
試問事項	配点	試問時間	試問事項	配点	試問時間
Ⅰ．受験者の技術的体験を中心とする経歴の内容及び応用能力		20分(10分程度延長可)	Ⅰ技術士としての実務能力		20分(10分程度延長可)
①「経歴及び応用能力」	60点		①「コミュニケーション、リーダーシップ」	30点	
			②「評価、マネジメント」	30点	
Ⅱ．技術士としての適格性及び一般的知識			Ⅱ技術士としての適格性		
②「技術者倫理」	20点		③「技術者倫理」	20点	
③「技術士制度の認識その他」	20点		④「継続研さん」	20点	

出典：平成31（2019）年度　技術士試験の概要について

〈再現事例3〉

・平成27年度　交通・物流機械及び建設機械（現：機構ダイナミクス・制御）　試験官：2名　試験時間：21分

 5分程度使って、経歴と業務の詳細について説明してください。

 （大学院含め、経歴と詳細業務について説明。）

 騒音とCO₂はどのくらい低減できましたか？

 騒音は80 dB→60 dBで20 dB低減、CO_2は年間排出量6.3→1.5トンで75％削減しました。

 バッテリーは○○機構を動かすために搭載したのでしょうか？

 はい。油圧機構はそのままで、油圧ポンプの動力源にバッテリーを使用しています。

 なぜトラックのバッテリーを使わなかった？

 回生ブレーキで充電することになりますので、収集場所の間隔が短い場合50％程度しか……

 バッテリー容量が少ないということですね？

 はい。

バッテリーはどんなモノを使っているのですか？

 ◇◇のバッテリーを使用しています。

 なぜそれを選んだのですか？

 選定の詳細は把握していませんが、汎用性と、コストメリットがあったためと聞いております。

 バッテリー容量の根拠は？

 1日の標準作業量である排出の6往復で、月25日稼働で10年間の耐用年数……

 1日の収集が終わったら、夜の間に充電するということですね？

 はい、おっしゃるとおりです。

 バッテリーの容量は？　単位はkWhで良いのかな？

 正確な値は把握しておりません。

単位の正解はAh。引っ掛け？

CAE解析を行ったとありますが、自分でやったのですか？

はい、自分でやりました。

構造解析ですか？

構造解析……？　はい、有限要素解析です。

CAE解析と実機の応力測定の誤差はどの程度ですか？

20～30％です。

その誤差の原因は把握されている？

　CAE解析で用いるモデルが均一な素材でできているのに対して、実機は溶接歪や微小な溶接欠陥などがあることによる誤差だと考えています。

御社でCAE解析と実機応力の誤差はいくら以内でないといけない、など基準はないのですか？

　ありません。評価対象としては実機応力を優先しています。

補強を加えたときの図面も、あなたが書いて製造に指示したのですか？

はい。その当時は試作の専任部隊がいましたので、そちらに指示しました。

走行試験で評価を終えた後、もう一度CAE解析はやりましたか？

やってません。

走行試験の方法を教えてください。

急ブレーキ、急加速、急旋回、段差乗り越え時の応力を測定しました。

どこの応力を測定したのですか？

例えば、今回強度不足が問題になった個所や、その周辺、他に軽量化を図った部位で測定しました。

失敗例はありますか？

バッテリー搭載のスペースを作るために、荷台に傾斜を付けて搭載しましたが、その傾斜のぶんダンプの最大角度も大きくして

しまい、シリンダに引き抜きの力がかかりました。この事例から、荷台の搭載角度に関わらずダンプの最大角度は一定にするべきだったと考えます。

特許はありますか？

はい、詳細業務の関連で静音化に関する特許が1件あります。

学会か何か入っていますか？

今は入っていませんが、機械学会の交通物流部門の活動に参加したいと考えております。

技術士を取ったら、社内で待遇は良くなりますか？

いえ、ならないと思います。しかし、公益確保のために技術があるという一貫性が持てると思います。

では、最後に技術士の受験動機と、もし技術士に合格したらどんなことをしたいか抱負を述べてください。

（来た！　っと思い、準備した動機と抱負を、少し声量を上げて伝える。）

では、これで口頭試験を終了します。

【試験の所感】

・想定外の質問は少なかったですが、微妙なニュアンスで試験官の欲しい回答を出すのは難しかったです。

・全体を通して大きめの声ではっきり話せたと思います。最後も元気よくお礼して部屋を出ました。

・部屋を出てから、技術士法の質問が無かったことに気づきました。技術者倫理についてもまともに質問が無かったです。

・必死に答えましたが、「広い視点で答える」なんて意識する余裕はありませんでした。

7. 口頭試験事例の分析

1）コンピテンシーの確認が中心

コミュニケーションから継続研さんまで6つのコンピテンシーが順に試問されていきます。事例1のように、旧制度では必ず実施していた、業務のプレゼンテーションや志望動機に関する試問もない場合も見受けられます。

また、技術者倫理や継続研さんに関しては、旧制度では試問がない場合もありましたが、新制度では必ず試問されるようになりました。さらに複数のコンピテンシーを組み合わせて試問される例も見受けられます。その場合は、双方のコンピテンシーの観点から回答するように心掛けてください。

試問がどのコンピテンシーに対応しているのかを、瞬時に察知する必要があります。コミュニケーションの確認に対する試問に対して、マネジメントの観点で答えては、いくら良い回答をしたとしても、加点は得られにくいでしょう。そのためには、各コンピテンシーの定義を深く理解しておく必要があります。

また、受験者全員に同じ試問がされるのであれば、誰でも思いつく一般的な回答は容易に準備できますので、他の受験者との差別化もできないでしょう。機械部門の口頭試験では受験者の3〜4割が不合格になっていますので、平均点以上の回答は求められると考えるのが無難です。

受験者自身が業務で得た経験を元に、ご自身でしかできない技術士らしい回

答を心掛けてください。

　そういった回答をするには、業務の棚卸しを事前に行い、自らの業務をコンピテンシーの観点から深く見つめ直す必要があります。さらに整理した内容をストーリー仕立てにして、業務内容の詳細を知らない他者へわかりやすく説明できるようにしておきましょう。

2) 業務に関する技術的な試問が抽象的になった

　コンピテンシーのうち、専門的学識と問題解決は口頭試験の対象外ですが、業務内容の詳細のうち、技術的な課題や解決策に関する試問が見受けられます。これらは、①本人が行った業務や経歴であること。②技術士法にふさわしい立場や役割を果たしていること。③業務において高等の専門的応用能力を用いて問題解決をしていること。④受験者の専門性、業務プロセスや成果と社会の発展や公益の確保との関連性。⑤業務における技術課題や解決策と受験科目が一致していること。の確認をしていると考えられます。

　また、旧制度と比較して新制度ではよりオープンかつ抽象的な試問となり、解決プロセスや方策に対する補足を受験者に説明させるようになりました。加点対象となるコンピテンシーに関する試問に時間を充てるために、加点対象ではない、業務に関する試問の回答は、端的かつ論理的でわかりやすい説明を心掛けましょう。

　業務に関する技術的な試問は平均して1～3つと多くはありません。また、業務内容の詳細とプレゼンテーションを確認してもなお不明瞭な点、問題解決プロセスのポイントになる点についての試問が多いです。口頭模擬試験を受講することでこれらのポイントも明確になり事前に準備しやすくなります。

8．口頭試験の敗因分析

口頭試験の合格率は、筆記試験の合格率と比べるとそれほど低くありません。しっかり対策していれば合格可能ですが、油断はできません。

①科目不適合

受験者の業務経歴や専門性と受験科目が一致しない場合は不合格となります。

例えば、主に設計工学の専門家である機械設計の受験者が試験官に「その対策の留意事項は何ですか」と問われたとします。疲労強度、腐食（材料強度・信頼性のキーワード）や振動（機構ダイナミクス・制御のキーワード）についてのみ回答していては、機械設計科目としての知識、経験、応用能力がないと判断されるでしょう。第7章のキーワード100を参考にして、できるだけ科目のキーワードを用いてプレゼンテーションや回答を行うようにしましょう。

②業務が不適切

「CADのオペレータ」や「検査員」や「品質・価格・納期の交渉役」などは、技術士にふさわしい業務とは言えません。技術士は「高等の専門的応用能力を必要とする事項においての計画、研究、設計、分析、試験、評価……（中略）……を行うものをいう。」と技術士法にて定義されています。『原理原則を用いて論理的に原因究明する姿勢』や『事前に解決策を多面的に評価し、追加の対策を行う姿勢』が必要です。

例えば、機械設計や材料強度・信頼性では過去の出題でCAEに関するものが多くあるため、CAE解析やCAD操作の業務経歴をお話される方をよく見かけます。しかし、CAEやCADを用いて業務の効率化などの問題解決するのが技術士の役割なので、どのように技術を応用して問題解決したのかを、あなたの業務経験を活かした創意工夫を用いて答えるよう心がけましょう。

③本人が実施したことが確認できない

例えば、○○というデータや事実に基づき△△の解決策を提案した。という

内容に対して、そのデータの取得方法や、解決策にかかった費用、解決策の着想点、解決策を行うことで新たに必要となった調整など、当事者でなければ知りえない内容を把握していない。もしくは矛盾した回答を行うと、試験官は本人が実施した内容と認識できません。実務経験証明書には自身が行った内容を記載し、プレゼンテーションでは自身が行った範囲を明示するようにしましょう。間違っても他人が行った業務をあたかも自身が行ったように伝えてはいけません。

④自主性がない

指示待ち技術者になっている。

業務に対して自分自身の課題意識がないと判断される場合です。「会社の方針だから」、「上司に指示されたから」、「先輩に頼まれたから」業務を行った、というのでは技術士らしくありません。自らの業務に対して自分なりの課題を見出し、その達成に向けて日々の業務を進めましょう。

⑤倫理的に問題がある

不正に対して意識が弱い。

不正に対しては、はっきりNOを伝えましょう。

不正の事例を挙げて意見を伝える場合にはご自身の業務事例よりも、ニュースで報道され話題となった事例を挙げることをお勧めします。不正の内容が説明不足であっても試験官と共有できるので、ご自身の意見が伝わりやすいからです。特に指示がなければ、既知のニュースの事例で説明するほうがよいでしょう。もちろん、「あなたの業務に関して」と指示される可能性もあるため、実業務の例も考えておきましょう。

⑥受け答えができていない

緊張して、回答が遅れたり、どもったりしている。

どうしても緊張するものですよね。入室直後に勇気を振り絞って笑顔で挨拶をしましょう。まず、自分気持ちがほぐれると思います。

そして、堂々と受け答えしましょう。間違っていたら「すみません、勉強し

ます」と答えればいいのです。模擬面接でも、正しい答えをしようと思って、質問後何秒も考え込んでいる受験者がおられます。日常的な会話では、1秒以内に何か発声しなければ違和感をもってしまいます。どう答えてよいかわからないときは、「○○ということで回答してよいでしょうか」など、自分が回答できる別のネタでよいか伺ってみましょう。それでだめなら素直にわからないことを伝え、次の質問に移ってもらうほうがよいでしょう。

⑦質問に答えていない

質問の意図と異なる回答をしている。

ついつい、自分の答えやすい回答をしてしまいがちです。しかし、質問の意図に即した回答をしないと加点してもらえません。しっかり試験官の質問を聞き、わからなければ上記のように質問しましょう。

⑧技術士とは何かがわかっていない

国民経済の発展と科学技術の向上に資する者でなければなりません。独りよがりな回答をしていては、合格できません。

おそらく、皆様は日々コストダウンに取り組んでいたり、技術力向上に関わる業務をこなしていると思います。同じ「コストダウン」という業務でも、会社の利益のために行うのか、国民経済を考えて行うのか、業務への取り組み方が変わります。技術士としてあなたの熱意を伝えましょう。

受験の動機

　私は元々勉強が嫌いで自分の仕事に役に立つのかどうかわからない資格試験のために努力するのが嫌でした。しかし、業務遂行上必須である電気主任技術者の資格をもっていた私の同僚が白血病で亡くなったため、弔いの思いもあり自分が電気主任技術者試験を受験することにしました。恥ずかしながらそのときはじめて自分の同僚がどれほど苦労して資格を取得したか、思い知りました。早朝、深夜、休日問わずひたすら勉強してなんとか合格できました。

　それ以降、業務を行う中で、自分が当初思っていたより資格で得た知識が結構に使えることに気づきました。この経験から機械系技術者の資格を取得してさらに業務に生かそうと思い、いろいろ調べるうちに「技術士」がとても良い資格であることがわかりました。

　普段の業務において、結果がでるまでに遠回りしてしまったのではないか、もっと良い解決方法があったのではないか、さらに役に立てることがあったのではないかと振り返ることがあります。自分の「考え方」がもっと洗練されていたら、と思っていました。

　一般的な試験は答えが明確で概ね正解が一つしかないのですが、技術士試験にはいくつも正解があります。解答の自由度が高いのですが、「考え方」が間違っていると合格することができません。

　技術士は最適解まで最短で辿り着く「考え方」が求められます。技術士は私にとってまさに「考え方」を学ぶベストな資格でした。

　実際に資格を取得すると、知識が増えたことも相まって結果を出すまでの速度が上がりました。また、以前には困難だった課題をさまざまな関係者を巻き込んでコミュニケーションをとり、実現できるようになりました。

　今思えばもっと早く技術士の資格を取得しておけばよかったと思います。

　みなさんのエンジニア人生を最高のものにするためにも、技術士資格の取得をお勧めします。

9. 試験官とのコミュニケーション

口頭試験は試験官と受験者のコミュニケーションで成立します。よって試験官の試問の意図を正しく捉えて、同じ観点でわかりやすく回答することが最も重要なポイントです。コミュニケーションのポイントを以下に示します。

1) ポイントを絞って業務内容の詳細を説明する

機械部門の口頭試験合格率が悪い一因として、業務内容が把握しにくいことが挙げられます。例えば機械構造の問題、課題、解決策であれば一般に図を用いれば容易に説明できます。しかし、業務内容の詳細に記載された720文字だけではその説明は困難です。試験官は事前に実務経験証明書を読んではいますが業務内容を正確にイメージできていない可能性が高いのです。

そこで、多くの試験官は受験者にプレゼンテーションの機会を与えて業務内容の説明に対する補正を促します。実際の業務においては複数の問題、課題、解決策が複雑に関係しています。それらを紐解いてポイントを絞り、製品やプロセスの特定→問題点→課題及びその設定理由→解決策→実行結果→技術応用という一本道でわかりやすい流れをプレゼンテーションの機会を使って説明してください。

技術士らしい業務を行っていたとしても試験官に正しく理解されなければ不合格となってしまいます。

また、試験官は実務経験証明書を見ながらプレゼンテーションを聞いて業務内容を整理します。実務経験証明書を見直すのは大切なことですが、その内容を大幅に修正したプレゼンテーションを行うと試験官が置いて行かれる可能性がある点にも留意してください。

2) 受験者は技術士の立場、試験官はクライアントの立場

口頭試験では、受験者は技術士の立場においてクライアントである試験官の要求に応える必要があります。そのためには、①クライアントが何を要求しているかを正しく理解すること、②専門と責任範囲を明確にすること、③専門家

の視点で適切かつ責任ある回答を行うこと、④技術士に求められる役割と責務に準じた回答を行うこと、⑤自身に満ちた態度でクライアントを安心させること、が重要です。

3）簡潔に回答する

試験官は業務経歴の内容と6つのコンピテンシーの確認をたった20分間で行わなければなりません。試問の回答は1分以内を意識してください。この時間配分であれば、1つのコンピテンシーに対して少なくとも2つ以上の試問に回答できます。つまり、1つの試問で○が取れなくとも、次の試問で挽回できる可能性があります。

1分以内の回答では少し説明が足りないように感じるかもしれません。しかし、試験官は受験者の回答を聞いて、次の試問で○を取るためのポイントへ誘導してくれます。追加の試問で明快で正確な回答ができれば、一度目の試問で回答が難しいと感じた試問であっても、より効率的に○を取ることができます。

試問に正確に回答することも重要ですが、短く的を射た回答を返すことで試験官も安心して試問ができます。試験時間は早い人で12分で終了した人もいるようです。

求められていないのに自身が生み出した技術の素晴らしさをアピールするのも逆効果で時間の無駄です。試験官の要求のみにフォーカスして端的に回答するよう心掛けましょう。

4）試験官と議論しない

受験者の説明不足により、課題や解決策に対して試験官が疑問を呈したり、別の解決策を示す場合があります。端的な説明で納得させることができればよいですが、お互いが主張して議論に転じると試験官の心象を悪くするばかりか、貴重な試験時間を無駄にすることになります。説得材料が不十分なら「そういうアイデアもありますね。参考になります。」など、試験官が次の質問に移れる流れに切り替えましょう。

5) テンポよく回答する

　コミュニケーションは間が大切です。試問の後に長い空白があると、試験官は不安を感じます。質問のあと1秒程度の適度な間をもって回答するようにしましょう。そのためには質問を聞きつつ自身の引き出しを探して回答します。

　5秒考えて思いつかなければ、諦めて「わかりません」と即答して次の試問へ移るのも一つの手段です。試験官は一つのコンピテンシーに対して複数の試問で総合的に合否判断します。○が取れるかどうかわからない試問に時間を掛けるのは不利です。

　繰返しになりますが、「端的に専門家の立場で要求に応える」ことが肝要です。「端的に」は不要な枝葉を除いて濃度を高め、かつ平易な回答を心掛けるということ。「専門家の立場で」は自身の専門性に適した科目のキーワードを使って専門家らしい責任ある回答をすること。「要求」は試験官の試問の意図を捉えること。です。

10. 一般的注意事項

1) 試験の準備に関する注意事項

①実務経験証明書との関係

　実務経験証明書を参考に口頭試験が行われますので、受験者は実務経験証明書の内容をどのような切り口で質問されても受け答えできるよう、完全に把握した状態で試験に臨みましょう。当日は、頭のてっぺんからつま先まで専門家である技術士になりきって、試験官をクライアントと考えて丁寧に理解を促すつもりで試験に臨んでください。

②ホワイトボードを使う練習

　ものづくりを主体とする機械部門の業務内容は図表を使った説明が有効ですが、実務経験証明書では図表の使用は禁止されています。事前に試験官は受験者の実務経験証明書を読み込んではいますが、あなたの業務を全く勘違いした捉え方をしている可能性があります。

もし、試験室にホワイトボードがあればチャンスです。図表を使って試験官に業務内容や課題、解決策のポイントを説明すれば、正しく伝えられる可能性が高まります。その際は、a）試験官の使用許可を得ること。b）簡潔に記載し、黙々と描くのではなく解説を加えながら説明すること。を意識して練習してください。いきなり本番ではうまくいきません。

また、ホワイトボードが会場にない場合もありますのでホワイトボードを使わずに説明する練習も行いましょう。

③試験の雰囲気を想定した練習

完璧な想定問答集を作ったとしても、実際の試験室で論理的かつ印象が良い回答ができるでしょうか？　緊張のあまり頭が真っ白になったり、試験官の威圧感に動揺することもあるでしょう。また近年ではコロナ対策で窓を解放にする場合があり、寒さや騒音で集中しにくいかもしれません。また、マスクの着用やアクリル板による物理的な遮蔽、距離の確保で会話が聞き取りにくい場合もあります。

実際の試験環境を想定した練習も並行して行うことをお勧めします。例えば、会社の会議室など広い空間でスーツを着用して練習する。マスクを着用したまま発声練習を行う。回答が飛んだ場合のリカバリー練習なども有効です。

④暗記

業務経歴のプレゼンテーション原稿は事前に暗記してください。暗記が苦手な方は、指定された長さに合わせて話すキーワードとその流れを記憶しておき、本番ではキーワードを繋ぐようにして話すのも有効です。

2）試験前日、当日に関する注意事項
①口頭試験の会場は東京のみ

ご自宅が東京から遠方の方は、試験時刻が夕方であっても早めに着くよう出発しましょう。場合によっては宿泊してもよいかと思います。時間に余裕があるとリラックスしやすいでしょう。

②遅刻厳禁

　遅刻は厳禁です。遅刻した場合は、いかなる理由でも不合格となると考えましょう。自然災害等の懸念がある場合は、例えば、ご自宅が関東近辺で午後の試験であったとしても、近くにホテルを取り、前泊するなど、万全を期すよう対策しましょう。

③日程変更不可

　日程や試験時刻の変更はできません。仕事や家庭の予定は試験日からずらすように調整しましょう。

④服装

　女性、男性ともにスーツが基本です。ブラウスやワイシャツ、スーツの色や髪形、靴等もスーツに合ったものを選び、奇抜なものは避けたほうが無難です。男性の場合、ネクタイはスーツに合った色や柄、女性の場合はアクセサリーや香水は目立たないものを選択するのが良いでしょう。例えば『会社の採用面接を受けるような服装』をイメージして、誠実で頼りがいがある見た目になるよう配慮しましょう。

⑤試験会場での流れ

　1時間前を目安に早めに会場に到着しましょう。まず、受付で氏名と受験番号を係の方に告げて、登録します。試験室の番号を確認し、控室で試験時間10分前まで待機します。トイレに行ったり、軽くストレッチするなど緊張をほぐすこともよいでしょう。

　受付で配布される「口頭試験の注意事項」は必ず目を通してください。

⑥控室にて

　たいていの方は、控室で最後の追い込みとして資料を読みながら暗記に取り組んでいます。作成したプレゼンテーション原稿や想定問答集をノート数ページ程度にまとめたものを持参し、最後の暗記と内容の確認に努めましょう。

試験時間が迫ってくるにつれ、緊張感と不安が高まってきます。

「ここまで対策したから大丈夫。」「私は既に専門家である技術士だ。」と自信を高めてください。万が一、受け答えに失敗しても試験官は必ず次のチャンスをくれます。安心して試験に臨んでください。

⑦試験室への移動タイミング

試験時刻の10分程度前になったら、試験室の前まで向かいます。試験室の扉の横に椅子が用意されていますので、そこで座って待ちましょう。荷物はすべて手に持って一緒に移動します。試験後に控室へ戻ることはできません。また、携帯電話などの通信機器の電源を切ることを忘れずに。

⑧試験室の入室

前の受験者が部屋から出たあとしばらくすると、試験官に部屋に入るよう呼ばれます。返事をして、入室します。「ノック」し、「失礼します」と言って扉を開けるなど、常識的なマナーは守りましょう。なお、荷物用の椅子が設置されていますので、試験官の指示にしたがい、そこへ荷物を置いてください。

入室すると名前と受験番号を聞かれますので、立ったまま答えます。「お座りください」など着席を指示されてから椅子に座りましょう。

座ったら、背筋を伸ばし、男性は手を太ももの上で軽く握り、女性は太ももの上で指を伸ばして両手を重ねて置きます。緊張してしまうものですが、できるだけ力を入れずにリラックスしましょう。

受け答えは、ハキハキと自信が伝わる発声で行います。軽く笑顔でいるくらいでちょうどいいと思います。

⑨試験後の挨拶と片付け

「以上です。お疲れさまでした。」など試験官の合図にて試験終了です。ホワイトボードなど使用した道具は自ら片づけましょう。「ありがとうございました。」と礼を述べて退室します。退室までが試験であることを忘れずに、技術士らしい気品ある態度を最後まで示しましょう。

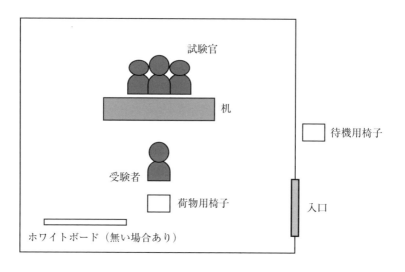

図6.4　試験室のイメージ

3）試験後は……

①再現記録の作成と追加の調査

　試験後は、合格への期待感や反省点などさまざまな感情があると思います。口頭試験の後、できるだけ記憶が新しいうちに再現記録を取りましょう。この再現記録は不合格だった場合の次年度受験の大きな手掛かりになるだけでなく、後に技術士を志す方々にとっても貴重な資料になります。また、口頭試験を実施する国家資格はそう多くありません。自分自身のコミュニケーション能力を把握するうえでも貴重な体験になったはずです。

　また、「後で調べます」と答えた内容は、忘れずに調べておきましょう。継続研さんは技術士の責務です。技術士への準備の一環として責任もって行ってください。そのうえで、堂々と3月の合格発表を待ちましょう。

②合格発表後

　まずは、ご家族、ご友人など受験に協力してくださった方々へ感謝を述べましょう。

　一年にもわたる長期間の勉強、準備、訓練は、本当に大変だったと思い

ます。また、合否に関わらず、一年前よりも大きく成長されたと思います。

　合格後、技術士となった皆様とともに活動できる日を楽しみにお待ちしております。

11. 学習のポイント

・業務経歴は暗記してください。

・業務内容の詳細は、1分、3分、5分程度で説明できるように準備練習してください。

・ホワイトボードで説明できるように練習してください。機械部門受験者は、構造に関わる業務が多いので、伝えたいことを簡単な絵に表すのと、描きながら説明ができるように準備練習してください。近年、業務内容の詳細で図表が禁止されたので、口頭試験で適切に図を描いて正確に説明しないと、試験官が誤解したまま試験が行われる可能性があります。

・最近の不祥事等のニュースは押さえておいたほうがよいでしょう。特に、専門分野に関わることは、自分なりの回答を準備しておきましょう。

● 第6章のレシピ（処方）●

✗ ✗ ✗ ✗ ✗ 素材チェック！ ✗ ✗ ✗ ✗ ✗

起	日々、技術士らしい振る舞いを心掛ける。
承	早めに計画を立てて準備する。
転	口頭模擬試験でブラッシュアップ。
結	要求に応えるコミュニケーション。

✗ ✗ ✗ ✗ ✗ 第6章のポイント ✗ ✗ ✗ ✗ ✗

1. 口頭試験では、あなたの振る舞いや思考を試問を通じて見られています。日々の業務を技術士らしい考え方、方法で遂行しましょう。

2. 再現論文の作成、業務の棚卸や技術士に関する知識のおさらいなど、準備できることは多いです。入念な準備があれば本番で技術士らしい自信に満ちた回答をすることができます。

3. 経験豊富な技術士の目を借りて、業務詳細のプレゼンテーションや想定試問の回答をブラッシュアップしましょう。環境への慣れも重要です。

4. 端的に専門家の立場で要求に応えるようにしましょう。どのコンピテンシーについての試問か瞬時に判断し、試験官の意図に平易でわかりやすく端的な表現で答えるようにしましょう。試験官と歩調を合わせればテンポよく加点することができます。

かくし味（技術士の声）

技術コンサルタントの立場で自信に満ちた態度で臨みましょう

第7章

選択科目別キーワード100

学習のポイント

　この章では、機械部門の選択科目別の重要キーワードを紹介します。

　各選択科目について、最重要キーワード10～20項目を抽出して解説を加えました。また、これらに関連する用語・キーワードを紹介しています。

　本書に掲載しているキーワードは機械工学全般のほんの一部にすぎません。このキーワードを基本として、さらに多くのキーワードの情報収集を行い、理解を深めてください。

　キーワードが増えてきたら今度はそれを幹として枝葉を増やしていってください。そうすることによって、機械工学全体に対する体系的知識が整理されていくはずです。

　本書の100語をベースに、技術士の受験に向けて機械工学のキーワード1,000語達成を目標に日々色々な言葉に接触するように心がけてください。

1. 機械設計キーワード15

●実行可能性調査（Feasibility Study）

　新製品や新サービス、新制度に関する実行可能性や実現可能性を検証する作業のことである。製品を作る前に製造可能かどうかを確認する製造モデルを作成する。また損益が大丈夫か、リスクアセスメントについて問題がないかについて検証を行う。設計に入る前段階の準備として最も重要な作業と考えられている。

　【関連用語】費用対効果、製品開発計画書、リスクアセスメント、新規事業

●環境配慮設計（DfE：Design for Environment）

　環境負荷低減は私たちが生活を持続的に行ううえで重要である。製品設計を行う場合にも、エネルギー消費が少ないこと、リサイクルが行えること及び製造段階においても廃棄物を出さないことが要求される。製品設計段階で、機能やコストだけでなく環境を配慮した製品設計を行う必要がある。ライフサイクルアセスメント（LCA）による評価手法なども適用されている。

　【関連用語】3R、ゼロエミッション、トップランナー方式、LCA

●プロダクトデータマネジメント（PDM：Product Data Management）

　製品開発を行う過程で必要な情報（CADデータ、製作仕様、設計変更履歴など）を、部門を超えて統合して一元的にデータ管理をすること。コストダウンや品質向上が図れるだけでなく、製品の開発期間短縮が可能となる。製品情報管理（PLM）を実現するための支援システムとなる。

　【関連用語】CAD、PLM、フロントローディング、サプライチェーンマネジメント（SCM）

●デジタルエンジニアリング（DE：Digital Engineering）

　製品開発工程で競争力をつけるために最近ITを使った製造・設計が主流となってきている。設計においては3次元CADが使われるようになり、試作

などを行う前にデジタルの情報で干渉チェックや組立性を検証し、デザインレビューにも用いられる。また構造上の問題がないかをCAEなどの解析ツールを用いて事前に検証することができる。製造に用いる部品などの情報はPDMを通してリアルタイムに情報を送れるため、部品購買の時間短縮、また営業情報などにも利用でき、事前に販売活動を行うことも可能となる。IT技術の進歩が著しい昨今においてはデジタルエンジニアリングをどのように活用していくかが競争を優位に進めるために重要なポイントとなる。

【関連用語】3次元CAD、CAE、PDM、デザインレビュー

● コンカレントエンジニアリング（CE：Concurrent Engineering）

設計から製造までの業務に加えて、資材・経理・営業に至る業務を同時並行的に処理することで、開発期間の短縮やコストダウンなどを実現する手法。生産活動の下流で発生する問題（トラブル）を設計段階で把握できるため、やり直しコストの浪費や不要な検討時間の増大を抑制することができる。

【関連用語】システム設計最適化、フロントローディング、BLISS法、ファーストトラック

● ナレッジマネジメント（KM：Knowledge Management）

ビジネスの目的を達成するために、知的資産を共有し、効果的に活用するための「知の管理手法」である。組織活動の中で得た知識を一元管理し、構成員相互の情報交換をしやすくする手法。言葉や文章で表現しにくいノウハウやスキル（暗黙知）も含まれる。最近では団塊の世代の退職から技術の伝承問題がクローズアップされている。経験不足による誤った判断などによるトラブルも発生しているため、伝承がスムーズに行えるように、知識の文書化などのナレッジマネジメントも行われている。

【関連用語】技術の伝承、知識ベースシステム、グループウェア、暗黙知と形式知

● FMEA（Failure Mode and Effects Analysis）

製品・システムの構成要素から取り上げて、製品・システム全体に与える

影響を調べる解析方法である。設計段階で考えられる製品・システムに潜在する故障モードを抽出し、その故障モード（破損、断線、短絡、摩耗等）を解析して製品・システムに及ぼす影響を明らかにし、致命的な影響を与える故障を識別するシステム安全工学手法である。

【関連用語】ボトムアップ手法、故障モード、信頼性設計、FTA

● FTA（Fault Tree Analysis）

絶対に起こってはならぬ事故・トラブル等をトップ事象として取り上げ、これに影響する故障状態をこれらの関連が明らかになるように論理記号を用いて書き下し、トップ事象から原因となる事象とその事象に対する防御手段の検討について、階層的にフォールトツリーを作成して実施する解析手法である。

【関連用語】トップダウン手法、HAZOP、信頼性設計、FMEA

● 標準化（standardization）

標準化することにより、コストを低減できたり、品質のばらつきを抑えたり、在庫の抑制、部品供給業者の負荷低減などが挙げられる。設計に関する標準化には、①公差など加工に関するもの、②設計手法などに関するもの、③部品の共通化、ブロック化に関するもの、④図面の作図、データの管理に関するもの、などが挙げられる。ただし最近では顧客の嗜好が多様化している中で大量生産から小ロット生産に移行しなければならない事情もあり、標準化手法も単純に同じにしてしまうだけでは対応できないケースも出てきている。

【関連用語】ユニバーサルデザイン、国際規格、ISO、モジュール化

● リスク（risk）

「望ましいとは思わない事象」の発生頻度と、発生したときの影響の組み合わせのこと。すなわち、「何時」、「どの程度」を考慮した「望ましいとは思わない事象」のことである。発現するリスクについて、許容の可否評価を行うのがリスクアセスメントである。許容できない危害を与える事象である

「危険」とは異なることに注意が必要。

【関連用語】リスクアセスメント、本質的安全設計

● 品質機能展開（QFD：Quality Function Deployment）

　顧客要望を製品の品質特性、構成要素、プロセス要素に至るまで、それぞれを構成する要素について次元の異なる要素に対応関係をつけて置き換える操作を繰り返して、必要特性を定める操作を行うことで実現し、製品品質確保のための重要な業務や職能を明確化する方法。

　必要とする特性を定める操作として、品質展開、技術展開、コスト展開、信頼性展開、業務機能展開がある。

【関連用語】デザインレビュー、フロントローディング、品質マネジメント
　　　　　システム

● バリューエンジニアリング（VE：Value Engineering）

　製品やサービスが持つ「価値」について、備えなければならない「機能」と、備えるために必要な「コスト」との関係から定められた手順によって「価値」の向上を図る手法。「価値」＝「機能」/「コスト」と表され、「価値」を上げるためには、「コスト」を下げる、「機能」を上げる、の両面からのアプローチが必要になる。

　また検討の際は、使用者優先、機能本位で考え、価値向上の方法を組織、チーム全体の知恵を集めることが重要。

【関連用語】バリューアナライシス、ユニバーサルデザイン、モジュール化

● フロントローディング（front loading）

　製品開発の後工程における不具合解消の手戻りを無くするため、開発初期段階に内部リソースをかけて問題点を洗い出し、対策することで設計の質を作りこむ手法。

　一般的に、設計が下流工程に進むにしたがって不具合発生による設計変更は時間とコストがかかり、製品の早期市場投入を阻害する要因の一つとなる。このため、なるべく早い段階で不具合に対する対策が行えるようにするため

の手法である。

【関連用語】コンカレントエンジニアリング、品質マネジメントシステム

● ユニバーサルデザイン（UD：Universal Design）

　年齢、性別、文化、言語の違い、障がいの有無に関係なく、できる限りの多くの人が特別な器具や操作をすることなく使用できるように考慮されたデザイン、設計のこと。対象を障がい者に限定していない。「できる限り多くの人」を対象としているため、障がいによってはそのままでは使用できないこともある。ユニバーサルデザインを実現するための原則として「ユニバーサルデザインの7原則」がある。この原則をすべて満たす必要はなく、使いやすさの観点で総合的に考慮される。

【関連用語】バリアフリー、アクセシブルデザイン、ユニバーサルデザイン
　　　　　　の7原則

● デザインレビュー（DR：Design Review）

　製品開発の節目で、設計要求事項の検討漏れやマイナス要因など、検討不十分なところ、見直すべき箇所の有無を関連する部署、全体でチェックすることで製品の品質改善、向上を目的とする問題の未然防止活動。

　デザインレビューにおいて、問題点に対する関連部署ごとに提案や着眼点の出し合いが行われ、部門間の調整が行われる。

【関連用語】品質機能展開、品質マネジメントシステム

2. 材料強度・信頼性キーワード20

● 疲労破壊（fatigue fracture）

　本来破壊する応力よりも低い応力が繰り返しかかる状態で破壊に至る現象。

　繰返し加えても破壊しない最大の応力で疲労強度をプロットしたものをSN曲線という。

　鋼材は、およそ 10^7 以上応力を繰り返しても疲労強度が低下しなくなり、これを疲労限度という。アルミニウムは明確な疲労限度が表れないため、便

宜的に10^8回程度の繰返しの疲労強度を疲労限度として扱うことがある。

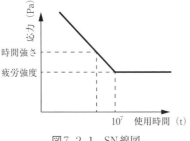

図7.2.1　SN線図

【関連用語】応力集中、長期信頼性、ビーチマーク、ストライエーション

● **残留応力**（residual stress）

　塑性変形を伴う加工（塑性加工、溶接、鋳造、熱処理）などで、加工後も材料の内部に存在し続ける応力のこと。

　部材に塑性変形が起こるまで荷重をかけた後、荷重を除去すると、部材内部では、弾性変形領域は元の形状に戻ろうとし、塑性変形領域は留まろうとするため、両領域の影響で残留応力が生じる。

【関連用語】表面改質、長期信頼性、疲労強度、塑性変形

● **ショットピーニング**（shot peening）

　材料表面に直径1 mm程度の鋼球を高速で打ち付けることで、加工硬化と圧縮の残留応力を付加して材料の表面を硬化する工法。疲労強度も向上する。$200 \sim 300 \, \mu$mの深さまで残留応力の効果がある。

　形状が複雑なため他の表面処理が困難なものにも実施できるため、板バネやコイルなどの高強度材料に適した表面加工処理である。

【関連用語】圧縮応力

● **高周波焼入れ**（induction hardening）

　鉄鋼に巻いたコイルに$1 \sim 500$ kHzの高周波電流を流すことで、誘導電流によって焼入れ処理を行うこと。

　表面のみを急速に過熱し硬化させることができるため、熱効率が良く、短

時間で処理可能であり、硬化の深さの制御が容易で、変形が小さく、大量生産が可能である。

　硬化深度が浅い場合はフィッシュアイが生じ、内部破壊が起こる。また、硬化する層との境界部には引張りの残留応力が生じるため、設計時には注意が必要。

　【関連用語】渦電流、硬度、炎焼入れ

● 表面ロール加工（rolling）

　部材を回転するローラで圧縮させながら送り出すことで塑性変形を生じさせ、その加工硬化とひずみ時効、および圧縮残留応力により疲労強度を向上させる加工方法。

　車軸の圧入軸やクランクのフィレット部などに適している。

　未加工領域との境界部は引張の残留応力が生じるため、設計時にはその箇所は応力がかからないよう注意が必要。

　【関連用語】塑性加工、圧延

● 応力腐食割れ（SCC：Stress Corrosion Cracking）

　本来耐食性をもつ材料（ステンレスなど）が腐食環境下で、環境の影響を受けていない静的強度よりも小さな荷重でき裂が進展し破壊に至ること。材料因子、環境因子、応力因子の3つが同時に作用した場合に起きる現象であり、ひとつでも欠けると発生しない。

　　材料因子：冷間加工や溶接を行うとCr_2C_3や$Cr_{23}C_6$が析出するため、部分的にCr欠乏層が発生する鋭敏化が起こり、材料の不均一が起こる。

　　環境因子：溶存酸素があり、ClやFがあると、鋭敏化による不均一部分を選択的に攻撃し、不働態皮膜が発生し不安定になる。

　　応力因子：引張荷重や引張の残留応力がかかっていると、不安定な不働態皮膜でき裂が進展する。

　材料の炭素を低減しCrの欠乏を防ぐ、コーティングで環境と遮断する、ショットピーニングや高周波焼入れで圧縮の残留応力を与える、などの対策がある。

【関連用語】繰返し応力腐食割れ、水素脆化割れ

● 応力集中（stress concentration）

切欠きやクランクのフィレット部など部材の形状が大きく変化する箇所、介在物で材料の性質が急変する箇所、または集中荷重による荷重の不連続箇所では、その周囲にかかる計算上の応力よりも大きな応力がかかる現象。

応力集中は、$\sigma_{max} = \alpha \cdot \sigma_0$（$\alpha$：応力拡大係数、$\sigma_0$：計算上の応力）と表される。楕円の切り欠きがあった場合、応力拡大係数は楕円孔の先端が鋭利なほど大きくなり、$\alpha = 1 + 2\sqrt{\dfrac{a}{r}}$（$a$：長軸、$r$：長軸端の曲率半径）と表される。円孔の場合は、$\alpha = 3$。

【関連用語】ピット、フィレット、残留応力、応力拡大係数、切欠き係数、寸法効果

● 座屈（buckling）

比較的細長い形状の部材へその長さの軸方向に圧縮荷重をかけると、軸に対して横方向に急激に変形が生じる現象。許容応力より小さい応力で破壊に至ることとなるため、柱など圧縮荷重がかかる部材には設計時点で考慮が必要。細長比が大きいほど座屈が起こりやすいが、柱の端部の接合状態（剛接合、ピン接合等）ごとに異なる係数が設定されている。温度分布や残留応力のばらつき、材料自身の組織の不均一なども影響を受けるため注意が必要。

【関連用語】オイラーの座屈理論、偏心、固定端、自由端

● 浸透探傷試験（penetrant testing）

原理：毛管現象を利用した、き裂を検出する非破壊検査。対象部位：材料表面に開口したき裂。試験方法：き裂に浸透液を浸入させる、き裂以外の浸透液を除去する、現像液を用いてき裂部分を強調する、このき裂を目視確認する。浸透液を赤色塗料とし強調する方法や、蛍光物質を用いて紫外線をあてて観察する方法がある。メリット：対象材料は金属でも非金属でも可能、特別な装置は不要。デメリット：深さが把握できない。

【関連用語】目視試験、非破壊検査

● 磁粉探傷試験 （magnetic testing）

原理：き裂箇所で磁界が乱れることを利用し、き裂を把握する。

対象部位：表面直下2～3 mm

試験方法：微小な欠陥の検出が可能。

用途：溶接部の欠陥検出に用いられる。

デメリット：対象材料は強磁性材に限られる。磁化方向とき裂が同じ場合は判定が難しい。

対策：磁化する方向を90°ずらして試験を実施する。

【関連用語】コイル、ホール素子

● 渦流探傷試験 （eddy current testing）

原理：コイルに交流を流し導体に接近させると渦電流が生じる電磁誘導を利用。試験方法：き裂や欠陥にコイルを接近させると、渦電流が影響を受け、コイルの逆起電力が変化するため、コイルのインピーダンスを測定することで検知する。対象部位：表面でなくても測定可能。渦電流は表皮効果により材料表面に集中するため、表面付近のき裂に対して探傷可能。メリット：電気信号で測定結果がわかるため、自動化や高速化が可能となる。デメリット：材料内部や裏面、さらに透磁率が不均一な鉄鋼材料はS／Nが低下し、探傷が困難。

【関連用語】導電率、透磁率、リモートフィールド

● 超音波探傷試験 （ultrasonic testing）

指向性の強い周波数帯1～10 MHz程度の超音波を入射すると、材料内の異物や空間境界等の不連続部で超音波が反射される性質を使用して欠陥を検査する方法。反射したエコーを探触子で受信し、送受信の時間で欠陥の位置を、エコーの強さで欠陥の大きさを算出する。深部の測定ができるが、表面や裏面直下の測定は難しい。鋳物は信号が伝播しにくい。

【関連用語】TOFD法、ラテラル波、表面波法（surface wave technique）、
端部エコー法（tip–diffraction technique）

● 放射線透過試験（radiography）

　傷や空隙では放射線が異なることを利用した欠陥の測定方法。対象の物体越しにX線やγ線を照射し、フィルムを感光させる。欠陥箇所ではフィルムは濃く感光するため、像の濃淡差で把握する。複数の方向から検査することで、欠陥の位置や形状を把握できる。鋳造内部や溶接個所のブローホールの把握に適している。ただし、き裂などの空隙の体積が小さい欠陥は検出が困難なことがある。

　【関連用語】安全性、透過率、鋳造

● 延性破壊（ductile fracture）、脆性破壊（brittle fracture）

　延性破壊：著しい伸びや絞りを伴う破壊。丸棒のカップアンドコーン破壊では引張荷重方向の45°の角度で破壊が起こる。板状の剪断破壊、延性破壊やすべり破断等。

　脆性破壊：伸びを伴わない破壊。引張での分離破断が典型的。温度やひずみ速度に影響するため、設計時には留意すること。溶接熱によって下記の「延性脆性遷移温度」が上昇することもある。

　【関連用語】衝撃試験、塑性変形、弾性変形

● 延性脆性遷移温度（ductile−brittle transition temperature）

　材料は温度が低下するほど脆性破壊が起こりやすくなる。延性材料が脆性材料に変化する温度のこと。遷移温度が低いほど塑性変形が起こりやすい材料と言える。脆化が進むと遷移温度が高温になる。炭素鋼を材料として選定する際、炭素量が大きくなると遷移温度が高くなることに注意すること。

　【関連用語】シャルピー衝撃試験、体心立方格子、ちゅう密六方格子、

● クリープ変形（creep）

　材料に一定温度で一定の応力を加え続けるとき、時間の経過に伴って塑性変形が徐々に進むこと。温度の影響を受け、融点のおよそ60％以上の温度で起こる現象。クリープ速度は加工硬化の影響を受けるため、材料、応力および温度によってはクリープ曲線が3段階で現れることがある。まず1次ク

リープとして徐々に塑性変形が進行しながら、加工硬化の影響でクリープの変形速度が低下する。加工硬化とクリープが平衡する状態である2次クリープが一定時間継続しながら塑性変形が進んだ後、3次クリープではクリープ速度が増加し破断に至る。

【関連用語】クリープ破断、ラーソンミラーパラメータ、ネグリジブル・クリープ

● **熱処理**（heat treatment）

材料の性質を変えるために、金属に加熱や熱を除去して組織を変えること。熱をコントロールする際の重要項目は、①加熱速度、②加熱温度、③保持時間、④冷却速度である。特に④冷却速度が最も大きな影響力をもち、主に以下の4つの熱処理方法として分類される。

・焼入れ：〈方法〉オーステナイト域から水や油を用いて急冷する。
　〈効果〉マルテンサイトを得ることで、硬度が得られる。ただし、脆化するため、一般的には下記の焼き戻しを行う。
・焼き戻し：〈方法〉急冷や空冷を行う。
　〈効果〉焼入れによって失われた材料の靭性を回復させる。
・焼ならし：〈方法〉オーステナイト域から空冷する。
　〈効果〉熱間加工した材料の組織を均一化し、結晶粒を微細化して靭性を増す。
・焼なまし：〈方法〉高温で一定時間保温した後、炉などを用いて除冷する。
　〈効果〉溶接、鍛造などの加工で残留した内部応力を除去する。加工硬化を生じた材料を軟化させ、加工性を向上する。

【関連用語】サブゼロ処理、焼入れ性、マルテンサイト変態、パーライト、ベイナイト

● **熱応力**（thermal stress）

材料は温度が上昇すると膨張し、低下すると収縮する。変形が拘束された状態で温度が変化すると、本来生じるはずの収縮が抑制されることに対して応力が生じる。

膨張の影響が異なる複数の材料が拘束されている場合や、単一材料でも温度分布の不均一がある場合にも熱応力が発生する。

【関連用語】線膨張係数、自由熱膨張、ポアソン比

● 炭素繊維強化プラスチック（CFRP：Carbon Fiber Reinforced Plastics）

樹脂に炭素繊維を含有させると、元の樹脂材料よりも強度や剛性が得られる。主な樹脂材料は、熱硬化性のエポキシ樹脂や熱可塑性樹脂ではポリアミド（PA）、ポリエーテルエーテルケトン（PEEK）、ポリフェニレンスルフィド（PPS）、ポリカーボネイト（PC）など。炭素繊維は、石油や石炭（ピッチ系）、ポリアクリロニトリル（PAN系）など。

〈特徴〉軽量（比重は1.6程度、鉄の1/5、アルミニウムの1/2程度）、高強度（引張強度700〜3300 MPa程度）、高剛性（55〜450 GPa程度）、振動減衰性が良い、寸法安定性が良い、疲労特性に優れる、熱伝導率が高い（2〜300 W・m/℃）、錆びない、電磁波遮蔽性がある、X線の透過率が高い（アルミの8倍）、非磁性、疲労特性、摺動特性などの特徴がある。

【関連用語】GFRP、可塑性、エンジニアリング・プラスチック、異方性

● ひずみゲージ（strain gauge）

材料の電気抵抗が長さに比例し、断面積に反比例する性質を利用した、ひずみの計測方法。容易に応力や荷重に換算できるため、それらの計測に用いられることも多い。それ自体の変形の抵抗は小さいため、測定対象物の応力状態を乱さない。温度で抵抗が変化することや、ゲージの貼り付け方向のずれ、リード線の振動が測定誤差となる。測定物や測定環境に合わせて温度影響を低減できる3線式、4線式やゲージパターンの選定など、実験計画に盛り込むこと。

$$\frac{\Delta R}{R} = K \cdot \varepsilon$$ （R：ひずみゲージの抵抗値（Ω）、ΔR：電気抵抗値の変化（Ω）、K：ゲージ率、ε：ひずみ）

【関連用語】残留応力、孔あけ法、溝切込み法、表層遂次除去法

3. 機構ダイナミクス・制御キーワード20

● 自動制御

　自動制御は、シーケンス制御とフィードバック制御に大きく分別することができる。シーケンス制御はあらかじめ定められた順序または手続きにしたがって制御の各段階を逐次進めていく制御であり、フィードバック制御は出力を目標値と一致させるため、出力を観測して目標値とのズレを入力側に戻しながら行う制御である。近年ではこの両方が組み合わされた制御が家電製品、エレベーター、工場の産業用ロボットなど多くの装置や設備に利用されている。

　【関連用語】PID制御、PLC、ラダー・ロジック、組み込みシステム、現代制御、古典制御、フィードフォワード制御、位置決め制御

● 危険速度

　軸のたわみ方向の曲げの固有振動数と回転周波数が一致するときの回転速度。危険速度においては、回転軸の振れまわりが大きくなり、故障や異常振動など不具合の原因となりやすい。そのため、危険速度近辺での定常的な運転を避けるようにしなければならない。また、危険速度を通過しなければならない場合は、短時間で通過させる必要がある。

　【関連用語】釣り合い、共振、レイリーの方法、ダンカレーの実験式

● 自励振動 (self-excited vibration)

　振動を発生させるための直接の原因ではない非振動エネルギーが原因で、系内部の固有振動特性によって持続的な振動に変換されたものを自励振動という。自励振動の例としては、レール上の車輪やきしみ音など乾性摩擦によるもの、ファンやポンプのサージング現象、翼のフラッタ、車輪のシミー運動などがあるが、発生メカニズムは複雑でその多くは解明されていない。また、自励振動を積極的に利用する検討も進められており、潜熱を利用したヒートパイプ等がある。

【関連用語】共振、強制振動、スロッシング、ハンチング、振動計、振動試験、自励びびり振動、自励回転、振動モード、振動絶縁

● アクティブサスペンション（active suspension）

コンピュータ制御によって操舵や加速、車速、または積載重量などに応じてサスペンションの特性を変化させ、適切な車両姿勢、接地力等を確保するものである。あらゆる運転状況において、快適な乗り心地と確かな操縦安定性を両立する。空気圧や油圧システムを用いて制御を行う。自動車だけでなく鉄道車両やエレベーターなどにも応用されている。

【関連用語】ダブルウィッシュボーン式、スタビライザー、独立懸架、車両姿勢制御

● アコースティックエミッション（AE：Acoustic Emission）

非破壊試験法の1つで、割れや破壊が発生・発展するときに生じる弾性波を検出することによって測定する。内部欠陥の発生瞬間を捉えることができる。一方、既存の欠陥は捉えることができない。通常圧電型加速度センサを対象物に取り付けて検出を行う。ガスタンクなどの保守検査や、発電タービンの軸受の摩耗状態の監視などに用いられている。

【関連用語】放射線透過検査、超音波探傷検査、磁気探傷検査、浸透探傷検査

● 騒音レベル（noise level）

騒音の大きさを表す指標。人間の耳は周波数によって、音の強さが違って聞こえる。騒音の大きさを表す指標として、周波数特性を補正したA特性が一般的に用いられる。A特性の騒音レベル L_A は、基準音圧 p_0（= 20 μPa）、A特性で重み付けられた音圧 p_A として、次式で示される。

$$L_A = 10 \cdot \log (p_A^2 / p_0^2)$$

単位は、デシベル（dB）である。

【関連用語】音圧レベル、C特性、暗騒音、FFTアナライザ

● 高張力鋼板（high tensile strength steel plate）

　一般鋼材として普及している SS400 材等に比べて引張り強さが高い鋼板であり、概ね 500 MPa 程度以上の引張り強さを持つものを高張力鋼板という。そのうちでも超高張力鋼板には析出硬化型鋼板や固溶強化型鋼板、複合組織鋼板などの種類があり、近年は引張り強さが 1 GPa 以上のものも一般機械に採用されている。特に自動車では、高張力鋼板を採用することで燃費を向上して CO_2 排出削減にも貢献しており、その設計では一般鋼材から 1 GPa 以上の高張力鋼板まで構造部分に応じて複合的に利用することで強度を保ちつつ衝突エネルギーの緩和を実現している。

　【関連用語】鋳造マグネシウム合金、閉断面構造、片側溶接、超高張力鋼板、超強力鋼板、マレージング鋼

● 複合材料（composite materials）

　複合材料は、性質の異なる 2 種類以上の材料を組み合わせることによって創製され、単一材料にはない機械的特性・機能的特性を発揮する材料である。合金などの元素レベルで組み合わせた材料とは、物理的な界面を有することで区分されている。工業的に多く生産されている複合材料は、プラスチックを繊維で強化した繊維強化プラスチック（FRP：Fiber Reinforced Plastics）である。特にカーボンを強化材にした CFRP（Carbon Fiber Reinforced Plastics）は、軽量かつ高剛性・高強度であることから、航空・宇宙分野、スポーツ製品などで主要な構造材料として長く活用されており、近年は自動車等の交通機械への適用も進んできている。

　【関連用語】FRP（Fiber Reinforced Plastics）、CFRP（Carbon Fiber Reinforced Plastics）、強化材、金属繊維、炭素繊維、セラミック繊維、高分子繊維、金属基複合材料（MMC：Metal Matrix Composites）、高分子基複合材料（PMC：Polymer Matrix Composites）、セラミック基複合材料（CMC：Ceramic Matrix Composites）

● 遊星減速機（planetary reduction gear）

　中心にある太陽歯車の周りに、複数の遊星歯車が自転しつつ公転する構造

を持った減速機で、入力軸と出力軸を同軸にしたまま、少ない段数で大きな減速比が得られる。そのためコンパクトでトルクの伝達能力に優れているが、複雑な構成であるため歯面調整に高い精度が求められる。

【関連用語】ハーモニックドライブ、サイクロ減速機、精密減速機RV、ボール減速機、バックラッシ

● MEMS（Micro Electro Mechanical System）

微小な部品から構成される電気機械システムのことである。構成部品は、半導体製造技術やマイクロエレクトロニクス技術を応用した微細加工技術で加工される。マイクロマシンや光学、医療、科学などのあらゆる分野で応用されている。

【関連用語】RF−MEMS、マイクロTAS、メカレスマイクロポンプ、MEMSガスタービン、マイクロセンサ、マイクロカンチレバー

● マイクロアクチュエータ（microactuator）

何らかのエネルギー源で微小な構造体を駆動し、その動きを利用するものである。エネルギー源は、①熱、②形状記憶合金、③圧電材料、④静電気力の4つが利用される。マイクロアクチュエータを用いたMEMSとしては、マイクログリッパー、マイクロモータ、マイクロバルブ、マイクロポンプなどがある。

【関連用語】マイクロデバイス、ナノアクチュエータ、マイクロマシン、ナノマシン

● マニピュレータ（manipulator）

一般にロボットの手のことをいう。大部分のマニピュレータは、多数のリンクと回転関節からなる多関節（多自由度）リンク機構と見なすことができる。一般に、立体空間にある対象物の位置と方向は6個の独立パラメータで表すことができ、その対象物にアプローチして操作するには、6自由度のマニピュレータであることが必要十分条件である。

【関連用語】パラレルアーム、バイラテラルマニピュレータ、ロボットアー

ム、ユニラテラルマニピュレータ

● 内界センサ（internal sensor）

　外界センサに対応し、ロボットの内部状態を検出するセンサをいう。例えば、ロボットのマニピュレータの関節を制御するために用いられる並進変位、角度変位、それらの速度・加速度を検出するセンサや移動ロボットの傾きや位置姿勢を計測する傾斜計、ジャイロなどを総称していう。また、ロボット内部状態の限界検出に用いられるリミットスイッチ、ポテンショメータなども含まれる。

　【関連用語】マイクロセンサ、外界センサ、角速度センサ、リミットスイッチ、ポテンショメータ、エンコーダ

● 生活支援ロボット（life support robot）

　生活支援ロボットは、人間の生活を改善させるためのさまざまな役割を担うロボットである。高齢化社会が急速に進みつつある現在において、日常生活、社会活動等に関わるさまざまな場面での活用が期待されている。本格的な実用化には、技術面における安全性の確認や、実証実験を通したその効果・課題点等の検証を行うことが必要である。

　【関連用語】産業ロボット、サービスロボット、移動ロボット、スポット溶接ロボット、ソフトアクチュエータ、空気圧ゴム人工筋、

● 人協働ロボット

　人協働ロボットは安全柵等で人から隔離することなく動かすことができ、人と同じ空間で協力しながら働くことで生産性の向上に貢献できる。従来は所定以上の出力容量があるロボットは隔離して動作させることで安全性を確保していたが、安全技術の進化と規制緩和により導入ができるようになった。また、人材不足の補填という観点も相まって、人協働ロボットの市場規模は急拡大しており、2019年現在で1,000億円規模になっている。

　【関連用語】ISO 10218-1、ISO 12100、バイラテラル制御、ロボットティーチングシステム、AI

● **ISO / IEC ガイド 51**

　ISO と IEC の両機関で共同開発された、国際的安全規格の導入方針を規定している。機械・電気・化学・医療などの、幅広い分野に適用できる統一的な考え方に基づく規格作成を可能にするための指針である。人のみならず財産や環境も保護対象としている。①規格の階層構造化、②リスク低減の方法論、③安全の概念、④リスクアセスメントの実施要求、などについて規定されている。

　【関連用語】ISO 12100、リスクアセスメント、本質安全設計、危険源（ハザード）

● **燃料電池自動車**（FCV：Fuel Cell Vehicle）

　燃料電池自動車とは、燃料電池によって得られた電気を動力にして走行する自動車のことであり、主に水素を燃料とするものが普及してきている。ガソリンやディーゼルエンジン等の内燃機関と比較し、動力を生成する際に発生するのは水だけである。二酸化炭素の排出を抑え、窒素酸化物・硫黄酸化物の排出がほぼゼロとなる。そのため、環境問題や資源保護の観点から注目されている。今後の課題は低コスト化及び水素の安定供給・貯蔵である。

　【関連用語】燃料電池、水素の安定供給・貯蔵、水素自動車、ハイブリッド自動車、電気自動車、天然ガス自動車

● **自動運転［自動走行］システム**

　自動運転システムは、交通事故低減や交通渋滞緩和といった社会的目的を掲げて国を挙げて技術開発が進められており、一部の運転操作を支援する自動化レベル1から人が運転に関与しない完全な自動化レベル4・5まで、段階を追って実現を目指している。自立制御で運転操作する自動運転車だけでは目的達成が難しく、通信により外部からの情報補完する自動運転車との協調システムとしての構築が計画されている。

　【関連用語】ICT、LIDAR、AI、GPU、ステレオカメラ

● AI（artificial intelligence）

　言語の理解や推論、問題解決などの人間の知的行動をデータセットとアルゴリズムに基づいて実行する技術である。AI（人工知能）はすでに機械技術分野でも自動運転自動車や掃除ロボット等、多く実用化されており適用の裾野が広がっている。その開発はデータセットの特徴を重み付けてエラーが小さくなるようにアルゴリズム学習させることで行う。そのため、精度の高いAIを作るにはアルゴリズムだけでなくデータセットの質と量が重要となる。

【関連用語】IoT、ICT、ビッグデータ、クラウド、5G

● Society 5.0

　Society 4.0が情報社会であるのに対して、Society 5.0はサイバー空間（仮想空間）とフィジカル空間（現実空間）を高度に融合させたシステムによって、経済発展と社会的課題の解決を両立していく未来社会として日本政府が提唱したものである。世界が大きく変化している中、IoT、ロボット、AI、ビッグデータといった社会の在り方に影響を及ぼす新たな技術をあらゆる産業や社会生活に取り入れ、社会システム全体を最適化することでその実現を目指す。

【関連用語】IoT、ICT、AI、ビッグデータ、クラウド、5G

受験勉強の気分転換

【Column】

機械部門技術士【Column】

　　技術士の勉強のために普段の生活の中から時間を捻出しても、することは山積み、なのに試験本番はどんどん迫ってきて不安と焦りが募るばかり。「今日は勉強に集中するぞ」と意気込んでも、しばらくすれば、キーワードが頭に入らない、ペンが進まない、なんてことになっていませんか。それは体が発している「お疲れ」のサインです。

　　一般的に人間が集中できる時間の限界は90分程度と言われています。長時間集中力を持続するのはなかなか難しいものです。物事がはかど

らないときは、いっそ休憩して気分転換をしてみませんか。

　例えば、ジョギングや体操といった運動、家族、友人との会話、音楽を聴く、おいしいものを食べる、子供と遊ぶ、いっそ寝てしまう、など。

　どのような気分転換が良いかは人それぞれですが、勉強から少し離れて心を軽くしてみませんか。一般的な気分転換として

- ・休憩に20分未満の仮眠をとる
- ・ウォーキングや軽いジョギング等の有酸素運動
- ・動物と触れ合う
- ・思い切り泣ける映画を見て涙を流す（感動したときや悲しんだときに流す涙は、ストレスを緩和し、スッキリする効果がある）
- ・カラオケで思いっきり歌う

等があります。ただし休憩中のウェブサイトの閲覧やメールのチェックは、脳を余計に刺激して疲れを増長させるそうです。控えた方が良いかもしれません。

　試験勉強のストレスを気分転換で発散すると、それまで行き詰まっていたことが嘘のように捗ることがあります。人それぞれではありますが、自分に合った方法でガチガチになった心をほぐすのも良いのではないでしょうか。

　私は、休日の夜明け前に最寄駅から3駅先にある神社と自宅の間をランニングで往復していました。バスタブカーブのような高低差があるコースのため、往復路ともに最後の上り坂を全力で走って、目的地に着いたときの解放感を澄んだ空気と一緒に楽しむことで、勉強再始動のスイッチにしていました。時期によっては日の出も感じられますし、なにより毎回神社で手を合わせることで運気を積み重ねていた気になっていました。

　「今日はとにかく1日勉強しない」と現実逃避をする大きなご褒美も良いですが、お手軽に得られるご褒美を設定するのも有効でしょう。

　気分転換することで狭まった心に少しゆとりが生まれ、新たなステップへの原動力となります。毎日積み重なっていくストレスは避けられませんが軽減する方法は色々あります。自分自身をうまくコントロールして受験勉強を乗り切ってください。

4. 熱・動力エネルギー機器キーワード20

●熱機関

　　高温熱源から熱量を取り入れ、作動流体によって外部へ仕事を取り出し、低温熱源へ残りの熱量を放出して連続的に作動する装置のことである。実際には高温熱源を作り出すために作動流体を圧縮させ、仕事を取り出して膨張させた後、低温熱源へ放熱するサイクルを形成している。

　　【関連用語】冷凍機、熱サイクル、エンジン、ガスタービン、蒸気タービン、熱効率、作動流体

●等エントロピー変化

　　ある温度の作動流体において移動する熱量が存在するとき、以下の式で表した状態量をエントロピー変化量という。次式よりエントロピーに絶対温度を乗じると移動した熱量が導出できる。熱サイクル内の断熱圧縮、断熱膨張等の断熱変化は、移動熱量が0であり、等エントロピー変化となる。

$$\Delta S = \frac{\Delta Q}{T}$$

　　　　　ΔS：エントロピー変化量、ΔQ：熱の移動量、T：絶対温度

　　【関連用語】状態量、エントロピー、断熱、熱サイクル、断熱変化

●サイクルの熱効率

　　オットーサイクルやブレイトンサイクル等の熱機関において、熱エネルギーの利用率を示した値で熱機関の性能を表す指標。熱効率（thermal efficiency）η は次の式で導き出される。

$$\eta = \frac{L}{Q_h} = \frac{Q_h - Q_l}{Q_h} = 1 - \frac{Q_l}{Q_h}$$

　　L：正味の取り出せる仕事、Q_h：高温熱源からの受熱量、Q_l：低温熱源への放熱量

　　【関連用語】熱機関、冷凍機、ヒートポンプ、COP、ブレイトンサイクル、オットーサイクル

● **動作係数**（COP）

　冷凍機、ヒートポンプの性能（効率）を示す重要な指標で成績係数ともいう。冷凍機とヒートポンプのCOPは以下の関係が成立する。

$$\varepsilon_h = \varepsilon_r + 1 \qquad \varepsilon_h : ヒートポンプのCOP、\varepsilon_r : 冷凍機のCOP$$

　以上の式からもわかるようにヒートポンプのCOPは1以上であり、1の外部仕事をすることによって1以上の熱をくみ上げることができる。

【関連用語】熱機関、冷凍機、ヒートポンプ、成績係数、逆サイクル

● **冷凍機**（refrigerator）

　熱機関を逆に作動させて低温熱源から高温熱源へ熱を移動させる装置で、低温熱源から熱を取り去って冷やす装置を冷凍機という。この装置は、熱機関の逆サイクルなので冷やすためには、外部から仕事をする必要がある。冷凍機の性能は以下の式で表せる。

$$\varepsilon_r = \frac{Q_l}{L} = \frac{Q_l}{Q_h - Q_l} = 1 - \frac{1}{\frac{Q_h}{Q_l} - 1}$$

ε_r：動作係数、L：外部仕事、Q_h：高温熱源への放熱量、Q_l：低温熱源からの受熱量

【関連用語】熱機関、逆サイクル、COP、吸収式冷凍機、モリエル線図

● **ヒートポンプ**（heat pump）

　冷凍機と同様に熱機関を逆に作動させて低温熱源から高温熱源へ熱を移動させる装置だが、高温熱源へ熱をくみ上げて暖める装置をヒートポンプという。この装置も熱機関の逆サイクルなので暖めるためには、外部から仕事をする必要がある。ヒートポンプの性能は以下の式で表せる。

$$\varepsilon_h = \frac{Q_h}{L} = \frac{Q_h}{Q_h - Q_l} = 1 - \frac{1}{1 - \frac{Q_l}{Q_h}}$$

ε_h：動作係数、L：外部仕事、Q_h：高温熱源への放熱量、Q_l：低温熱源からの受熱量

【関連用語】熱機関、逆サイクル、COP、ヒートポンプエアコン、ヒートポンプチラー

● ブレイトンサイクル（Brayton cycle）

　熱機関の一つでガスタービン発電やジェットエンジンに用いられているサイクル。高温熱源からの熱の受熱、低温熱源への放熱を定圧条件下で行う。作動流体は、断熱圧縮→定圧加熱（受熱）→断熱膨張→定圧排熱（放熱）のサイクルを繰り返す。実際のガスタービン発電システムは、圧縮機で圧縮された空気と燃料が燃焼器で燃焼し、その際に発生する燃焼ガスによってガスタービンを回転させて仕事を取り出している。熱効率は以下の式で導出でき、受熱と放熱時の圧力比γ（ガスタービン入口圧力 / ガスタービン出口圧力）が高いほど、効率は高くなるが、機器の耐熱・耐圧性に依存する。

$$\eta = 1 - \frac{Q_l}{Q_h} = 1 - \frac{1}{\gamma^{(\kappa-1)/\kappa}}$$

　　η：熱効率、Q_h：高温熱源からの受熱量、Q_l：低温熱源への放熱量、
　　γ：圧力比、κ：比熱比

【関連用語】ガスタービン、再生ブレイトンサイクル、再熱ブレイトンサイクル、コンバインドサイクル、比熱比

● 再生ブレイトンサイクル（regenerative Brayton cycle）

　熱効率の改善のため、ガスタービンから出た高温排出ガスで圧縮機から出た空気を加熱し、燃焼器に入る空気温度を上げることで昇温に必要な燃料を節約する。熱効率は、ガスタービンの入口圧力と出口圧力の圧力比が比較的低い場合により改善され、圧力比を高めていくと燃焼器に入る前の空気温度が排ガス温度に近づき、最終的に再生不可能となってブレイトンサイクルと同じ熱効率になる。

【関連用語】ブレイトンサイクル、再生再熱ブレイトンサイクル、再生熱交換器、燃料節約、圧力比

● 再熱ブレイトンサイクル（reheat Brayton cycle）

　ガスタービン部材の耐熱限界に起因する燃焼ガス温度に制約があり、圧縮空気量に対して燃料の使用量が少ないため、燃焼排出ガス中に残存空気量が多く存在する。この過剰空気を利用して再加熱を行い、タービンの出力を増

加させる。具体的には、タービンを複数に分割して膨張途中のガスを別の燃焼器（再熱器）に導き、再度燃料を噴射して燃焼加熱（再熱）して昇温させ、次のタービンへ入れて仕事をさせる。

【関連用語】ブレイトンサイクル、再生再熱ブレイトンサイクル、耐熱性、再熱圧力

● コンバインドサイクル発電（CCPP：Combined Cycle Power Plant）

2つ以上の熱サイクルを複合させて熱効率の向上を図った発電方式。例えば火力発電所では、燃料を燃焼させてガスタービンを回して発電するとともに、その高温の排気ガスの熱を利用し、排熱回収ボイラで高温・高圧の蒸気を発生させ、蒸気タービンも回して発電することで、総合効率を向上させている。効率が上がると廃棄される熱量も低減できることから地球温暖化防止にもつながる発電である。

【関連用語】加圧流動床複合発電（PFBC）、石炭ガス化複合発電（IGCC）、クリーンコール発電、バイナリーサイクル発電

● コージェネレーションシステム（cogeneration system）

エンジンや燃料電池等を作動させることで発電し、発電時に発生する排熱を熱交換器で回収し空調・給湯に利用するもので、電気エネルギーに加え、熱エネルギーも利用できるシステム。熱エネルギーは長距離輸送に不向きなため、熱エネルギーを必要とする工場や商用施設、住宅等の近くで比較的小規模なシステムとして設置される。発電システムの種類によって排熱の成分や温度レベル、排熱量が異なることに留意して、それぞれの特性を活かした導入計画が必要である。

【関連用語】非常用電源、分散型電源、燃料電池、給湯、水蒸気

● 先進超々臨界圧火力発電

（A-USC：Advanced Ultra Super Critical Steam Condition）

石炭火力発電の熱効率の向上を目指した技術で、熱効率を向上させるために蒸気タービンの入口蒸気温度を従来の石炭火力発電の約600℃程度より

100℃高い700℃以上に高め、蒸気圧も35 MPaの高圧タービンで仕事をした後、ボイラで蒸気温度720℃にし、再度タービンで仕事をするシステムを採用している。送電端熱効率は高位発熱量基準（HHV）で従来の42％から46％以上へ向上する見込みで二酸化炭素排出量を低減することができる。

【関連用語】ボイラ、蒸気タービン、石炭火力発電、再熱器、送電端熱効率

● 燃料電池（FC：Fuel Cell）

　燃料電池とは、燃料の持つ化学エネルギーを電気化学反応によって直接、電気エネルギーに変換する発電装置である。電池という名が付いているが、エネルギーを蓄積する機能はない。現状ではコストが高いが、発電効率が高く、窒素酸化物（NOx）や硫黄酸化物（SOx）などの有害ガスをほとんど発生しないうえに、低騒音という特徴を持っている。

【関連用語】ハイブリッドカー、電気自動車、バイオ燃料電池

● 石炭ガス化燃料電池複合発電

　　　　　（IGFC：Integrated Coal Gasification Fuel Cell Combined Cycle）

　石炭ガス製造技術開発（EAGLE）における酸素吹1室2段旋回流ガス化炉を用いて石炭をガス化することにより燃料電池、ガスタービン、蒸気タービンの3種の発電方式を組み合わせて発電を行う。石炭をガス化して得られる燃料から燃料電池とガスタービンを駆動し、さらに、その際の排熱を利用して水蒸気を発生させて蒸気タービンを駆動する。燃料電池は高温において高効率な溶融炭酸塩型（MCFC）、あるいは固体電解質型（SOFC）が検討されている。排出するCO_2は、既設の石炭火力発電と比較して最大30％低減することが見込まれる高効率発電技術である。

【関連用語】EAGLE石炭火力発電、石炭ガス、SOFC、MCFC、排熱回収
　　　　　　ボイラ、ガスタービン、蒸気タービン、酸素吹1室2段旋回流ガス化炉

● CO_2排出低減化技術

　地球温暖化の原因となる温室効果ガス（CO_2・メタンなど）の中で、長寿命で長期的に影響を及ぼすものがCO_2である。森林保護・植林・砂漠緑化に

よる吸収源拡大、地中の石炭層や耐水層への地中貯留、深海底への海洋隔離、電気自動車やハイブリッドカー開発による化石燃料使用削減、原子力・風力・太陽光発電などのクリーンエネルギー利用、革新的な製鉄プロセス開発などが研究されている。またトップランナー方式のような高効率機器の開発促進や、高効率機器の導入促進の補助金制度や税制優遇の公的支援が積極的に行われている。

【関連用語】SDGs、RE100、京都議定書、地球温暖化、高効率機器

● 温室効果ガス（greenhouse gas）

太陽の熱によって温められた地表から宇宙空間に向けて放散される赤外線を吸収する気体である。その中で、地球温暖化に最も影響を与えると考えられているのがCO_2であるが、その他にメタン、亜酸化窒素、オゾン、フロン等が挙げられる。

【関連用語】地球温暖化、異常気象、海面上昇、化石燃料、京都議定書

● 再生可能エネルギー（RE：Renewable Energy）

自然界に存在するエネルギーで、資源を枯渇させずに利用できるエネルギーのこと。太陽光・太陽熱・風力・水力・海洋温度差・雪氷熱発電等がある。また地熱エネルギー利用では、地熱・崩壊熱発電。さらに潮汐力を利用する潮汐発電がある。

【関連用語】大規模集中型エネルギーシステム、分散型エネルギーシステム、
　　　　　石油代替エネルギー

● 未利用エネルギー（Unexploited Energy）

工場排熱、地下鉄や地下街の冷暖房排熱、外気温との温度差がある下水、雪氷の冷熱等、広範囲にエネルギー密度が低い状態で分布する特性を持つため、これまで利用されなかったエネルギーの総称。未利用エネルギーの利用法は、まだ利用可能な温度の熱を使用する方法と環境中に排出された低温の熱を高温化して利用する方法がある。

【関連用語】ヒートポンプ、排熱回収、熱のカスケード利用、内部エネルギー

●蓄熱システム（thermal storage system）

　電力消費の少ない夜間の時間帯にヒートポンプなどの機械を稼働し熱を蓄えるシステムである。蓄熱の方式としては、空調機などの夏場の昼の負荷を低減させる氷蓄熱方式や、建物自体に熱を加えたり、冷却したりすることにより昼間の空調負荷を低減させる躯体蓄熱方式などがある。また、エコキュートに代表されるようなヒートポンプ式給湯機で、お湯を夜間に蓄えるシステムなどにも使われている。蓄熱時には放熱によるロスも出るため、蓄熱システムの中では断熱技術も重要である。真空断熱材など熱伝導率を低く抑える技術等も進歩している。

　【関連用語】熱伝導・熱伝達、氷蓄熱、ヒートポンプ、真空断熱材

●伝熱の基本原理

①熱伝導：物体内部に温度差が存在すると熱は、高温の分子から隣接する低温分子へと次々に分子間を直接伝わっていく。このとき、移動する熱量はフーリエの法則により以下の式で導出できる。

$$Q = \lambda \frac{\Delta T}{L} A$$

　　Q：熱移動量、λ：熱伝導率（物性値）、L：物質の代表長さ、ΔT：温度差、A：熱が伝わる断面積

②熱伝達：熱伝導に対流現象のような物質の流動による熱輸送が加わったもの。熱移動量はニュートンの冷却の法則で以下の式で導出できる。

$$Q = h\Delta T A$$

　　Q：熱移動量、h：熱伝達率、ΔT：温度差、A：熱が移動する表面積

③熱輻射（熱放射）：赤外線や可視光線を含む電磁波によって熱が移動する。熱伝導、熱伝達とは異なり、物質を介することなく、真空中でも熱を伝えることができる。伝わった熱は吸収、反射もしくは透過し、吸収された熱のみが熱エネルギーとして物質の昇温等に利用される。黒体から放射されるエネルギー量（全放射能）はステファン–ボルツマンの法則で以下の式で導出できる。

$$E_b = \sigma T^4 A$$

E_b：全放射能、σ：ステファン–ボルツマン定数、

T：熱輻射する物質温度（絶対温度）、A：熱輻射する表面積

【関連用語】フーリエの法則、熱伝導率、ニュートンの冷却の法則、熱伝達率、ステファン–ボルツマンの法則、ステファン–ボルツマン定数

5. 流体機器キーワード10

● レイノルズ数 (Reynolds number)

　レイノルズ数は、流体の慣性力と粘性力の比で表す無次元数。流れにおける粘性の影響を示す尺度として、次式で定義される。

$$\mathrm{Re} = \frac{UL}{\nu}$$

　　　L：流れの代表長さ、U：流れの代表速度、ν：流体の動粘度

　流れの状態はレイノルズ数によって大きく変化し、レイノルズ数がある値よりも低ければ、粘性の影響が小さい整然と流れる層流に、高ければ、速度や圧力に不規則な変動成分を含む乱流となる。

　物体まわりの流れは、物体形状が相似で、レイノルズ数が等しければ、力学的に相似になる。このことをレイノルズの相似則という。

【関連用語】層流、乱流、レイノルズ相似則、レイノルズ応力、乱流解析、ナビエ・ストークス方程式（粘性流体の運動方程式）、オイラーの方程式（非粘性流体の運動方程式）、境界層、境界層近似、ムーディ線図、管摩擦係数

● ターボ形流体機械

　ターボ形流体機械とは、空気や水といった流体が回転体に取り付けた翼（羽根車）の間を通過させるときに、流体のエネルギーが翼に沿って加速することで連続的にエネルギーを与え続ける機械をいう。ファン、プロペラ、タービン、ポンプ、水車、風車、ジェットエンジンなどがある。連続した流れを発生させることで、大容量の流体を取り扱うのに適している。さらに回転速度の2乗に比例し、圧力は上昇する。ただし、以下の点に注意が必要で

ある。

①流れが時々刻々変化する非定常3次元流れである。そのためモデル実験も併用。

②流れが高速になると、衝撃波やキャビテーションが発生する。

③キャビテーションが発生すると、気液2相流になる。

④気体の中に酸化スケールや異物が混入飛翔する場合や、気体を用いた固体の移送では固気2相流となる。

⑤設計外の運転をすると異常流動の発生、流体振動を伴う。

⑥管路系を含むシステムに激しいサージ（一次元振動）や旋回失速が発生することがある。いったん振動が起きると騒音が発生や、最悪の場合は翼や駆動系まで破壊する。

【関連用語】容積形、蒸気タービン、ガスタービン、水力タービン、風力タービン、蒸気タービン、縮小モデル、比エネルギー、速度線図、圧力性能曲線

- ●**水撃作用**（water hammer）

　水撃作用とはウォーターハンマーともいわれ、水圧管内の水流を急に締め切ったときに、水圧が急上昇し、この圧力上昇が圧力波として伝わり激しい振動を生じる現象をいう。弁の閉鎖や配管の充水時、ポンプの急停止といった急激な圧力変化によって生じる。この現象は水だけに限らず気体を含めた流体全般で生じる。負圧が十分に大きくなることで液体が沸騰し、配管内が部分的に蒸気で満たされキャビテーションによって水中分離が生じるが、負圧が緩和されることで蒸気が液体へと戻るときに液体を引き戻すことで衝撃音を発することがある。一般的な緩和方法を示す。

①圧力変化の緩和：弁の緩開放・緩閉止

②圧力バイパス機能：アキュムレータ、サージ逃し弁、安全弁の設置

③ポンプ速度調整：起動停止速度の回転制御による流速調整

【関連用語】ウォーターハンマー、急閉鎖、キャビテーション、水中分離、スチームハンマー

● 境界層

　流体中においた物体表面では流体の粘性により流速はゼロになる。境界層とは、流体の粘性の影響が表れる物体表面から離れるにしたがって上流に近い流速まで急激に流速が変化し一様流れになるまでの物体表面近傍にできる領域のことである。物体表面でできた渦度が拡散、対流している領域でもある。境界層の外側は粘性の影響を無視できる一様の流れである主流（自由流）が存在する。特徴として、下流になるほど厚くなり、流れ方向の圧力が増加すると境界層内では減速され逆流が生じ、剥離が起こる（境界層剥離）。また、流速が低い場合、層流流れ（層流境界層）となり、境界層によって生じる物体後方の遅い流れ（後流）で乱流に遷移する。逆に速い場合は乱流流れになる（乱流境界層）。この乱流境界層は、境界層内の流れが平均化されるため、剥離が生じにくい。

　　【関連用語】臨界レイノルズ数、抗力、層流、乱流、流体摩擦、境界層方程
　　　　式、ブラジウスの解、不安定流現象・遷移流、乱流制御、乱流拡散、混
　　　　相流

● キャビテーション（cavitation）

　流体機械や管内流れにおいて、流体の高速流動現象により、流れ場の局所圧力が変動し流体の飽和蒸気圧よりも低下すると、液体中に気相が発生・成長・崩壊する現象のことである。キャビテーションは、振動や騒音を伴い性能低下を引き起こす。また、キャビテーション損傷により、壊食を発生させることがある。一方、ウォータージェット切断や超音波洗浄などでは、逆にキャビテーションの破壊力を利用している。

　　【関連用語】キャビテーション壊食、有効吸込水頭（NPSH）、必要有効吸込
　　　　水頭（NPSHR）、音響キャビテーション

● 流量・流速測定

　流速計の代表が全圧と静圧の差を利用して流速を測定するピトー管である。流量を計測する方法には、体積を計測する「体積流量」、質量を計測する「質量流量」があり、その流量管理には「瞬間流量」と「積算流量」がある。

体積流量は、圧力や温度によって比体積が異なるため0℃や25℃といった基準状態に換算する必要がある。体積流量計で測定した表示単位を質量流量に変換する場合も同様である。また、温度や圧力の影響以外でも流体の種類（液体、気体、測定流体種など）、配管形状・測定箇所、計測精度、流れ状態（脈動）、粘性、流体の蒸気圧などの対象条件を正確に知ることが流量管理には必要である。

【関連用語】熱線流速計、レーザドップラー流速計（LDV）、電磁流速計、超音波流速計、電磁式流量計、カルマン渦流量計、熱式流量計、超音波流量計、コリオリ式流量計、浮き子式流量計、レイノルズ数、グラスホフ数、プラントル数、レイリー数、ベルヌーイの定理、ピトー管とマノメータ、気液二層流、相質量流量割合（クオリティ）

●乱流モデル（turbulence model）

発生した乱流の渦を直接解析するのではなく、空間的または時間的に平均化処理を施して解析する数学モデルのことである。現状の数値流体力学（CFD）は単相流の乱流モデルがベースとなっており、どのタイプの乱流モデルを選ぶかが重要である。

ナビエ−ストークス方程式を直接数値解析することは、膨大な演算時間とメモリーを必要とするため非現実的である。ナビエ−ストークス方程式を時間的または空間的に平均化すると、式の中に変動する相関項が現れるため、これを乱れの効果として表現できる。

【関連用語】数値流体力学（CFD）、直接数値計算（DNS）、Re平均モデル（RANS）、空間平均モデル（LES）、ナビエ−ストークス方程式

●ナビエ−ストークス方程式（Navier−Stokes equations）

ナビエ−ストークス方程式は、粘性を持つ流体の運動を記述する非線形微分方程式で、これを数学的に解くことで、流体の現象を理論的にシミュレーションすることができる。ナビエ−ストークス方程式は次式で示される。

$$\rho\left(\frac{\partial u}{\partial t} + u \cdot \nabla u\right) = -\nabla p + \mu \left\{\nabla^2 u + \frac{1}{3}\nabla\left(\nabla \cdot u\right)\right\} + \rho g$$

ρ：密度、u：速度、p：圧力、μ：粘性率、g：重力加速度

左辺は移流項と呼び、強い非線形性を持ち、乱流の非定常性を発生させる要因となる。右辺は粘性項と呼び、乱流の変動を抑制する効果を持つ。

【関連用語】ハーゲン・ポアズイユの式、連続の式、質量保存の法則、エネルギー保存則

● 模型実験

実際の流体の流れの状況を再現することが困難な課題や調査対象に対して、縮尺を変更したり作動流体や速度などの条件を変化させたりして、測定や観察を容易にして実験する手法。対象とする現象を支配する無次元数を同一にすることで、相似側を保つことができる。

【関連用語】相似側、寸法効果、無次元数、バッキンガムの π 定理、実験流体力学（EFD）、スケールモデリング

● 流れの可視化

現在、可視化手法として数値シミュレーションを利用する機会は多くなったが、実際の流れ場においては外的要因が数多くある。そのため、シミュレーション結果が解析データと不一致となってしまうため、実際の流れの可視化の重要度は大きい。そこで、代表的な可視化計測法として実際の流れに目印（トレーサー）を散布し、流体流れに追従させレーザ光などで二次元断面に可視化して、一時刻目の画像の粒子に対応する粒子を二時刻目の画像から探し出して速度ベクトルをソフトウエアで解析し推定する方法である粒子像追跡流速測定法PTV（Particle Tracking Velocimetry）、相関法に基づいて速度ベクトルをソフトウエアで定量推定する方法である粒子画像流速測定法（PIV：Particle Image Velocimetry）がある。これらは、非接触での速度分布と速度ベクトルを計測でき、空間的に流体構造を把握できる計測方法である。

【関連用語】シャドーグラフ法、シュリーレン法、マッハツェンダ干渉計

6. 加工・生産システム・産業機器キーワード15

● びびり振動（chattering vibration）

切削中に生ずる工作機械、被削材、工具系の振動のことである。このびびり振動が生じると、加工精度の低下や仕上面粗さの悪化、工具寿命の低下などを引き起こす。ときには被削材や工具が工作機械からはずれ落ちて危険を生じる場合がある。びびり振動には、工作機械自体や外部からの振動源によって発生する強制振動と、切削条件や機械構造の特性によって内部から引き起こされる自励振動がある。

【関連用語】びびりマーク、工作機械、被削材、工具系、強制振動、自励振動

● 機械安全規格ISO 12100

ISO 12100（JIS B 9700：機械類の安全性―設計のための一般原則―リスクアセスメント及びリスク低減）を基本安全規格とする機械安全（safety of machinery）の体系では、機械の安全化の手順を明確にしている。まず、機械の設計・製造段階でリスクアセスメントを実施し、その結果に基づいて必要な保護方策の適用・適切なリスク低減を図ることが求められている。つぎに、機械を労働者に使用させる事業者は、残存リスクについて実際に機械を設置する環境、使用方法を踏まえてリスクアセスメントを実施し、その結果に基づいて必要なリスク低減方策を実施することが求められている。

【関連用語】フェールセーフ、フールプルーフ、3ステップメソッド、ISO／IECガイド51

● サプライチェーンマネジメント（SCM：Supply Chain Management）

原料調達から製造・物流・販売・流通までを含めた製品供給体制に関して連鎖的に統括管理を行い、製品販売体制を強化する管理手法のことである。供給側の立場に立った手法で、部門間で発生する障害を取り除くことでコストダウンを図り、クレームを未然に防止できる。

【関連用語】ライフサイクルエンジニアリング、鞭効果、故障モード影響解

析（FMEA）、フォールトツリー解析（FTA）、品質機能展開（QFD）、デカップリング・ポイント

● **設備総合効率**（overall equipment efficiency）

設備がどれだけ有効に使われたかを定量的に示す指標。設備が価値を生んだ正味時間（基準サイクルタイム×良品数量）と負荷時間（設備が稼働しなくてはならない時間）の比率などで計算できる。これらの値を計算することによりロスの原因が明確となり設備の作り方、使い方、保全の仕方を改善することで生産効率を極限まで高めることを目的としている。

【関連用語】設備管理、TPM、予防保全

● **損益分岐点分析**

横軸を生産量とし縦軸の一方は固定費に変動費を上乗せした総原価線、もう一方の縦軸は売上高線とした2つのグラフが交わった点は損失も利益もでないギリギリの採算点を示す損益分岐点と呼ばれる。この損益分岐点から製品の採算性や原価低減の効果を測る分析手法である。

【関連用語】原価管理、原価分析、VE、IE

● **生産統制**（production control）

生産統制とは、生産活動の状況を把握し生産計画と実績に差異があるときには計画に近づけるため調整することである。具体的には、納期管理だけでなく在庫管理や機械設備の稼働率管理も行い差異がある場合は原因を突き止めそれを取り除くアクションを取ったり、計画を修正したりする。生産管理の業務は生産計画、購入品や外注の手配、生産統制の3つで構成されている。

【関連用語】ガントチャート、JIT生産方式、生産計画、プルシステム、生産の平準化

● **鞭効果**（bullwhip effect）

サプライチェーン（製品の原材料の生産から消費者に届くまでの一連の流れ）において、末端の消費者のわずかな需要変動が、川上の事業者に増幅し

て伝わっていく現象である。発生要因として川下から川上へ需要動向の情報が伝わるのが遅い、発注サイクルが長い、発注ロットサイズが大きい、リードタイムが長いなどが考えられ、これによって川上事業者の過剰在庫の原因となっている。対策は川上から川下までが協力して、流通に関する統合的な管理体制を築くサプライチェーンマネジメントの導入や生産リードタイムの短縮などが挙げられる。

【関連用語】JIT 生産方式、SCM、MRP

● カンバン生産方式（JIT：Just in Time）

　必要なものを必要なときに必要な量を生産する方式。近年環境変化が激しく在庫価値が急減し、そのため在庫量を必要最小とする JIT 生産が注目されている。1970 年代にトヨタ自動車が初めて導入し、半世紀以上用いられてきたフォード生産システムの考え方が覆された。仕掛り在庫の低減や市場ニーズに敏感な対応が可能となる。

【関連用語】フォード生産システム、セル生産方式、SCM、MRP

● 予知保全

　機械設備の定常的な運転状態を計測してその結果から故障や異常の発生する前ぶれを予知して修理・復元を行う保全方式である。定期的な予防保全では無駄に保全費用や人件費が掛かるためそれを防ぐために採用される。ベテラン保全者の経験値をデータベース化しさらに AI を活用することで保全タイミングの最適化が可能となる。

【関連用語】設備管理、AI、IOT、予防保全、定期保全、事後保全、状態
　　　　　監視保全、バスタブ曲線、ライフサイクルアセスメント

● セル生産方式

　ベルトコンベアを部分的、全面的に撤廃し、一人もしくは数人の作業者が一つの製品を作り上げる自己完結性の高い生産方式である。単純作業から解放されるため作業者のモチベーション向上や、多品種少量生産の効率化、顧客満足度の向上などのメリットがある。製品の短命化に伴い高額な設備を

導入した場合短期間で設備費を回収し利益を出すのが困難であった背景から
注目されている。

【関連用語】JIT生産方式、標準化、モジュール化

● レーザビーム加工

レーザ光をレンズで集光して得られる高パワー（10^{13} W/m^2以上）を利用
し非接触で材料を切断、溶接、表面改質などを行う加工法である。工業用と
してはCO_2レーザ、YAGレーザ、エキシマレーザ等が実用化されている。
電子ビーム加工やイオンビーム加工のように真空環境を必要とせず、切断面
がきれいで自動化がしやすい特徴がある。いっぽうでレーザ光による失明、
火傷など人体へ及ぼす影響が大きく導入前には十分な安全対策とリスクアセ
スメントが重要である。

【関連用語】電子ビーム加工、イオンビーム加工、プラズマ加工、ウォー
タージェット加工、JIS C 6802

● 製造実行システム（MES：Manufacturing Execution System）

工場の設備や人、原材料、仕掛品などの数量や状態などを把握し、生産計
画にしたがって製造現場の作業者への指示などを行うシステムである。経営
資源管理システム（ERP）と連携し各種データからシミュレーションやAI分
析によって最適化した生産指示をリアルタイムで製造現場にフィードバック
することにより、徹底的に高効率な生産が実現できる。このシステム導入に
よって、製造現場の人手不足や熟練技術者の技能継承や生産性の競争力向上
につなげることができる。

【関連用語】MRP、MRP2、ERP、多品種少量生産、SCM

● 系統誤差（systematic error）、偶然誤差（accidental error）

測定の際に発生する誤差は、大分類すると系統誤差と偶然誤差の二種類に
分けることができる。系統誤差とは、測定器自体の持つ誤差や温度変化によ
る誤差、測定者の癖による誤差など、発生原因がはっきりしていて、理論的
にその数値を知ることが可能な誤差である。校正や補正によって誤差をゼロ

に近づけることができる。偶然誤差は、系統的誤差をすべて取り去ってもなお残る原因不明の誤差である。偶然誤差は測定回数を増やすことで誤差を小さくすることができる。

【関連用語】加工精度、熱変形、校正、絶対誤差、相対誤差

● デカップリング・ポイント

　部品や原材料または、どこかの中間品まで見込み生産して在庫を持っておき、それ以降の工程を受注生産にすることで①受注から納品までのリードタイム短縮、②まとめ生産による生産効率の向上、③在庫リスクの低減、が可能となる。見込み生産と受注生産の境目、もしくは境目の在庫のことを、デカップリング・ポイントと言う。社会情勢や経済状況に応じてデカップリング・ポイントを調整することにより入手困難な調達部品や多品種少量の製品であっても在庫量を抑えながら顧客が要望するリードタイムで製品を供給することが可能となる。

【関連用語】在庫管理、リードタイム短縮、機会損失

● 稼働率（Operating ratio）、可動率（べきどうりつ、Operational Availability）

　稼働率とは、設備導入時に設定されたフル操業での稼働時間に対して実際に必要量生産するのに稼働した時間の割合であり、市場環境に対して設備投資が上手くいっているのかどうか、設備の負荷状況はどうなっているのかを測る指標である。稼働率を上げるには受注を増やす方法や、不要設備の廃却により負荷を集約させる方法がある。可動率とは、受注量に応じ生産計画上で必要な稼働時間に対して実際に必要量生産するのに稼働した時間の割合であり、現場が責任を持って向上させるべき指標である。可動率を上げるには保全による設備停止時間の低減や段取り時間短縮などの方法がある。

【関連用語】設備総合効率、予防保全、IoT、トヨタ生産方式

第8章

合格者　生の声

$$\boxed{学習のポイント}$$

　この章では、技術士第二次試験合格者による実際の生の声を質問に答える形で一覧にまとめました。質問事項を期間で大きく4つに分けています。

1. 事前準備：技術士第二次試験に対しての各人の事前準備について
2. 筆記試験：筆記試験当日の対応について
3. 口頭試験まで：筆記試験終了から合格発表を経て口頭試験までの期間の対応について
4. 口頭試験：口頭試験当日の様子について

　一覧を見れば明らかなように、勉強方法と試験へのアプローチは人それぞれ千差万別です。これは、受験に取り組むにあたり試行錯誤して見つけたその人にとってのベストな方法であり、それぞれ独自の合格ノウハウが隠されています。これらを参考に自分に合った方法を見つけ、技術士第二次試験対策のイメージをつかみましょう。

1. 事前準備

	技術士 A	技術士 B	技術士 C	技術士 D
選択科目	流体工学	機械設計	熱工学	機械設計
第一次試験合格年度	平成 20 年度	平成 21 年度	平成 20 年度	平成 21 年度
技術士補登録したか	No	No	No	No
第二次試験は何回目で合格したか	1	1	2	2
第二次試験受験年度（合格年度）	平成 21 年度	平成 22 年度	平成 22 年度	平成 25 年度
第二次試験受験日	8 月初	8 月初	8 月初	8 月
いつから勉強を始めたか	3 月	2 月	2 月	5 月
上記は適切であったか	妥当	ギリギリ	遅い	遅い
いつごろ完成したと感じたか	7 月	感じなかった	試験数日前	感じなかった
上記は適切であったか	妥当	不明	妥当	良くない
参考図書　機械学会誌	○（2 年分）	○（4 年分）	○（3 年分）	△（8 月号のみ）
参考図書　その他学会誌 1	×	精密工学会	伝熱工学	×
参考図書　その他学会誌 2	×	×	燃焼工学	×
参考図書　機械学会論文集	○	×	×	×
参考図書　その他学会論文集	×	×	×	×
参考図書　企業の技報	×	×	×	×
参考図書　日経ものづくり	×	×	×	○
参考図書　その他雑誌	科学装置	月刊機械設計	×	東芝レビュー
参考図書　日刊工業新聞	×	○（時々）	○（時々）	×
参考図書　日経産業新聞	○（購読）	○（時々）	○	×
参考図書　実用機械便覧	○	○	○	×
参考図書　大学の教科書	○	×	○（目通し）	○
参考図書　その他（特にオススメ）	機械工学便覧（流体工学、流体機械）・環境白書	技術士第二次試験「機械部門」択一式問題 150 選（日刊工業新聞社）	JSME テキストシリーズ、Web Learning	技術士第二次試験「機械部門」択一式問題 150 選（日刊工業新聞社）
練習用論文用紙をどのくらい使ったか	30 枚	60 枚	200〜300 枚	70 枚
業務詳細はいつごろ書き始めたか	3 月（技術的体験論文）	9 月（技術的体験論文）	3 月（技術的体験論文）	4 月
業務詳細はいつごろ完成したか	7 月	締切直前	10 月末	5 月（提出締切直前）
誰かの添削を受けたか（1：技術士、2：その他、3：受けていない）	Yes　1	Yes　1	Yes　1	No　—
口頭試験で問われやすい部分を作ったか	No	Yes	Yes	No
上記は的中したか	—	No	Yes	
平日の平均勉強時間	1 時間	1 時間	約 2〜3 時間	2 時間
休日の平均勉強時間	2 時間	2 時間以上	6 時間	5 時間以上

事前準備（つづき）

技術士 E	技術士 F	技術士 G	技術士 H	技術士 I	技術士 J
機械設計	機構ダイナミクス（交通物流建機）	加工・FA及び産業機械	交通物流機械及び建設機械	加工 FA	材料力学
平成 16 年度	平成 15 年度	平成 24 年度	平成 23 年度	平成 24 年度	平成 28 年度
No	No	Yes	No	No	Yes
5	3	2	2	4	1
平成 25 年度	平成 25 年度	平成 26 年度	平成 27 年度	平成 28 年度	平成 29 年度
8 月	8 月	8 月	7 月	7 月	7 月
2 月	7 月（前年度は6 月くらい）	1 月	3 月	2 月	3 月
遅い	適切	妥当	遅い	妥当	適切
感じなかった	3 日前	感じなかった	感じなかった	感じなかった	6 月
不明	適切	不明	良くない	良くない	適切
△（8 月号のみ）	×	△	×	×	×
×	×	×	×	プラスチック加工学会	×
×	×	×	×	砥粒加工学会	×
×	×	×	×	×	×
×	×	×	×	×	×
×	×	×	○	×	×
×	×	○	×	○	×
日経Autootive Tecnology	×	×	×	型技術	機械設計 機械技術
×	×	○	×	×	×
×	×	×	×	×	×
×	×	○	×	×	○
○	×	×	×	×	×
・技術士第二次試験「機械部門」完全対策＆キーワード100 ・機械部門受験者のための技術士第二次試験必須科目論文事例集 ・機械工学便覧	・ものづくり白書 ・国土交通白書	技術士第二次試験「機械部門」択一式問題150選（日刊工業新聞社）	・機械工学便覧応用システム編ｻ6 ・聴く！技術士第二次試験論文のツボ ・理科系の作文技術	・機械工学便覧DVD-ROM版 ・ものづくり白書 ・日経 xTECH（クロステック）	・ものづくり白書 ・機械工学便覧 ・第一次試験の参考書
70 枚	200〜300 枚	100 枚	30 枚	300 枚	20 枚？
3 月	4 月	2 月	6 月	2 月	3 月
締切直前	5 月	締切直前	4 月（提出締切直前）	4 月（提出締切直前）	4 月
Yes 1	Yes 1	Yes 1	Yes 1	Yes 1	Yes 1
No	No	No	Yes	No	Yes
—	No	—	Yes	—	No 質問されなかった
1 時間	時期による	約 2〜3 時間	2 時間	2 時間	3 時間
2 時間	時期による	6 時間	4〜5 時間	6 時間	1.5 時間

2．筆記試験

	技術士 A	技術士 B	技術士 C	技術士 D
会場の下見はしたか	No	Yes	Yes	No
どのくらい前に到着したか	1 時間前	前泊	約 2 時間前	2 時間前
昼食はどうしたか	コンビニ	コンビニ	コンビニおにぎり	コンビニで購入
飲み物は準備したか	コンビニ	準備した	コンビニ	コンビニで購入
午前中はどのくらい時間を残したか	15 分	ギリギリ	0 分	10 分
上記は予定どおりか	Yes	No	Yes	No
午後はどのくらい時間を残したか	5 分	ギリギリ	0 分	0 分
上記は予定どおりか	No	No	No	No
合格したと思ったか	Yes	No	五分五分	No
筆記用具は何を準備したか	シャープペン B	シャープペン（複数種類を併用）	シャープペン 2B	シャープペン（クルトガ）を複数本用意

3．口頭試験まで

	技術士 A	技術士 B	技術士 C	技術士 D
筆記試験の発表まで勉強したか	筆記試験再現他	しない	しない	△（Ⅲ選択科目の再現、修正のみ）
平日の平均勉強時間はどのくらいか	1 時間	0	0	0
休日の平均勉強時間はどのくらいか	1 時間	0	0	0
筆記試験の発表後の平均勉強時間				
平日	1 時間	1 時間	2 時間	2 時間
休日	1 時間	2 時間	6 時間	8 時間
何を勉強したのか				
技術士倫理綱領	○	○	○	○
機械学会倫理規定	×	○	○	○
筆記試験における論文の内容	○	○	○	○
技術士の義務、責務	○	○	○	○
技術士法	一部暗記	一部暗記	○	○
業務経歴（願書記載のもの）	暗記	暗記	○	○
その他（検討しておいたほうがよいこと）	受験の動機 技術士 CPD JABEE 技術者倫理 最新技術動向	受験動機 CPD	技術士倫理に関する最新出来事 業務経歴のレビュー＆論証	想定問題集 自分の仕事が社会にどう役立っているかを深掘する

筆記試験（つづき）

技術士 E	技術士 F	技術士 G	技術士 H	技術士 I	技術士 J
Yes	No	No	Yes	No	No
約2時間前	1時間前	前泊	約2時間前	1時間前	1.5時間前
家から持参	コンビニおにぎり	コンビニで購入	自宅近くのコンビニで購入	コンビニおにぎり	コンビニおにぎり
コンビニで購入	コンビニ	コンビニで購入	お茶とジュースをコンビニで	コンビニで購入	コンビニ、栄養剤
15分	30分	ギリギリ	ギリギリ	0分	0分
Yes	No	No	想定内	No	Yes
ギリギリ	0分	ギリギリ	ギリギリ	0分	0分
No	Yes	Yes	想定内	No	Yes
No	どちらかというと No	No	No	No	Yes
シャープペン2種類	0.9 mm と 0.5 mm のシャープペン定規	シャープペン 2B	シャープペン数種類	シャープペン複数種字消板定規	シャープペン B 3本、0.9 mm 1本

口頭試験まで（つづき）

技術士 E	技術士 F	技術士 G	技術士 H	技術士 I	技術士 J
筆記試験再現のみ	しない	筆記試験再現口頭試験想定問題集	筆記試験再現のみ	筆記試験再現のみ	しない
0	0	1時間	0	0	0
1時間	0	3時間	0	0	0
1時間	5時間	2時間	2時間	1時間	1時間
2時間	10時間	5時間	3～4時間	4時間	0.3時間
○	○	○	○	○	○
×	×	×	○	×	×
○	○	○	○	○	○
○	○	○	○	○	○
○	○	○	○	○	○
○	○	○	○	○	○
受験動機想定問答集模擬面接	短く受け答えする練習	想定問題集模擬面接（5回）	受験の動機業務経歴の周辺事項	技術士に相応しい業務の理解コンピテンシーの理解模擬面接3回以上合格後の決意表明	業務詳細の更なるリスクに対する課題と解決策の説明練習

4. 口 頭 試 験

	技術士 A	技術士 B	技術士 C	技術士 D
会場の下見をしたか	No	No	Yes	Yes
前日から行ったか	No	No	—	No
どのくらい前に到着したか	1 時間前	30 分	2 時間前	2 時間前
待っている間勉強をしたか	Yes	Yes	Yes	Yes
予定どおり呼ばれたか	予定どおり	15 分遅れ	5 分早く	5 分前
試験官は何人か	2 人	2 人	2 人	2 人
口頭試験の所定時間は	45 分	45 分	45 分	20 分
実際の時間は	35 分	45 分	45 分	27 分
口頭試験の雰囲気は	穏やか	穏やか	穏やか	穏やか
業務詳細について聞かれたか	Yes	Yes	Yes	Yes
筆記試験の論文について聞かれたか	No	Yes	No	No
技術士の義務、責務について聞かれたか	No	Yes	Yes	Yes
その他聞かれたこと（特に印象深いこと）	所属学会 あなたの会社の強みは？	コンプライアンスについて	あなたの専門は？	pat の数や学会発表の有無・業務でかかわった技術に対する一般的な知識を問われた
合格したと思ったか	Yes	？	？	半々

口頭試験 (つづき)

技術士 E	技術士 F	技術士 G	技術士 H	技術士 I	技術士 J
Yes	No	Yes	Yes	Yes	No
Yes	Yes	Yes	Yes	Yes	Yes
1.5 時間	1 時間前	2 時間前	4 時間前	2.5 時間前	1.5 時間前（早朝のため入室できなかったので、近くの飲食店で準備しました）
Yes	No	Yes	Yes	Yes	Yes
予定どおり	Yes	予定どおり	予定どおり	Yes	予定どおり
2 人	2 人	2 人	2 人	2 人	2 人
20 分	20 分（最大30分）	20 分	20 分	20 分	20 分
25 分	19 分	25 分	21 分ほど	18 分	19.5 分
穏やか	穏やか	やや厳しかった	穏やかというほどではないが厳しくもなかった	穏やか	穏やか
Yes	Yes	Yes	Yes	Yes	No こちらから切り出した
No	No	No	No	No	No
Yes	Yes	Yes	No	Yes	Yes
あなた選択科目間違ってるんじゃないの？	課題解決に適用したアクティブ制御の内容をしつこく聞かれた（アクティブ制御を適用していないにも関わらず）	倫理関係で「あなたはどう思いますか？」という質問が多かった。	学会に入っているか、技術士をとったら会社での待遇は良くなるか。	信用失墜行為の事例 過去の失敗事例から学んだこと 技術士取得後の抱負	技術者倫理（業務経歴は問われませんでした。実は業務詳細も問われず、自分から話しました。）
?	Yes	No	?	Yes	Yes

【Column】

『Net−P.E.Jp』

機械部門技術士【Column】

　『Net−P.E.Jp』とは "Net Professional Engineer Japan" の略で、インターネット上の技術士・技術士補と、技術士を目指す受験者の全国的なネットワークです。異業種交流、技術士の知名度・地位の向上、受験者へのアドバイス、技術的な情報交換などを目的として平成15年6月に結成されました。一人一人が自主的に参加することによって成り立つ、匿名による無料登録サイトです。

　　https://netpejp.jimdofree.com/

　現在、下記のような活動を行っています。

●技術士試験受験セミナーの開催

　中部支部

　　https://peraichi.com/landing_pages/view/netpejp2chuubu

　近畿支部　https://kogasnsk.wixsite.com/netpejp

　関東支部

●ブログ

　1日1問！　技術士試験1次、2次択一問題（改）

　　https://ameblo.jp/netpe1mon/

　技術士機械部門を中心としたネットワーク！ネッペブログ

　　https://ameblo.jp/netpejp2blog/

●オフ会の開催（実際に会って情報交換、勉強会、見学会、懇親会など）

●技術士業務の創出（受験対策本の出版や技術専門書籍への投稿など）

　技術士資格に興味がある技術者、技術士試験の受験を考えている受験者、技術士第一次試験に合格した修習技術者または技術士補、新米・中堅・ベテラン技術士などなど……

　『Net−P.E.Jp』は、"技術士" という共通のキーワードですべての登録者がつながっています。したがって、技術士または技術士に興味を持ったり、目指す人たちにとって、とても心強いネットワークです。

インターネットを介した運営のため、時間、場所の制約を受けることがなく、基本的に匿名サイトなのでより自由な意見交換ができ、効率よく自己啓発することが可能です。一人ではできないことでも、大勢の知識や力を持ちより実現することができます。そんな参加型の技術者ネットワークを『Net-P.E.Jp』にて形成してみませんか。あなたの積極的な参加をお待ちしています。

● ネット座談会Ⅲ

〈10月初旬、第3回ネット座談会を開催〉

師匠　みんな、筆記試験が終わってからのんびりしてるんとちゃうか。口頭試験までやることはいっぱいあんで。

慎吾　せやかて筆記試験で合格せえへんかったら口頭試験の勉強ってムダになりますやん。

師匠　んなこたあない。口頭試験の勉強は技術士がなんたるかをよく理解できる。そしたらもし翌年筆記試験受けるとしても解答が洗練されて合格しやすくなる。

慎吾　そんなもんなんすかねえ。

師匠　まあそのへんはあとあとわかってくるわ。とにかく口頭試験の練習してみようか。

慎吾　わかりました「試験会場って緊張するなあ。みんなぶつくさゆうて練習してるわ」

師匠　ちょっとまった。コントやないねんからそこから始めんでええねん。

宏　でもより臨場感でるんちゃいますか。

涼子　そうですよ。とりあえずやってみましょうよ。

宏　「いよいよ来週は口頭試験かあ」

師匠　来週!?

涼子　「宏くん、もしうち合格したらどうする？」

宏　「あっ、そしたら勉強も一息つけるからみんなでどっか旅行に行く？」

357

涼子　「いやーん。なんでみんななん？」

　宏　「うーん、だって一緒に頑張った仲間やん」

涼子　「ええ？　せやけんどさあ。。」

　宏　「俺ら、二人で行く？」

師匠　おまえらアホかーっ！！

慎吾　そんなことないですよ、今回は二人であいうえお作文ができてますよ！

師匠　そこちゃうやろ！　試験の練習ゆうとんのにこんなもん役に立つかい！しかも普段「俺ら」なんかゆわんやつがあいうえお作文のために無理やり言うてるやないか。

　宏　すいません。

師匠　あんな、口頭試験は試験官の皆さんが日本の未来と受験者の人生を背負って試験するねや。もっと真剣にしなさい！

慎吾　師匠、パワハラあ。ああ怖。おびえてなんも言えませんわ。

師匠　ぜんぜん怯えとらんとひょうひょうとしゃべっとおやないか！　それより宏と涼子のおのろけトークの方があかんやろ！

　宏　まあそうゆわんと。

涼子　そうですよ。師匠もちょっと年甲斐もなくドキドキするでしょ？　こんなんお嫌いですか？

師匠　お好きです。って関西人はお嫌いですかって聞かれたら反射的にお好きですってゆうてまうやろ！

涼子　またまたあ。正直に言わはったらいいのに。

　宏　師匠、ぼくは純粋な気持ちで臨んでるんです。

慎吾　でも宏さん、えらいニヤニヤしてましたやん。

　宏　それはたまたまやねんて。

慎吾　タマタマ？

涼子　だからカタカナにしたらなんか恥ずかしいって言ってるやん。

師匠　君たちは本当に合格する気はあるのか？

宏・涼子・慎吾　もちろんです！

師匠　なんかやる前からめちゃ疲れたけど気を取り直して口頭模擬試験、始めるで。

慎吾　それではお願いします！　受験番号C123456、所沢慎吾です！

師匠　おかけください。慎吾さんの業務で関係する部門との調整方策を教えてください。

慎吾　えー僕は、普段は工場の改善と保守を担当しています。作業者の要望に応じて治工具や機械の改善をしています。うまくいかないこともありますが何回も試作をして作業者と打ち合わせて作業しやすいように対応しています。費用面よりいかに作業者が満足できるかに着目し、働き甲斐のある職場になるよう心がけています。

師匠　ちょっとまった。わずか20分の間に自分の申し込んだ選択科目の技術士に合致しているか判定されるんで。加点に相応する話をしていかんと終了までに合格点に到達できひんで。

宏　せやけんどそんな話、どうしたらええんでしょう。

師匠　まずは口頭試験の内容をみてみよか。

---

2. 口頭試験

　技術士としての適格性を判定することに主眼をおき、筆記試験における記述式問題の答案及び業務経歴を踏まえ実施するものとし、次の内容について試問します。

【A】総合技術監理部門を除く技術部門

　試問内容については、「技術士に求められる資質能力（コンピテンシー）」に基づく以下を試問します。

　なお、業務経歴等の内容を確認することがありますが、試問の意図を考え簡潔明瞭にご回答ください。

試問事項［配点］	試問時間
Ⅰ　技術士としての実務能力 ①　コミュニケーション、リーダーシップ　［30点］ ②　評価、マネジメント　　　　　　　　　［30点］	20分 （10分程度 延長の場合 もあり）
Ⅱ　技術士としての適格性 ③　技術者倫理　　　　　［20点］ ④　継続研さん　　　　　［20点］	

師匠　いまの慎吾君の話を聞いていると作業者が要望を出してくれなかったらコミュニケーションが始まらへんし、積極的に改善していくリーダーシップもあるようにみえへんで。しかも費用面を度外視してマネジメントできてないやん。

技術士に求められる資質能力（コンピテンシー）抜粋

【マネジメント】

・業務の計画・実行・検証・是正（変更）等の過程において、品質、コスト、納期及び生産性とリスク対応に関する要求事項、又は成果物（製品、システム、施設、プロジェクト、サービス等）に係る要求事項の特性（必要性、機能性、技術的実現性、安全性、経済性等）を満たすことを目的として、人員・設備・金銭・情報等の資源を配分すること。

【コミュニケーション】

・業務履行上、口頭や文書等の方法を通じて、雇用者、上司や同僚、クライアントやユーザー等多様な関係者との間で、明確かつ効果的な意思疎通を行うこと。

【リーダーシップ】

・業務遂行にあたり、明確なデザインと現場感覚を持ち、多様な関係者の利害等を調整し取りまとめることに努めること。

慎吾　だったら作業者の方には安物で我慢してもらうのが正解なんでしょうか。

師匠　出費を抑えると利益が増えて給料に反映できるやろ。作業のしやすさとともに利益をなるべく損なわないようするバランス感が欠けてる。例えば金の斧作って作業者が一時的に喜んでもそのぶん給料下がったら嫌でしょう。もっと試問事項にマッチした答え方にせな。

慎吾　なるほど。それではもっかいお願いします。受験番号C123456、所沢慎吾です！

師匠　おかけください。慎吾さんの業務で関係する部門との調整方策を教えてください。

慎吾　機械加工部門と最も密接に業務を行っています。月1回の部門会議に加

え、3か月に1回旋盤班、フライス班など6つの班ミーティングに参加し、省力化治具や切削工具のデモ機を試してもらうなど作業性を向上する提案をするようにしています。

師匠　コミュニケーションをとるうえで工夫されている点はありますか？

慎吾　治工具の設計では三角法による2次元図だけでなく、手書きの鳥観図や3D図、3Dプリンタによるモデルにて確認し、やり直しなく一発で最適品を完成させるようにしています。

師匠　ええやないの。作業者が話しやすうて生の声が聞ける班ミーティングに主体的に入って手書きの鳥観図で確認するなんて、効果的な意思疎通ができるし明確なデザインと現場感覚が確認できるなあ。それにやり直しがないということは計画を伸ばさないことに繋がる。

　宏　慎吾、数秒でえらい激変したなあ！

涼子　それは紙面の都合で割愛してるからで、ホンマは大変やったと思うよ。

慎吾　そうですよ。ここまで書き直すのに18回面接してもらいました。

師匠　聞く方も大変やでえ。まあそこそこ出来上がってきたからよかったけど。

　宏　なんかこないだ聞いたような話やなあ。

涼子　ということは。。。。

宏・涼子　ほいじゃら次はうちらの面接を頼みます。

師匠　うげー。しゃなあないなあ。。。サクッと仕上げてや！

付　　録

学習のポイント

付　録 1　技術士倫理綱領

昭和36年3月14日　　　理事会制定
平成11年3月 9日　理事会変更承認
平成23年3月17日　理事会変更承認

【前文】

　技術士は、科学技術が社会や環境に重大な影響を与えることを十分に認識し、業務の履行を通して持続可能な社会の実現に貢献する。

　技術士は、その使命を全うするため、技術士としての品位の向上に努め、技術の研鑽に励み、国際的な視野に立ってこの倫理綱領を遵守し、公正・誠実に行動する。

【基本綱領】

（公衆の利益の優先）

　1. 技術士は、公衆の安全、健康及び福利を最優先に考慮する。

（持続可能性の確保）

　2. 技術士は、地球環境の保全等、将来世代にわたる社会の持続可能性の確保に努める。

（有能性の重視）

　3. 技術士は、自分の力量が及ぶ範囲の業務を行い、確信のない業務には携わらない。

（真実性の確保）

　4. 技術士は、報告、説明又は発表を、客観的でかつ事実に基づいた情報を用いて行う。

（公正かつ誠実な履行）

　5. 技術士は、公正な分析と判断に基づき、託された業務を誠実に履行する。

（秘密の保持）

　6. 技術士は、業務上知り得た秘密を、正当な理由がなく他に漏らしたり、転用したりしない。

（信用の保持）

　7. 技術士は、品位を保持し、欺瞞的な行為、不当な報酬の授受等、信用を失うような行為をしない。

（相互の協力）

　8. 技術士は、相互に信頼し、相手の立場を尊重して協力するように努める。

（法規の遵守等）

9. 技術士は、業務の対象となる地域の法規を遵守し、文化的価値を尊重する。

（継続研鑽）

10. 技術士は、常に専門技術の力量並びに技術と社会が接する領域の知識を高めるとともに、人材育成に努める。

技術士倫理綱領の解説　技術士倫理委員会
https://www.engineer.or.jp/c_topics/000/attached/attach_25_3.pdf

付　録 2　技 術 士 法

　ここでは、技術士法の全条文を掲載し、重要条文には解説を加える。技術者にとって法律はなかなか理解しづらいものであるが、技術士制度のすべてと試験のヒントが多く隠されている。決して難解な法律ではないので読んでいただきたい。技術士、技術士補は、国家資格であるため、資格取得の条件や取得後の権利、義務などすべて法律で定められている。

技 術 士 法

昭和五十八年四月二十七日法律第二十五号

最終改正：令和元年六月十四日法律第三十七号

技術士法（昭和三十二年法律第百二十四号）の全部を改正する。

目次

第一章　総　則

　総則とは全体に係る部分である。ISO 9001や14001においてGENERAL（一般）に該当する部分である。特に第一条、第二条は要注意である。

（目的）
第一条　この法律は、技術士等の資格を定め、その業務の適正を図り、もって科学技術の向上と国民経済の発展に資することを目的とする。

> 　この法律の目的を述べている。すなわち、前半2つ、後半2つの目的を述べている。ここで、この法律の究極の目的は、後半の2つ、すなわち①科学技術の発展に資すること、②国民経済の発展に資すること、である。第二次試験の論文で経済性を述べなければならないとされるのは、ここから導かれる。必ず理解しておかれたい。

（定義）
第二条　この法律において「技術士」とは、第三十二条第一項の登録を受け、技術士の名称を用いて、科学技術（人文科学のみに係るものを除く。以下同じ。）に関する高等の専門的応用能力を必要とする事項についての計画、研究、設計、分析、試験、評価又はこれらに関する指導の業務（他の法律においてその業務を行うことが制限されている業務を除く。）を行う者をいう。
2　この法律において「技術士補」とは、技術士となるのに必要な技能を修習するため、第三十二条第二項の登録を受け、技術士補の名称を用いて、前項に規定する業務について技術士を補助する者をいう。

> 　第1項において技術士の、第2項において技術士補の定義を述べている。なお、法律では第1項を表す「1」は省略するのが慣例である。そもそも技術士や技術士補とは何か、単に試験に合格し、登録した者ではないことを理解していただきたい。技術士補については、第四十七条に業務の制限が規定されている。

（欠格条項）
第三条　次の各号のいずれかに該当する者は、技術士又は技術士補となることができない。

一　心身の故障により技術士又は技術士補の業務を適正に行うことができない者として文部科学省令で定めるもの

> 「精神の機能の障害により技術士又は技術士補の業務を適正に行うに当たって必要な認知、判断及び意思疎通を適切に行うことができない者」とする（ただし、当該者が現に受けている治療等により障害の程度が軽減している状況を考慮する）。

二　禁錮以上の刑に処せられ、その執行を終わり、又は執行を受けることがなくなった日から起算して二年を経過しない者
三　公務員で、懲戒免職の処分を受け、その処分を受けた日から起算して二年を経過しない者
四　第五十七条第一項又は第二項の規定に違反して、罰金の刑に処せられ、その執行を終わり、又は執行を受けることがなくなった日から起算して二年を経過しない者

> 第五十七条は技術士、技術士補でない者が技術士、技術士補の名称を用いてはならない旨規定している。

五　第三十六条第一項第二号又は第二項の規定により登録を取り消され、その取消しの日から起算して二年を経過しない者
六　弁理士法（平成十二年法律第四十九号）第三十二条第三号の規定により業務の禁止の処分を受けた者、測量法（昭和二十四年法律第百八十八号）第五十二条第二号の規定により登録を消除された者、建築士法（昭和二十五年法律第二百二号）第十条第一項の規定により免許を取り消された者又は土地家屋調査士法（昭和二十五年法律第二百二十八号）第四十二条第三号の規定により業務の禁止の処分を受けた者で、これらの処分を受けた日から起算して二年を経過しないもの

> 漢数字の一、二は第一号、第二号のことで、この最初の条文は、第三条第1項第1号ということになる。ここに該当する者は技術士、技術士補にはなれない。登録の際、これらに該当しないことを証明することが必要となる。

第二章　技術士試験

（技術士試験の種類）

第四条　技術士試験は、これを分けて第一次試験及び第二次試験とし、文部科学省令で定める技術の部門（以下「技術部門」という。）ごとに行う。

2　第一次試験に合格した者は、技術士補となる資格を有する。

3　第二次試験に合格した者は、技術士となる資格を有する。

　「資格を有する」のであって、試験に合格するだけでは技術士、技術士補ではないことに注意。すなわち登録を必要とするのである（第三十二条）。以下第十条まで試験について規定している。

（第一次試験）

第五条　第一次試験は、技術士となるのに必要な科学技術全般にわたる基礎的学識及び第四章の規定の遵守に関する適性並びに技術士補となるのに必要な技術部門についての専門的学識を有するかどうかを判定することをもってその目的とする。

2　文部科学省令で定める資格を有する者に対しては、文部科学省令で定めるところにより、第一次試験の一部を免除することができる。

（第二次試験）

第六条　第二次試験は、技術士となるのに必要な技術部門についての専門的学識及び高等の専門的応用能力を有するかどうかを判定することをもってその目的とする。

2　次のいずれかに該当する者は、第二次試験を受けることができる。

一　技術士補として技術士を補助したことがある者で、その補助した期間が文部科学省令で定める期間を超えるもの

二　前号に掲げる者のほか、科学技術に関する専門的応用能力を必要とする事項についての計画、研究、設計、分析、試験、評価又はこれらに関する指導の業務を行う者の監督（文部科学省令で定める要件に該当する内容のものに限る。）の下に当該業務に従事した者で、その従事した期間が文部科学省令で定める期間を超えるもの（技術士補となる資格を有するものに限る。）

三　前二号に掲げる者のほか、前号に規定する業務に従事した者で、その従事した期間が文部科学省令で定める期間を超えるもの（技術士補となる資格を有するものに限る。）

3　既に一定の技術部門について技術士となる資格を有する者であって当該技術部門以外の技術部門につき第二次試験を受けようとするものに対しては、文部科学省令で定めるところにより、第二次試験の一部を免除することができる。

（技術士試験の執行）

第七条　技術士試験は、毎年一回以上、文部科学大臣が行う。

（合格証書）

第八条　技術士試験の第一次試験又は第二次試験（第十条第一項において「各試験」という。）に合格した者には、それぞれ当該試験に合格したことを証する証書を授与する。

（合格の取消し等）

第九条　文部科学大臣は、不正の手段によって技術士試験を受け、又は受けようとした者に対しては、合格の決定を取り消し、又はその試験を受けることを禁止することができる。

2　文部科学大臣は、前項の規定による処分を受けた者に対し、二年以内の期間を定めて技術士試験を受けることができないものとすることができる。

（受験手数料）

第十条　技術士試験の各試験を受けようとする者は、政令で定めるところにより、実費を勘案して政令で定める額の受験手数料を国（次条第一項に規定する指定試験機関が同項に規定する試験事務を行う技術士試験の各試験を受けようとする者にあっては、指定試験機関）に納付しなければならない。

2　前項の規定により同項に規定する指定試験機関に納められた受験手数料は、指定試験機関の収入とする。

3　第一項の受験手数料は、これを納付した者が技術士試験を受けない場合においても、返還しない。

（指定試験機関の指定）

　　ここから第三十一条までは、試験事務を外部に委託することができる（あくまでできるのであって委託しなければならないわけではない。）旨を規定し、さらに委託した場合の規則を定めている。この規定により、日本技術士会が試験を実施できるのである。

第十一条　文部科学大臣は、文部科学省令で定めるところにより、その指定する者（以下「指定試験機関」という。）に、技術士試験の実施に関する事務（以下「試験事務」という。）を行わせることができる。

2　指定試験機関の指定は、文部科学省令で定めるところにより、試験事務を行おうとする者の申請により行う。

3　文部科学大臣は、他に指定を受けた者がなく、かつ、前項の申請が次の要件を満たしていると認めるときでなければ、指定試験機関の指定をしてはならない。

　　一　職員、設備、試験事務の実施の方法その他の事項についての試験事務の実施に関する計画が、試験事務の適正かつ確実な実施のために適切なものであること。

　　二　前号の試験事務の実施に関する計画の適正かつ確実な実施に必要な経理的及び技術的な基礎を有するものであること。

4　文部科学大臣は、第二項の申請が次のいずれかに該当するときは、指定試験機関の指定をしてはならない。

　　一　申請者が、一般社団法人又は一般財団法人以外の者であること。

　　二　申請者が、その行う試験事務以外の業務により試験事務を公正に実施することができないおそれがあること。

　　三　申請者が、第二十四条の規定により指定を取り消され、その取消しの日から起算して二年を経過しない者であること。

　　四　申請者の役員のうちに、次のいずれかに該当する者があること。

　　　　イ　この法律に違反して、刑に処せられ、その執行を終わり、又は執行を受けることがなくなった日から起算して二年を経過しない者

　　　　ロ　次条第二項の規定による命令により解任され、その解任の日から起算して二年を経過しない者

　　（指定試験機関の役員の選任及び解任）

第十二条　指定試験機関の役員の選任及び解任は、文部科学大臣の認可を受けなければ、その効力を生じない。

2　文部科学大臣は、指定試験機関の役員が、この法律（この法律に基づく命令又は処分を含む。）若しくは第十四条第一項に規定する試験事務規程に違反する行為をしたとき、又は試験事務に関し著しく不適当な行為をしたときは、指定試験機関に対し、当該役員の解任を命ずることができる。

　　（事業計画の認可等）

第十三条　指定試験機関は、毎事業年度、事業計画及び収支予算を作成し、当該事業年度の開始前に、文部科学大臣の認可を受けなければならない。これを変更しようとするときも、同様とする。

2　指定試験機関は、毎事業年度の経過後三月以内に、その事業年度の事業報告書及び収支決算書を作成し、文部科学大臣に提出しなければならない。

　（試験事務規程）

第十四条　指定試験機関は、試験事務の開始前に、試験事務の実施に関する規程（以下「試験事務規程」という。）を定め、文部科学大臣の認可を受けなければならない。これを変更しようとするときも、同様とする。

2　試験事務規程で定めるべき事項は、文部科学省令で定める。

3　文部科学大臣は、第一項の認可をした試験事務規程が試験事務の適正かつ確実な実施上不適当となったと認めるときは、指定試験機関に対し、試験事務規程の変更を命ずることができる。

　（指定試験機関の技術士試験委員）

第十五条　指定試験機関は、技術士試験の問題の作成及び採点を技術士試験委員（次項、第四項及び第五項並びに次条及び第十八条第一項において「試験委員」という。）に行わせなければならない。

2　試験委員は、技術士試験の執行ごとに、文部科学大臣が選定した技術士試験委員候補者のうちから、指定試験機関が選任する。

3　文部科学大臣は、技術士試験の執行ごとに、技術士試験の執行について必要な学識経験のある者のうちから、科学技術・学術審議会の推薦に基づき技術士試験委員候補者を選定する。

4　試験委員の選任及び解任は、文部科学大臣の認可を受けなければ、その効力を生じない。

5　第十二条第二項の規定は、試験委員の解任について準用する。

　（不正行為の禁止）

第十六条　試験委員は、技術士試験の問題の作成及び採点について、厳正を保持し不正の行為のないようにしなければならない。

　（受験の禁止等）

第十七条　指定試験機関が試験事務を行う場合においては、指定試験機関は、不正の手段によって技術士試験を受けようとした者に対しては、その試験を受けることを禁止することができる。

2　前項に定めるもののほか、指定試験機関が試験事務を行う場合における第九条の規定の適用については、同条第一項中「不正の手段によって技術士試験を受け、又は受けようとした者に対しては、合格の決定を取り消し、又はその試験を受けることを禁止すること」とあるのは「不正の手段によって技術士試験を受けた者に対しては、合格の決定を取り消すこと」と、同条第二項中「前項」とあるのは「前項又は第十七条第一項」とする。

　（秘密保持義務等）

第十八条　指定試験機関の役員若しくは職員（試験委員を含む。次項において

同じ。）又はこれらの職にあった者は、試験事務に関して知り得た秘密を漏らしてはならない。

2　試験事務に従事する指定試験機関の役員又は職員は、刑法（明治四十年法律第四十五号）その他の罰則の適用については、法令により公務に従事する職員とみなす。

（帳簿の備付け等）

第十九条　指定試験機関は、文部科学省令で定めるところにより、試験事務に関する事項で文部科学省令で定めるものを記載した帳簿を備え、これを保存しなければならない。

（監督命令）

第二十条　文部科学大臣は、この法律を施行するため必要があると認めるときは、指定試験機関に対し、試験事務に関し監督上必要な命令をすることができる。

（報告）

第二十一条　文部科学大臣は、この法律を施行するため必要があると認めるときは、その必要な限度で、文部科学省令で定めるところにより、指定試験機関に対し、報告をさせることができる。

（立入検査）

第二十二条　文部科学大臣は、この法律を施行するため必要があると認めるときは、その必要な限度で、その職員に、指定試験機関の事務所に立ち入り、指定試験機関の帳簿、書類その他必要な物件を検査させ、又は関係者に質問させることができる。

2　前項の規定により立入検査を行う職員は、その身分を示す証明書を携帯し、かつ、関係者の請求があるときは、これを提示しなければならない。

3　第一項に規定する権限は、犯罪捜査のために認められたものと解してはならない。

（試験事務の休廃止）

第二十三条　指定試験機関は、文部科学大臣の許可を受けなければ、試験事務の全部又は一部を休止し、又は廃止してはならない。

（指定の取消し等）

第二十四条　文部科学大臣は、指定試験機関が第十一条第四項各号（第三号を除く。以下この項において同じ。）の一に該当するに至ったときは、その指定を取り消さなければならない。この場合において、同条第四項各号中「申請者」とあるのは、「指定試験機関」とする。

2　文部科学大臣は、指定試験機関が次のいずれかに該当するに至ったときは、

その指定を取り消し、又は二年以内の期間を定めて試験事務の全部若しくは一部の停止を命ずることができる。

一　第十一条第三項各号の要件を満たさなくなったと認められるとき。

二　第十二条第二項（第十五条第五項において準用する場合を含む。）、第十四条第三項又は第二十条の規定による命令に違反したとき。

三　第十三条、第十五条第一項若しくは第二項又は前条の規定に違反したとき。

四　第十四条第一項の認可を受けた試験事務規程によらないで試験事務を行ったとき。

五　次条第一項の条件に違反したとき。

（指定等の条件）

第二十五条　この章の規定による指定、認可又は許可には、条件を付し、及びこれを変更することができる。

2　前項の条件は、当該指定、認可又は許可に係る事項の確実な実施を図るため必要な最小限度のものに限り、かつ、当該指定、認可又は許可を受ける者に不当な義務を課することとなるものであってはならない。

（聴聞の方法の特例）

第二十六条　第二十四条の規定による処分に係る聴聞の期日における審理は、公開により行わなければならない。

2　前項の聴聞の主宰者は、行政手続法（平成五年法律第八十八号）第十七条第一項の規定により当該処分に係る利害関係人が当該聴聞に関する手続に参加することを求めたときは、これを許可しなければならない。

（指定試験機関がした処分等に係る審査請求）

第二十七条　指定試験機関が行う試験事務に係る処分又はその不作為について不服がある者は、文部科学大臣に対し、審査請求をすることができる。この場合において、文部科学大臣は、行政不服審査法（平成二十六年法律第六十八号）第二十五条第二項及び第三項、第四十六条第一項及び第二項、第四十七条並びに第四十九条第三項の規定の適用については、指定試験機関の上級行政庁とみなす。

（文部科学大臣による試験事務の実施等）

第二十八条　文部科学大臣は、指定試験機関の指定をしたときは、試験事務を行わないものとする。

2　文部科学大臣は、指定試験機関が第二十三条の規定による許可を受けて試験事務の全部若しくは一部を休止したとき、第二十四条第二項の規定により指定試験機関に対し試験事務の全部若しくは一部の停止を命じたとき、又は

指定試験機関が天災その他の事由により試験事務の全部若しくは一部を実施することが困難となった場合において必要があると認めるときは、試験事務の全部又は一部を自ら行うものとする。

第二十九条　文部科学大臣が自ら試験事務の全部又は一部を行う場合には、技術士試験委員（次項から第五項までにおいて「試験委員」という。）に、技術士試験の問題の作成及び採点を行わせる。

2　試験委員の定数は、政令で定める。

3　試験委員は、技術士試験の執行ごとに、技術士試験の執行について必要な学識経験のある者のうちから、科学技術・学術審議会の推薦に基づき、文部科学大臣が任命する。

4　試験委員は、非常勤とする。

5　第十六条の規定は、試験委員について準用する。

（公示）

第三十条　文部科学大臣は、次の場合には、その旨を官報に公示しなければならない。

一　第十一条第一項の規定による指定をしたとき。

二　第二十三条の規定による許可をしたとき。

三　第二十四条の規定により指定を取り消し、又は試験事務の全部若しくは一部の停止を命じたとき。

四　第二十八条第二項の規定により試験事務の全部若しくは一部を自ら行うこととするとき、又は自ら行っていた試験事務の全部若しくは一部を行わないこととするとき。

（技術士試験の細目等）

第三十一条　この章に定めるもののほか、試験科目、受験手続、試験事務の引継ぎその他技術士試験及び指定試験機関に関し必要な事項は、文部科学省令で定める。

第二章の二　技術士等の資格に関する特例

第三十一条の二　技術士と同等以上の科学技術に関する外国の資格のうち文部科学省令で定めるものを有する者であって、我が国においていずれかの技術部門について我が国の法令に基づき技術士の業務を行うのに必要な相当の知識及び能力を有すると文部科学大臣が認めたものは、第四条第三項の規定にかかわらず、技術士となる資格を有する。

2　大学その他の教育機関における課程であって科学技術に関するもののうちその修了が第一次試験の合格と同等であるものとして文部科学大臣が指定したものを修了した者は、第四条第二項の規定にかかわらず、技術士補となる

資格を有する。

　APECによる相互認定制度に基づき認定を受けようとする外国人は、この規定に基づき認定される。なお、日本人技術士が外国で認定されるかどうかは、規定されていない。これは、この法律はあくまでわが国の法律であって外国においては効力がないためで、日本人が外国で認定されるかどうかはその国の法律による。

第三章　技術士等の登録

（登録）

第三十二条　技術士となる資格を有する者が技術士となるには、技術士登録簿に、氏名、生年月日、事務所の名称及び所在地、合格した第二次試験の技術部門（前条第一項の規定により技術士となる資格を有する者にあっては、同項の規定による認定において文部科学大臣が指定した技術部門）の名称その他文部科学省令で定める事項の登録を受けなければならない。

2　技術士補となる資格を有する者が技術士補となるには、その補助しようとする技術士（合格した第一次試験の技術部門（前条第二項の規定により技術士補となる資格を有する者にあっては、同項の課程に対応するものとして文部科学大臣が指定した技術部門。以下この項において同じ。）と同一の技術部門の登録を受けている技術士に限る。）を定め、技術士補登録簿に、氏名、生年月日、合格した第一次試験の技術部門の名称、その補助しようとする技術士の氏名、当該技術士の事務所の名称及び所在地その他文部科学省令で定める事項の登録を受けなければならない。

　登録を受けなければ技術士、技術士補の名称を用いてはならない旨、さらには合格した技術部門ごとの登録である旨を規定している。

3　技術士補が第一項の規定による技術士の登録を受けたときは、技術士補の登録は、その効力を失う。

　技術士補が新たに技術士登録をした場合、技術士補登録は自動的に失効する旨規定している。さらに第三十八条では失効した場合、文部科学大臣は登録を抹消しなければならない旨規定している。

（技術士登録簿及び技術士補登録簿）

第三十三条　技術士登録簿及び技術士補登録簿は、文部科学省に備える。

（技術士登録証及び技術士補登録証）

第三十四条　文部科学大臣は、技術士又は技術士補の登録をしたときは、申請者にそれぞれ技術士登録証又は技術士補登録証（以下「登録証」と総称する。）を交付する。

2　登録証には、次の事項を記載しなければならない。

一　登録の年月日及び登録番号

二　氏名

三　生年月日

四　登録した技術部門の名称

（登録事項の変更の届出等）

第三十五条　技術士又は技術士補は、登録を受けた事項に変更があったときは、遅滞なく、その旨を文部科学大臣に届け出なければならない。

2　技術士又は技術士補は、前項の規定による届出をする場合において、登録証に記載された事項に変更があったときは、当該届出に登録証を添えて提出し、その訂正を受けなければならない。

（登録の取消し等）

第三十六条　文部科学大臣は、技術士又は技術士補が次のいずれかに該当する場合には、その登録を取り消さなければならない。

一　第三条各号（第五号を除く。）の一に該当するに至った場合

二　虚偽又は不正の事実に基づいて登録を受けた場合

三　第三十一条の二第一項の規定により技術士となる資格を有する者が外国において同項に規定する資格を失った場合

2　文部科学大臣は、技術士又は技術士補が次章の規定に違反した場合には、その登録を取り消し、又は二年以内の期間を定めて技術士若しくは技術士補の名称の使用の停止を命ずることができる。

第三十四条第2項から第三十六条第1項までは「ねばならない」と規定されており、いずれも義務を課したものである。第三十六条第2項では「命ずることができる。」と規定されているため文部科学大臣の裁量により、命じなくてもかまわないのである。

第三十七条　文部科学大臣は、技術士又は技術士補が虚偽若しくは不正の事実に基づいて登録を受け、又は次章の規定に違反したと思料するときは、職権

をもって、必要な調査をすることができる。

2　文部科学大臣は、前条第一項第二号又は第二項の規定による技術士又は技術士補の登録の取消し又は名称の使用の停止の命令をする場合においては、聴聞又は弁明の機会の付与を行った後、科学技術・学術審議会の意見を聴いてするものとする。

3　文部科学大臣は、第一項の規定により事件について必要な調査をするため、その職員に、次のことを行わせることができる。

一　事件関係人若しくは参考人に出頭を命じて審問し、又はこれらの者から意見若しくは報告を徴すること。

二　鑑定人に出頭を命じて鑑定させること。

三　帳簿、書類その他の物件の所有者に対し、当該物件を提出させること。

4　前項の規定により出頭を命ぜられた参考人又は鑑定人は、政令で定めるところにより、旅費、日当その他の費用を請求することができる。

　本条までは、不正の手段をもって登録を受けた者に対する制裁を規定している。いずれも文部科学大臣（日本技術士会会長ではない）の裁量権であることに注意。

（登録の消除）

第三十八条　文部科学大臣は、技術士又は技術士補の登録がその効力を失ったときは、その登録を消除しなければならない。

　第三十二条第3項（技術士補が新たに技術士登録を受けた場合）の場合も本規定が適用され、失効とともにその登録が抹消される。

（登録免許税及び登録手数料）

第三十九条　第三十二条第一項の規定により技術士の登録を受けようとする者及び同条第二項の規定により技術士補の登録を受けようとする者は、登録免許税法（昭和四十二年法律第三十五号）の定めるところにより登録免許税を納付しなければならない。

2　第三十二条第一項の規定により技術士の登録を受けようとする者、同条第二項の規定により技術士補の登録を受けようとする者、第三十五条第二項の規定により登録証の訂正を受けようとする者及び登録証の再交付を受けようとする者は、政令で定めるところにより、実費を勘案して政令で定める額の登録手数料を国（次条第一項に規定する指定登録機関が同項に規定する登録

事務を行う場合にあっては、指定登録機関）に、それぞれ納付しなければならない。

3　前項（技術士の登録を受けようとする者及び技術士補の登録を受けようとする者に係る部分に限る。）の規定は、文部科学大臣が次条第一項に規定する登録事務を行う場合については、適用しない。

4　第二項の規定により次条第一項に規定する指定登録機関に納められた登録手数料は、指定登録機関の収入とする。

（指定登録機関の指定等）

第四十条　文部科学大臣は、文部科学省令で定めるところにより、その指定する者（以下「指定登録機関」という。）に、技術士及び技術士補の登録の実施に関する事務（以下「登録事務」という。）を行わせることができる。

2　指定登録機関の指定は、文部科学省令で定めるところにより、登録事務を行おうとする者の申請により行う。

第四十一条　指定登録機関が登録事務を行う場合における第三十三条、第三十四条第一項、第三十五条第一項及び第三十八条の規定の適用については、これらの規定中「文部科学省」とあり、及び「文部科学大臣」とあるのは、「指定登録機関」とする。

（準用）

第四十二条　第十一条第三項及び第四項、第十二条から第十四条まで、第十八条から第二十八条まで並びに第三十条の規定は、指定登録機関について準用する。この場合において、これらの規定中「指定試験機関」とあるのは「指定登録機関」と、「試験事務」とあるのは「登録事務」と、「試験事務規程」とあるのは「登録事務規程」と、第十一条第三項中「前項」とあり、及び同条第四項中「第二項」とあるのは「第四十条第二項」と、第十八条第一項中「職員（試験委員を含む。次項において同じ。）」とあるのは「職員」と、第二十四条第二項第二号中「第十二条第二項（第十五条第五項において準用する場合を含む。）」とあるのは「第十二条第二項」と、同項第三号中「、第十五条第一項若しくは第二項又は前条」とあるのは「又は前条」と、第二十五条第一項中「この章」とあるのは「第十二条第一項、第十三条第一項、第十四条第一項、第二十三条又は第四十条第一項」と、第三十条第一号中「第十一条第一項」とあるのは「第四十条第一項」と読み替えるものとする。

　試験の実施と同様に、登録業務を日本技術士会が実施できるのは本規定による。他の条文の準用、読み替えが多用され読みづらいが、要するに登録業務も試験業務と同様に委託（現状では日本技術士会）できる旨規定し

ている。

（登録の細目等）

第四十三条　この章に定めるもののほか、登録及び登録の消除の手続、登録証の再交付及び返納、登録事務の引継ぎその他技術士及び技術士補の登録並びに指定登録機関に関し必要な事項は、文部科学省令で定める。

第四章　技術士等の義務

　本章は第一条、第二条とともに技術士法の中で最も重要な部分である。第四十四条から第四十七条の二までは、技術士の義務・責務といわれる部分である。適性科目は、本章が基礎となる。第四十四条、第四十五条、第四十六条は技術士の3大義務と呼ばれる。

（信用失墜行為の禁止）

第四十四条　技術士又は技術士補は、技術士若しくは技術士補の信用を傷つけ、又は技術士及び技術士補全体の不名誉となるような行為をしてはならない。

　本条から第四十七条の二まで具体的にどのような行為が該当するのかを考えておくこと。技術士補にも適用される。

（技術士等の秘密保持義務）

第四十五条　技術士又は技術士補は、正当の理由がなく、その業務に関して知り得た秘密を漏らし、又は盗用してはならない。技術士又は技術士補でなくなった後においても、同様とする。

　この規定に違反した場合には罰則規定（第五十九条）が設けられている。罰則規定があるのは義務・責務の中で本条のみである。技術士補にも適用があり十分理解しておくこと。

（技術士等の公益確保の責務）

第四十五条の二　技術士又は技術士補は、その業務を行うに当たっては、公共の安全、環境の保全その他の公益を害することのないよう努めなければならない。

（技術士の名称表示の場合の義務）

第四十六条　技術士は、その業務に関して技術士の名称を表示するときは、その登録を受けた技術部門を明示してするものとし、登録を受けていない技術部門を表示してはならない。

> 　例えば"技術士（機械部門）"などと表記しなければならない旨規定している。後段は登録を受けていないにもかかわらず表記してはならない旨規定している。次条第2項において本条が準用され、技術士補が名称表示をする場合にも登録を受けた技術部門を表示しなければならない旨規定している。ここで、"技術士は"とあるので、技術士以外の者（第二次試験合格者であって登録していない者を含む）が技術士の名称を用いた場合には本条は適用されない。この場合は第五十七条が適用され（本条は技術士のみであるが第五十七条は技術士補も含まれる）第六十二条の罰則が適用される。

（技術士補の業務の制限等）

第四十七条　技術士補は、第二条第一項に規定する業務について技術士を補助する場合を除くほか、技術士補の名称を表示して当該業務を行ってはならない。

2　前条の規定は、技術士補がその補助する技術士の業務に関してする技術士補の名称の表示について準用する。

> 　技術士補の業務について、第二条とともにしっかり理解していただきたい。技術士補はその名称を用いて単独で業務を行ってはならない旨規定している。

（技術士の資質向上の責務）

第四十七条の二　技術士は、常に、その業務に関して有する知識及び技能の水準を向上させ、その他その資質の向上を図るよう努めなければならない。

第五章　削除

> 　この章は、法改正により削除された。法律では、ある条文が削除されても、それ以降の条文を繰り上げることは行わない。これは、他の法律でその法律を準用している場合（例えばこの法律第五十四条）、1つの法改正のため、他の法律も改正しなければならないためである。逆に挿入する場合

には、"第四十五条の二"などとする。

第四十八条　削除
第四十九条　削除
第五十条　削除
第五十一条　削除
第五十二条　削除
第五十三条　削除

第六章　日本技術士会

　日本技術士会の設立の要件、目的について規定している。特に目的については、厳密に規定されている。また、第五十五条の二には、日本技術士会に対する文部科学大臣の権限が明記されている。第六章の規定が、技術士試験に出題されることはないと思われるが、日本技術士会がどのような組織なのかを知るうえで、合格後に一読すべきである。

　（設立）
第五十四条　その名称中に日本技術士会という文字を使用する一般社団法人は、技術士を社員とする旨の定款の定めがあり、かつ、全国の技術士の品位の保持、資質の向上及び業務の進歩改善に資するため、技術士の研修並びに社員の指導及び連絡に関する事務を全国的に行うことを目的とするものに限り、設立することができる。
2　前項に規定する定款の定めは、これを変更することができない。
　（成立の届出）
第五十五条　前条の一般社団法人（以下「技術士会」という。）は、成立したときは、成立の日から二週間以内に、登記事項証明書及び定款の写しを添えて、その旨を、文部科学大臣に届け出なければならない。
　（技術士会の業務の監督）
第五十五条の二　技術士会の業務は、文部科学大臣の監督に属する。
2　文部科学大臣は、技術士会の業務の適正な実施を確保するため必要があると認めるときは、いつでも、当該業務及び技術士会の財産の状況を検査し、又は技術士会に対し、当該業務に関し監督上必要な命令をすることができる。

第七章　雑　　則

（業務に対する報酬）

第五十六条　技術士の業務に対する報酬は、公正かつ妥当なものでなければならない。

（名称の使用の制限）

第五十七条　技術士でない者は、技術士又はこれに類似する名称を使用してはならない。

2　技術士補でない者は、技術士補又はこれに類似する名称を使用してはならない。

> 　民間が資格を制定することは原則自由である。しかし国家資格と混同するおそれがあれば問題である。そこで本規定が必要となる。例えば、Net－P.E.Jp技術士なる資格を制定した場合、国家資格である技術士と混同するおそれがある。この場合本条が適用され、第六十二条の罰則が科せられるであろう。余談であるが、"士"を用いた資格は、国家資格と決まったわけではないが国家資格と混同するおそれがあるとした判例がある（第四十六条と対比のこと）。

（経過措置）

第五十八条　この法律の規定に基づき命令を制定し、又は改廃する場合においては、その命令で、その制定又は改廃に伴い合理的に必要と判断される範囲内において、所要の経過措置（罰則に関する経過措置を含む。）を定めることができる。

第八章　罰　　則

第五十九条　第四十五条の規定に違反した者は、一年以下の懲役又は五十万円以下の罰金に処する。

2　前項の罪は、告訴がなければ公訴を提起することができない。

> 　第四十五条とは技術士等の秘密保持義務のことである。以下罰則規定にあっては、何に違反したときどんな制裁があるかを見ておこう。秘密保持義務違反がもっとも制裁が厳しいことも理解しておくこと。

第六十条　第十八条第一項（第四十二条において準用する場合を含む。）の規

定に違反した者は、一年以下の懲役又は三十万円以下の罰金に処する。

第六十一条　第二十四条第二項（第四十二条において準用する場合を含む。）の規定による試験事務又は登録事務の停止の命令に違反したときは、その違反行為をした指定試験機関又は指定登録機関の役員又は職員は、一年以下の懲役又は三十万円以下の罰金に処する。

第六十二条　次の各号の一に該当する者は、三十万円以下の罰金に処する。

一　第十六条（第二十九条第五項において準用する場合を含む。）の規定に違反して、不正の採点をした者

二　第三十六条第二項の規定により技術士又は技術士補の名称の使用の停止を命ぜられた者で、当該停止を命ぜられた期間中に、技術士又は技術士補の名称を使用したもの

三　第五十七条第一項又は第二項の規定に違反した者

第六十三条　次の各号の一に該当するときは、その違反行為をした指定試験機関又は指定登録機関の役員又は職員は、二十万円以下の罰金に処する。

一　第十九条（第四十二条において準用する場合を含む。）の規定に違反して帳簿を備えず、帳簿に記載せず、若しくは帳簿に虚偽の記載をし、又は帳簿を保存しなかったとき。

二　第二十一条（第四十二条において準用する場合を含む。）の規定による報告をせず、又は虚偽の報告をしたとき。

三　第二十二条（第四十二条において準用する場合を含む。）の規定による立入り若しくは検査を拒み、妨げ、若しくは忌避し、又は質問に対して陳述をせず、若しくは虚偽の陳述をしたとき。

四　第二十三条（第四十二条において準用する場合を含む。）の許可を受けないで試験事務又は登録事務の全部を廃止したとき。

第六十四条　技術士会の理事、監事又は清算人は、次の各号のいずれかに該当する場合には、五十万円以下の過料に処する。

一　第五十五条の規定に違反して、成立の届出をせず、又は虚偽の届出をしたとき。

二　第五十五条の二第二項の規定による文部科学大臣の検査を拒み、妨げ、若しくは忌避し、又は同項の規定による文部科学大臣の監督上の命令に違反したとき。

附　則〔抄〕

本書では省略する。

付　録 3　技術士第二次試験答案用紙例

受験番号		技術部門	部門	※
問題番号		選択科目		
答案使用枚数	枚目　　枚中	専門とする事項		

○受験番号、問題番号、答案使用枚数、技術部門、選択科目及び専門とする事項の欄は必ず記入すること。
○解答欄の記入は、1マスにつき1文字とすること。(英数字及び図表を除く。)

●裏面は使用しないで下さい。　　　●裏面に記載された解答は無効とします。　　　24 字 ×25 行

あ と が き

　2006年に第1版を発行してから、試験制度が何度も大きく変わってきました。多くの受験者に受け入れていただき、第6版を発行する運びとなりました。

　大企業にお勤めの方でも、周りに技術士（機械部門）の資格を取得している人は非常に少なく、受験指導をしてもらえないという悩みを抱えておられるでしょう。

　特に、技術士第二次試験は論文であるため、明確な解答はありません。このため、本書では論文を書いたことがない方でも、論文が書けるよう、論文の書き方、作法、合格レベルの論文に重点を置いています。でも、論文作成に力を注ぎ、実務経験証明書や口頭試験のことを考えていない方が多いのも事実です。

　第6版では、令和3年度から合格率の低下した、口頭試験対策を重視しています。

　本書が受験者の皆様に活用していただけ、多くの合格者が生まれることを願っています。そして、技術士となられて活躍されることを期待しています。

　大事なことだから、最後にもう一度繰り返します。口頭試験に合格しないと技術士になれません。受験申込書を書くとき、筆記試験の勉強をするとき、絶対に口頭試験で合格することをイメージしておいてください。

令和5年1月

筆 者 一 同

執筆者

岡本　央則	技術士（機械部門）
河原　達樹	技術士（機械部門）
小松　邦彦	技術士（機械部門）
近藤　力雄	技術士（機械部門）
東村　裕司	技術士（機械部門）
澤井　宏和	技術士（機械部門／総合技術監理部門）
松山　賢五	技術士（機械部門／電気電子部門／建設部門／総合技術監理部門）
佐竹　美昭	技術士（機械部門）

● 『Net−P.E.Jp』による書籍
- 『技術士第一次試験「機械部門」専門科目　過去問題　解答と解説』第8版　日刊工業　新聞社
- 『技術士第一次試験「基礎・適性」科目キーワード700』第5版　日刊工業新聞社
- 『機械部門受験者のための　技術士第二次試験〈必須科目〉論文事例集』日刊工業新聞社
- 『技術士第二次試験「合格ルート」ナビゲーション』　日刊工業新聞社
- 『技術士第二次「筆記試験」「口頭試験」〈準備・直前〉必携アドバイス』第2版　日刊工業新聞社
- 『トコトンやさしい機械設計の本』日刊工業新聞社
- 『トコトンやさしい機械材料の本』日刊工業新聞社
- 『設計検討って、どないすんねん』日刊工業新聞社

● インターネット上の技術士・技術士補と、技術士を目指す受験者のネットワーク『Net−P.E.Jp』（Net Professional Engineer Japan）のサイト
　　https://netpejp.jimdofree.com/
　中部支部　https://peraichi.com/landing_pages/view/netpejp2chuubu
　近畿支部　https://kogasnsk.wixsite.com/netpejp
　関東支部　https://www.facebook.com/netpejpkanto

技術士第二次試験「機械部門」
完全対策＆キーワード 100　第 6 版　　　　　　　NDC 507.3

2006 年　2 月 27 日	初版 1 刷発行	（定価は、カバーに 表示してあります）
2006 年　4 月 28 日	初版 2 刷発行	
2009 年　2 月 25 日	第 2 版 1 刷発行	
2012 年　3 月 22 日	第 3 版 1 刷発行	
2015 年　3 月 25 日	第 4 版 1 刷発行	
2020 年　2 月 27 日	第 5 版 1 刷発行	
2022 年　2 月 18 日	第 5 版 2 刷発行	
2023 年　2 月 27 日	第 6 版 1 刷発行	

© 編著者　　Net-P.E.Jp
発行者　　井　水　治　博
発行所　　日 刊 工 業 新 聞 社
東京都中央区日本橋小網町 14-1
（郵便番号 103-8548）
電話　書 籍 編 集 部　03-5644-7490
　　　販売・管理部　03-5644-7410
　　　FAX　03-5644-7400
振替口座　　00190-2-186076
URL　https://pub.nikkan.co.jp/
e-mail　info@media.nikkan.co.jp

印刷・製本　新 日 本 印 刷 株 式 会 社
組　　版　メ デ ィ ア ク ロ ス
本文イラスト　小 川 原 よ い こ
　　　　　　　加 賀 谷 真 菜